应用型本科(农林类)“十二五”规划教材

园林苗圃学

主　编　王大平　李玉萍
副主编　贺方云　张绍彬
　　　　夏重立　王燕青

上海交通大学出版社

内 容 提 要

本书系统地介绍了园林苗圃地的建立、园林植物种实生产、传统育苗技术、高新育苗技术、大苗培育技术、苗木出圃、园林苗圃病虫草害防治及主要园林植物的繁殖与培育等，同时编写了13个实验实训内容，详细地介绍了园林苗圃各项工作的操作过程和操作规范，以强化实践性教学。

本书内容全面，系统性强，具有较强的针对性和实用性，可供高等院校园林、风景园林、园艺等相关专业使用，也可作为苗圃场、育苗专业户的参考书籍。

图书在版编目(CIP)数据

园林苗圃学/王大平，李玉萍主编. —上海：上海交通大学出版社，2014(2022重印)

应用型本科(农林类)"十二五"规划教材

ISBN 978-7-313-10126-6

Ⅰ. 园… Ⅱ. ①王…②李… Ⅲ. 园林—苗圃学—高等学校—教材 Ⅳ. S723

中国版本图书馆CIP数据核字(2013)第173534号

园林苗圃学

王大平 李玉萍 **主编**

上海交通大学出版社出版发行

(上海市番禺路951号 邮政编码200030)

电话：64071208

苏州市古得堡数码印刷有限公司 印刷 全国新华书店经销

开本：787mm×1092mm 1/16 印张：13.75 字数：332千字

2014年1月第1版 2022年1月第3次印刷

ISBN 978-7-313-10126-6 定价：38.00元

前　　言

随着我国城市建设的快速发展和人民生活水平的迅速提高，城市园林绿化水平已成为评价城市物质文明和精神文明的重要标志。城市园林绿地具有体现城市特色、改善城市生态环境、美化居民生活环境等诸多积极的作用，也为城市居民提供了自然服务和多种活动的场所，在提高人民的生活质量和城乡规划建设中的地位非常重要。园林植物是城市园林绿地系统中的主体材料，其中园林苗圃是培育各类园林植物的重要场所，它为园林绿地提供各种规格的苗木。

园林苗圃学是园林专业最基础的课程。本教材系统地介绍了园林苗圃地的建立、园林植物种实生产、传统的育苗技术和高新育苗技术及苗圃管理等理论和实验实训内容。通过学习，能够掌握园林苗圃的相关基本知识和基本技能，为以后的专业课学习打下基础。

本教材为应用型本科院校“十二五”规划教材。应用型本科院校的特点之一是强调知识应用，突出技能培养，通过实践来培养学生的实践能力和创新能力。在编写过程中，一方面针对21世纪对园林专业人才培养的要求，另一方面针对应用型本科院校园林专业教育的特点，吸纳了国内外同类教材的精华和近几年有关的研究成果，结合多所高等院校的教学经验和生产实践，将传统的育苗技术和高新育苗技术相结合，注重实践性，使其符合应用型本科院校的教学要求。

本教材由长期在一线从事园林教育和工作的教师及专业技术人员编写，王大平（重庆文理学院）和李玉萍（金陵科技学院）担任主编。编写具体分工如下：第6章、第7章、第8章和实训8至实训13由王大平编写；绪论、第2章和第3章由李玉萍编写；第5章由贺方云编写；第9章由张绍彬编写；第1章和实训1～实训7由夏重立编写；第4章由王燕青编写。全书由王大平统稿和审稿。

由于编者理论水平和实践经验有限，书中的不妥之处，恳请广大读者、同行和专家给予批评和指正。

编　者

2013年5月

目　　录

0 绪 论

【学习重点】

了解园林苗圃在城市绿化中的作用以及园林苗木生产现状和发展趋势；从现代园林绿化的角度分析，明确园林苗圃学的内容和任务。

随着我国社会和经济的迅速的发展，人民生活水平显著提高，对城市绿化、环境建设提出了更新、更高的要求。因此，加快城市园林绿化，改善城市生态环境，美化居民生活环境，变得日益重要。城市公园、街道广场绿地等公共绿地、居住区绿地、各单位附属绿地、生产绿地和风景林地等各类城市绿地已成为城市规划和建设中不可缺少的组成部分。其中，园林苗圃是城市园林绿地系统的一部分，是城市园林绿化建设中最基本的基础设施。如何科学合理地建设、管理和经营园林苗圃，应用最先进的科学技术和方法，源源不断地为城市绿化提供多样性的优质种苗，成为城市园林绿化建设中非常迫切的一项重要内容。

0.1 园林苗圃在城市园林绿化中的作用

0.1.1 城市绿化的作用

城市园林绿化作为城市的一项基础建设行业，是城市环境建设中不可缺少的重要组成部分。同时，城市园林绿化也是保护环境、改善环境、美化环境、建设现代化城市精神文明和物质文明的一个重要方面。一个优美、洁净、文明的现代化城市，离不开绿化。运用城市绿化手段，借助绿色植物向城市输入自然因素，可净化空气、涵养水源、防治污染，并调节城市小气候，对于改善城市生态环境、美化生活环境、增进居民身心健康、促进城市物质文明和精神文明建设，具有十分重要的意义。园林苗圃是园林绿化用苗木的生产基地，可为城市绿地建设提供大量优质的园林绿化苗木，是城市园林绿化建设事业的重要保障。

0.1.2 衡量城市绿化的主要指标

评价一个城市园林绿化水平的重要指标有人均公共绿地面积、绿化覆盖率和绿地率。人均公共绿地面积是指城市中居民平均每人占有公共绿地的数量；绿化覆盖率指城市绿化种植中的乔木、灌木、草坪地被等所有植被的垂直投影面积占城市总面积的百分比；绿地率是指城市中各类绿地面积占总建成面积的百分比。林学研究认为，一个地区的绿化覆盖率至少应在30%以上，才能起到改善气候的作用。由于城市中工业和人口高度集中，从大气中氧气与二氧化碳的平衡问题考虑，城市居民人均公共绿地面积应达到30～40m^2，才能形成良好的生态环境和居民生存环境。联合国生物圈生态环境组织要求城市中人均公共绿地面积达到60m^2。国外不少城市已达到或接近这一要求，如波兰华沙和澳大利亚堪培拉的人均公共绿地面积均超过70m^2，绿地率在50%以上；瑞典首都斯德哥尔摩人均公共绿地面积达到80.3m^2；美国规划的人均公共绿地指标为40m^2，英国为25m^2。

我国许多城市的绿化条例中规定城市的人均公共绿地面积大于8m^2，城区绿化覆盖率大于30%，对于一些具体的地段或建设项目区的绿化覆盖率则有更高的要求。但我国许多城市的绿化覆盖率和人均公共绿地面积距园林城市标准还有很大差距，园林绿化事业的发展还有巨大潜力，对园林绿化材料的需求量很大。由此可见，在当今的城市建设及今后的城市发展中，园林绿化不断需要大量的种苗，园林苗圃将对城市园林绿化起到举足轻重的作用。

0.1.3 城市园林绿化对苗木的要求

城市园林绿化既有地域特征，又有很强的艺术性。不同地域的气候相差悬殊，适生植物种类存在很大差别。城市园林绿化的骨干树种和基调树种多是城市所在地的特色树种，城市绿化的地方特征十分明显。此外，由于城市环境条件的特殊性，能够使一些外来植物种类生存下来，因此，城市园林绿化可以适当引进外来植物种类，与当地植物种类科学和艺术地进行配置。这就要求在园林苗圃中繁殖和培育引进的植物种类，为当地城市提供园林绿化材料。尤其值得注意的是，绿化中不仅要尽可能地配置各种植物种类，而且要选择多种多样的苗木类型和苗木造型，以进一步美化城市景观，创造更加宜人的生存环境。所有这些都需要有专门的园林苗圃，不断培育和提供丰富多样的满足各种要求的园林绿化材料。

城市绿地种类多样，各绿地常具有独特的小气候和土壤环境条件。同时城市绿化建设对各类绿地的绿化要求又有很大差别。这些独特性和差别，对园林绿化材料提出更高要求，也使园林苗圃在园林绿化中的地位显得更为重要。城市园林绿化不仅要有丰富城市景观、美化城市、增进人们的身心健康的作用，还要有净化空气、减轻污染、改善城市生态环境的作用。1992年6月国务院颁布的《城市绿化条例》将城市绿地大致分为六类，即：公共绿地；居住区绿地；单位附属绿地；防护绿地；风景林地；生产绿地。由于不同类别的城市绿地形成了复杂多样的生态空间，就需要丰富多样的绿化苗木。

综上所述，为了美化城市环境，不断调节和改善城市生态环境，城市园林绿化中不仅需要数量足够的园林苗木供应，而且需要丰富多样的苗木种类。园林苗圃是专门为城市园林绿化定向繁殖和培育各种各样的优质绿化材料的基地，是城市园林绿化的重要基础。园林苗圃可以通过培育苗木、引种、驯化苗木以及推广苗木等推动城市园林绿化的发展。同时，园林苗圃本身也是城市绿地系统的一部分，具有公园功能，可形成亮丽的风景线，丰富城市园林绿化内容。因而，园林苗圃在城市园林绿化、美化和环境保护中具有非常突出的地位和作用。

0.2 园林苗木的育苗现状及发展方向

园林苗木是园林绿化建设的物质基础，园林苗木的生产能力和状况在一定程度上左右着城市园林绿化的进程和发展方向。因此，必须有足够数量的优质苗木才能保证城市园林绿化事业的顺利发展。

0.2.1 我国园林苗木育苗现状

0.2.1.1 城市园林建设加快，拉动园林苗圃迅速膨胀

近年，我国城市生态、环境建设的超常规发展，刺激、拉动了园林苗圃产业的迅速膨胀。据农业部种植司统计数据显示，2010年我国绿化(观赏)苗木种植面积已达752.9万亩，占全国花卉业总种植面积的54.7%，销售额及出口额均呈每年平衡较快增长，2010年销售额达到434.8亿元人民币，出口额2.02亿元人民币，折合3172.3万美元，三者较2006年分别增长了25%、62.8%和761%。苗木产业的快速发展，首先得益于国家各级政府对园林生态和城市环境建设的重视。国家投入园林城市建设的资金多，园林规划企业发展快，苗木需求量增大；种苗价格上涨，苗木生产、经营者收益提高，于是调动了育苗者的巨大积极性。第二，新品种、优良品种、速生苗木的诱导作用大。苗木新品种层出不穷，优良品种推广日趋加快，先进栽培管理技术不断提高，促进了苗木产量和生产效率的提高，也使园林苗木更具有观赏性、公益性，苗木生产更具有时效性、诱惑性。第三，粮、棉、油价格走势过低，也变相促进了苗木业的大发展。

0.2.1.2 非公有制苗圃发展迅速，已成为苗木产业的主力

长期来，国有苗圃一直独领风骚，在苗木行业唱主角。但最近的两年多的时间，非公有制苗圃发展迅速，除了农户转向苗木生产经营之外，其他行业、非农业人士加入种苗行列，从事苗木生产的也不计其数。如浙江的萧山已成为浙江花木生产的重地，产品包含花灌木、彩叶植物、绿篱植物等10大类近1000个品种，其中花木生产以柏木类和黄杨类为主；上海郊区是我国第二大鲜切花生产基地，主要产品是香石竹。中西部地区云南是我国最大的鲜切花生产基地，2010年鲜切花总面积为16.9万亩，总产量为72.5万亿枝，其中三大切花中的康乃馨种植面积占全国67%，玫瑰占33%，百合占20%左右。

0.2.1.3 经营树种和品种越来越多

近年来经过多渠道引进树种，科研部门的育种、推广，及乡土、稀有树种广泛应用，使种苗生产者经营的树种、品种越来越多。例如，浙江萧山新街盈中园林苗圃是萧山园林绿化的专业育苗基地，位于著名的花木之乡——新街镇，现有苗木生产基地三个，总面积40余公顷，乔木、灌木品种300余个。种苗年繁殖产量在3000万株左右。从2003年开始出口苗木到德国。至今，苗木已销往韩国、荷兰、比利时、德国等多个国家和地区，积累了成熟的苗木出口技术。出口的品种有日本红枫、金叶瓜子、红叶女贞、红花檵木、小叶黄杨、金边黄杨、银边黄杨、龟甲冬青、丰花月季、杜鹃、大叶黄杨、金叶女贞、小叶女贞、红叶小檗、茶梅等22个灌木品种及少量乔

木小苗。栽培树种、品种的增多，给广大育苗经营者带来更多选择和调剂苗木的机会，跨地区、省际的种苗采购、调剂日趋增多。

0.2.1.4 区域化生产、集约性经营，呈现良好的发展态势

不少地区区域化生产、集约性经营，逐步走向正规，趋于科学、合理。在区域化生产方面，经济发达的东部大中城市周围地区，花卉产业已初具规模，并出现一些花卉品种相对集中的产区，如广东的顺德已成为全国最大的观叶植物生产及供应中心；浙江的萧山已成为浙江花木生产的重地。产业布局的另一个特点是有些省份已形成多样化、区域化趋势的花卉产地，如山东省的曹州主产牡丹，莱州主产月季，平阴主产玫瑰，德州主产菊花，泰安生产盆景；而江西、辽宁的杜鹃，天津的仙客来，四川的兰花，福建漳州的水仙，海南的观叶植物，贵州的高山杜鹃，江西大余的金边瑞香，山东菏泽及河南的牡丹在全国享有盛名；盆景的产地主要集中在江苏、河北、安徽、河南、新疆、宁夏、广东、上海等地。

0.2.1.5 种苗信息传播加快，人们的经营理念日趋成熟

随着全国林木种苗交易会、信息交流会的逐年增多，人们的信息来源增多、市场观念增强，经营理念日趋成熟。近年来，国家有关部门举办各种名目的种苗交易、信息博览会频繁，各省、市也多次举办类似的会议。这些会议的举办，大大促进了种苗生产经营者的信息交流和技术合作。加上报刊、电视、广播等多媒体的宣传报道，使人们获得的信息量增多，在新品种的引进、种苗购置、苗木交易等方面都逐渐理智、成熟。

0.2.2 当前园林苗木育苗存在的问题

0.2.2.1 发展规模不易继续扩展，应着眼于种植结构的调整

根据政府主管部门统计的数字及信息报道，现在全国苗木生产面积规模较大，苗木存圃量过大。一两年生的小规模苗木约占有圃总面积的1/2，这些苗木如在短时间内不能出圃，还要移植、扩繁到3倍以上的土地面积上。大规模苗木虽然稍有不足，但经过地区、时间的调剂或降低使用规格，基本供需平衡。由于新品种的增加，苗木培育技术的提高，苗木生产迅速，产量增加很快，大约用三五年的时间，常规的大规模苗木将基本供应充足。因此不应再继续扩大种植面积。现阶段要着眼于对当前苗木种植结构的调整。压缩常规小苗木的生产，增加大规模苗木的繁殖，特别注重合格苗木的生产，减小密度，科学培育，尽快培育适合城乡、郊区绿化的各种苗木。

0.2.2.2 生产品种大同小异，苗圃场缺乏特色

受传统种植观念的影响，“人家种啥，我种啥”、“什么赚钱我种什么”，这种现象非常普遍。首先，新品种热一阵风。如，2003年，杨树新品种热，家家户户育杨树苗。杨树过剩之后，又出现了金丝垂柳热、黄金槐热和美国红栌热等。2010年出现了红叶石楠热，2012年红叶石楠跌成“伤心树”，新的品种一眨眼过去。其次，常规苗木随风倒。2005年法桐、白蜡大规模苗木需求量较大，于是人们都不约而同地发展法桐、绒毛白蜡。到法桐、白蜡定植培育大苗的时候，结

果很多小苗积压存圃、卖不动。再次,各苗木生产品种雷同,缺乏特色。苗圃面积虽然大小不一,但经营品种别无它样,雪松、杨、柳、法桐、国槐、冬青等,你有我也有,比比皆是。

0.2.2.3 管理粗放,苗木质量有待提高

由于近几年加入种苗行业的新手增多,大多不懂园林苗圃学,对树种的生物学特性和生态学特性不甚了解,他们只注重信息的获得和品种的选择,而不能因地制宜地发展苗木,有的对苗圃地选择不当,土壤贫瘠、盐碱或涝洼,不适宜种植苗木;有的选择树种不当,在沙土或壤土上栽植常绿树种,起苗时不能带土球;有的栽植密度过大,苗木的生长空间太小,加上肥水管理不及时,苗木生长比例失调,致使合格苗出圃率低;有的不进行整形修剪、不及时进行病虫害防治,使苗木抗逆能力差,干型、冠型长势不良,商品苗档次低,优质苗出圃低,直接影响了经济收入。

0.2.2.4 缺乏统一生产标准,营销误区较多

目前,全国苗木生产还没有制定出统一、规范、适用的质量标准。尽管在20世纪末我国制定了一些常规树种、荒山造林树种的苗木质量标准,但可操作性不强,大多没有被采用。至于园林绿化树种,尤其是观赏乔木、灌木及藤本树种,一直没有制订可使用的苗木生产标准。这给苗木生产、销售、质量验收等增加了难度,同时也给不良经营者投机、钻营留下了空子。例如,不同规格树种的根幅、带土球直径的大小,调运期间根系的保护措施,验收苗木时直径测定的位置,干型、冠型的标准等,误区、盲点太多。由于统一的苗木产销标准没有出台,在苗木生产、经营中,无法按照需要单位对苗木规格、质量的要求制订生产、管理计划。

0.2.3 园林苗圃发展趋势

全世界观赏植物有数万种,目前在园林绿地中常用的约6000种。中国的观赏植物资源极为丰富,常用的观赏植物达3000～4000种。但从目前的城市园林绿化情况看,绝大多数观赏植物只栽培在植物园中,而在其他绿地中应用的观赏植物不过数百种。因此,进一步开发利用园林绿化资源的潜力极大,特别是通过园林苗圃的定向培育,积极进行多样性苗木生产,挖掘潜在的绿化资源,将极大地丰富城市园林绿化色彩,发挥多样性的绿化功能,提高城市园林绿化的整体水平。

在市场经济体制下,城市园林绿化的市场需要常常制约着园林苗圃的发展规模和方向,决定着园林苗木的生产;同时,园林苗木的生产经营和推广又对城市园林绿化事业的发展起导向作用。园林苗圃建设和苗木生产应当主动适应城市园林绿化发展的需求,靠市场求发展,向市场要效益,实现高新技术和实用手段相结合,增加园林苗圃的竞争实力。园林苗木的生产既要立足国内和当地城市建设的客观实际,又要充分借鉴国外的和其他地区的先进经验和技术;既要充分发挥当地的优势,大力开发和利用当地植物种质资源,生产具有地方特色的苗木种类,又要加强新品种和新类型苗木的培育和推广,大力繁育市场紧俏的珍贵苗木,积极开展多样性的苗木生产,做到苗木种类多样性、地域性与苗木生产的特色性有机结合,实现低成本、多品种类型、多样化的可持续的园林苗木生产,以保证不断为城市绿化建设提供品种丰富、品质优良,且具有良好适应性的绿化苗木。

0.3 园林苗圃学的内容和任务

0.3.1 园林苗圃学概念及研究内容

园林苗圃学是研究论述园林苗木的培育理论和生产应用技术的一门应用科学。园林苗圃学理论建立在植物学、树木学、土壤学、农业气象学、植物遗传育种学、生态学、植物生理学、植物病理学、昆虫学、美学和市场营销学等众多学科的基础上。因此,为了更好地了解和掌握园林苗圃学理论与技术,应当掌握相关的各门学科的知识。

园林苗圃学研究的主要内容包括:园林苗圃的建立、园林植物的种实生产、苗木的播种繁殖和营养繁殖、大苗培育技术、苗木出圃、园林苗圃病虫草害防治及主要园林植物的繁殖与培育等。

0.3.2 园林苗圃学主要任务

园林苗圃学的主要任务是为园林苗木的培育提供科学理论依据和先进技术,使理论和实际应用相结合,培育技术和经营管理相结合,以持续地为城市园林绿化提供品种丰富、品质优良的绿化苗木。

思考题

1. 联系实际,谈谈你对目前园林苗圃在城市绿化建设中的作用、存在问题及解决对策。
2. 从现代园林绿化的角度,阐述园林苗圃学的主要内容和任务。

1 园林苗圃建立

【学习重点】

熟悉城市规划中园林苗圃的合理布局要求、苗圃用地选择的原则和方法、园林苗圃规划设计的主要内容和具体方法；掌握园林苗圃设计图的绘制、设计说明书的编写和园林苗圃建立技术。

1.1 园林苗圃的种类与特点

随着国民经济的高速增长、城市化进程的加快和社会经济结构的变化，以及全社会对环境建设的日益重视，园林绿化建设对苗木的需求量增长迅速，园林苗圃建设呈现出多样化的发展趋势，其种类、特点各有不同。

1.1.1 按园林苗圃面积划分

1.1.1.1 大型苗圃

面积在 $20hm^2$ 以上。生产的苗木种类齐全，拥有先进设施和大型机械设备，技术力量强，常承担一定的科研和开发任务，生产技术和管理水平高，生产经营期限长。

1.1.1.2 中型苗圃

面积为 $3\sim20hm^2$。生产苗木种类多，设施先进，生产技术和管理水平较高，生产经营期限长。

1.1.1.3 小型苗圃

面积为 $3hm^2$ 以下。生产苗木种类较少，规格单一，经营期限不固定，往往随市场需求变化而更换生产苗木种类。

1.1.2 按园林苗圃所在位置划分

1.1.2.1 城市苗圃

位于市区或郊区,能够就近供应所在城市绿化用苗,运输方便,且苗木适应性强,成活率高,适宜生产珍贵的和不耐移植的苗木,以及露地花卉和节日摆放用盆花。

1.1.2.2 乡村苗圃(苗木基地)

位于远离城市的乡村,是随着城市土地资源紧缺和城市绿化建设迅速发展而形成的新类型,现已成为供应城市绿化建设用苗的重要来源。由于土地成本和劳动力成本低,适宜生产城市绿化用量较大的苗木,如绿篱苗木、花灌木大苗、行道树大苗等。

1.1.3 按园林苗圃育苗种类划分

1.1.3.1 专类苗圃

面积较小,生产苗木种类单一。有的只培育一种或少数几种需要特殊培育措施的苗木,如专门生产果树嫁接苗、月季嫁接苗等;有的专门从事某一类苗木生产,如针叶树苗木、棕榈苗木等;有的专门利用组织培养技术生产组培苗等。

1.1.3.2 综合苗圃

多为大、中型苗圃,生产的苗木种类齐全,规格多样化,设施先进,生产技术和管理水平较高,经营期限长,技术力量强,往往将引种试验与开发工作纳入其生产经营范围。

1.1.4 按园林苗圃经营期限划分

1.1.4.1 固定苗圃

规划建设使用年限通常在10年以上,面积较大,生产苗木种类较多,机械化程度较高,设施先进。大,中型苗圃一般都是固定苗圃。

1.1.4.2 临时苗圃

通常是在接受大批量育苗合同订单,需要扩大育苗生产用地面积时设置的苗圃。经营期限仅限于完成合同任务,之后不再继续生产经营园林苗木。

1.1.5 按苗木规格划分

1.1.5.1 大树经营苗圃

以大树(大苗)培育为主要经营产品。主要是购进大树(大苗),苗圃实际起的作用是苗木的“假植”,即养根系和养树冠。大树来源主要有两种渠道,一是本地或异地自然资源的采挖,二是其他苗圃培育数年后的实生苗或无性繁殖苗的再次转移。这种苗圃的特点是一般建在城市周边、交通方便、投资大、风险大、技术要求较高、回报率高。

1.1.5.2 小苗经营苗圃

以小苗培育为主要经营产品,以播种、扦插和嫁接为主要繁殖方式。苗木繁殖系数高、数量多、苗木经营周期短、技术要求低、单株苗木价格低、经营成本及风险低。如杭州萧山、宁波柴桥、湖南浏阳等地的大量苗圃。

1.1.5.3 大小苗木混合经营苗圃

该类型苗圃比较普遍,根据经营者的实力和条件,一部分以小苗为主,大苗为辅:另一部分以大苗为主,小苗为辅。充分利用苗圃地的空间,长短结合,比较科学、合理地利用市场、交通、土壤等资源。

1.1.5.4 地方特色苗木兼其他品种经营苗圃

以本地区的特色、优势苗木品种为拳头产品,适度培育一些本地或外地引入的品种。苗圃苗木品种较多,苗木规格比较齐全。如宁波柴桥的苗圃以杜鹃为主,江苏徐州地区的苗圃以银杏为主等。

1.1.6 按苗木培育方式分

1.1.6.1 大田育苗

根据环境特点,无人为辅助设施,因地制宜地培育苗木的方式。各地区大田培育苗木最为广泛,是最普遍的一种栽培方式。

1.1.6.2 容器育苗

利用各种容器装入培养基质进行苗木培育的一种方式。容器育苗节省种子,苗木产量高、质量好、移栽成活率高。目前各地区容器育苗发展不平衡。如宁波柴桥花木公司,2010 年以容器培育红叶石楠、金森女贞等 5000 万盆,取得很好的经济效益。

1.1.6.3 保护地育苗

利用人工方法创造适宜的环境条件,保证植物能够继续正常生长和发育或度过不良气候条件的一种培育方式。如温室栽培、塑料大棚栽培等方式。各地区花卉栽培普遍利用保护地栽培方式，木本植物运用较少。

1.1.6.4 组织培养育苗

在无菌条件下，利用植物的组织或部分器官，并给以适合其生长、发育的条件，使之分生出新植株的一种苗木培育方式。目前世界上已经采用植物组织培养技术成功育苗的植物有250余种，我国已获成功的园林植物有100余种，多为花卉植物，木本植物较少。植物组织培养技术条件要求高，试验阶段成本高，育苗速度快，繁殖系数大，产量高，苗木技术含量高。

1.2 园林苗圃建设的用地选择和合理布局

园林苗圃建设是城市绿化建设的重要组成部分，是确保城市绿化质量的重要条件之一。为了以最低的经营成本培育出符合城市绿化建设要求的优良苗木，在建设园林苗圃之前，必须慎重考虑用地。

1.2.1 园林苗圃地址选择

1.2.1.1 园林苗圃的经营条件

1. 交通条件

建设园林苗圃要选择交通方便的地方，如靠近铁路、公路、水路、机场的地方，以便于苗木的出圃和育苗物资的运入。此外，主要应考虑在运输通道上有无空中障碍或低矮涵洞，如果存在这类问题，必须另选地点。

2. 电力条件

园林苗圃所需电力应有保障，在电力供应困难的地方不宜建设园林苗圃。

3. 人力条件

园林苗圃应设在靠近村镇的地方，以便于调集人力，尤其在育苗繁忙季节可满足大量临时用工的需要。

4. 科技指导

苗圃如能靠近相关的科研单位、大专院校等，则有利于采用先进的生产技术，提高苗木的科技含量。

5. 周边环境条件

园林苗圃应远离工业污染源，防止工业污染对苗木生长造成不良影响。

6. 销售条件

将苗圃设在苗木需求量大的区域内，往往具有较强的销售竞争优势。即使苗圃自然条件不是十分优越，也可以通过销售优势加以弥补。

1.2.1.2 园林苗圃的自然条件

1. 地形、地势及坡向

园林苗圃应尽量选择背风向阳、排水良好、地势较高、地形平坦的开阔地带，便于机械耕作和灌溉，也有利于排水防涝。圃地坡度一般以1°～3°为宜。坡度过大，易造成水土流失，降低土壤肥力，不便于机械化作业；坡度过小，不利于排除雨水，容易造成渍害。一般在南方多雨地区坡度可适当增加到3°～5°，以便于排水；而北方少雨地区，坡度则可小一些；在质地较黏重的土壤上，坡度可适当大些；在沙性土壤上，坡度宜小些。地势低洼、风口、寒流汇集、昼夜温差大等地形，容易产生苗木冻害、风害、日灼等灾害，严重影响苗木生产，不宜选作苗圃地。

在地形起伏较大的地区，不同的坡向，直接影响光照、湿度、水分和土层的厚薄，从而影响苗木的生长。一般南坡背风向阳，光照时间长，光照强度大，温度高，昼夜温差大，湿度小，土层较薄；北坡与南坡情况相反；东，西坡向的情况介于南坡与北坡之间，但东坡在日出前到中午的较短时间内会形成较大的温度变化，而下午不再接受日光照射，因此对苗木生长不利；西坡冬季常受到寒冷的西北风侵袭，易造成苗木冻害。如南方温暖多雨，以东南、东北坡为佳，南坡和西南坡阳光直射，幼苗易受灼伤。如同一苗圃内有不同坡向的土地时，应根据树种的不同习性进行合理安排，以减轻不利因素对苗木的危害。如北坡培育耐寒、喜阴种类，南坡培育耐旱、喜光种类等。

2. 土壤条件

苗圃土壤条件十分重要，因为苗木生长所需的水分和养分主要来源于土壤，植物根系生长所需要的氧气、温度也来源于土壤。土壤结构和质地对土壤中水分、养分和空气状况影响很大。土层深厚、土壤孔隙状况良好的壤质土（尤其是沙壤土、轻壤土、中壤土）具有良好的持水保肥和透气性能，适宜苗木生长。沙质土壤肥力低，保水力差，土壤结构疏松，在夏季日光强烈时表土温度高，易灼伤幼苗，带土球移植苗木时，土球易松散。黏质土壤结构紧密，透气性和排水性能较差，不利于根系生长，水分过多易板结，土壤干旱易龟裂，实施精细的育苗管理作业有一定的困难。适宜的土层厚度应在50 cm以上，含盐量应低于2‰，有机质含量应不低于2.5%。

土壤酸碱度是影响苗木生长的重要因素之一，一般要求园林苗圃土壤的pH值为6.0～7.5。不同的园林植物对土壤酸碱度的要求不同，有些植物适宜偏酸性土壤，如红松、马尾松、茶、樟树、杜鹃等；有些植物适宜偏碱性土壤，如侧柏、柽柳、刺槐、白榆等。针叶树种一般要求土壤pH值5.0～6.5，阔叶树种为pH值6.0～8.0。

3. 水源及地下水位

苗木在生长发育过程中必须有充足的水分供应。水源可分为天然水源（地表水）和地下水源。苗圃最好选择在江、河、湖、塘、水库等天然水源附近，有利于引水灌溉，同时也有利于使用喷灌、滴灌等现代化灌溉技术，并且这些天然水源水质好，有利于苗木生长。在无地表水源的地点建立园林苗圃时，可开采地下水用于苗圃灌溉。苗圃灌溉用水的水质要求为淡水，水中含盐量一般不超过0.1%，最高不得超过0.15%。水中有淡水小鱼虾，即为适合作为灌溉水的标志。

地下水位对土壤性状的影响也是必须考虑的一个因素。适宜的地下水位应为2m左右。但不同的土壤质地有不同的地下水临界深度，沙质土为1～1.5m，沙壤土-中壤土为2.5m左右,重壤土-黏土为2.5～4.5m。地下水位高于临界深度,容易造成土壤盐渍化。

4. 气象条件

地域性气象条件通常是不可改变的,因此,园林苗圃不能设在气象条件极端的地域。如高海拔地域,经常出现早霜冻和晚霜冻以及冰雹多发的地区,地势低洼、风口、寒流汇集处等。

5. 病虫草害

在选择苗圃时,一般应进行专门的病虫草害调查,了解当地病虫草害情况及其感染程度。病虫草害过分严重的土地和附近大树病虫害感染严重的地方不宜选作苗圃;金龟子、象鼻虫、蛴螬、地老虎、立枯病、多年生深根性杂草等危害严重的地方不宜选作苗圃;土生有害动物如鼠类过多地方一般也不宜选作苗圃。

1.2.2 园林苗圃的合理布局

园林苗圃是繁殖和培育苗木的基地,各城市要搞好园林建设工作必须对所要建立的园林苗圃数量、用地面积和位置进行一定的规划,使其均匀分布在城市近郊,以达到就地育苗、就地供应、减少运输、降低成本及提高成活率的效果。

1.2.2.1 园林苗圃合理布局的原则

建立园林苗圃应对苗圃数量、位置、面积进行科学规划。城市苗圃应分布于近郊,乡村苗圃(苗木基地)应靠近城市,以方便运输。总之,以育苗地靠近用苗地最为合理,这样可以降低成本,提高成活率。

1.2.2.2 园林苗圃数量和位置的确定

大城市通常在市郊设立多个园林苗圃。设立苗圃时应考虑设在城市不同的方位,以便就近供应城市绿化需要。中、小城市主要考虑在城市绿化重点发展的方位设立园林苗圃。城市园林苗圃总面积应占城区面积的2%～3%。按一个城区面积1000hm^2的城市计算,建设园林苗圃的总面积应为20～30hm^2。如果设立一个大型苗圃,即可基本满足城市绿化用苗需要。如果设立2～3个中型苗圃,则应分散设于城市郊区的不同方位。

乡村苗圃(苗木基地)的设立,应重点考虑生产苗木所供应的范围。在一定的区域内,如果城市苗圃不能满足城市绿化需求,可考虑发展乡村苗圃。在乡村建立园林苗圃,最好相对集中,即形成园林苗木生产基地,这样有利于资金利用、技术推广和产品销售。

1.3 园林苗圃的规划设计

苗圃确定后,为了合理布局、充分利用土地、便于生产操作,对苗圃地必须进行合理规划设计。

1.3.1 园林苗圃用地的划分和面积计算

为了合理使用土地,保证育苗计划的完成,必须进行正确计算苗圃面积,以便于征收土地、苗圃区划和建设等具体工作的进行。

1.3.1.1 园林苗圃用地划分

1. 生产用地

生产用地是指直接用于培育苗木的土地，包括播种繁殖区、营养繁殖区、苗木移植区、大苗培育区、设施育苗区、采种母树区、引种驯化区等所占用的土地及暂时未使用的轮作休闲地。

2. 辅助用地

辅助用地又称非生产用地，是指苗圃的管理区建筑用地和苗圃道路、排灌系统、防护林带、晾晒场、积肥场及仓储建筑等占用的土地。

1.3.1.2 园林苗圃用地面积计算

1. 生产用地面积计算

生产用地一般占苗圃总面积的 75%～85%。大型苗圃生产用地所占比例较大，通常在 80%以上。

计算生产用地面积主要依据计划培育苗木的种类、数量、规格、要求，结合出圃年限、育苗方式以及轮作等因素。如果确定了单位面积的产量，即可按下列公式进行计算：

$$S=\frac{NA}{n}\times\frac{B}{C}$$

式中：S—某树种育苗所需面积；

N—每年计划生产该树种苗木数量；

n—该树种单位面积产苗量；

A—该树种的培育年限；

B—轮作区的总区数；

C—该树种每年育苗所占的轮作区数。

按照上述公式计算得到的结果是理论数字，在实际生产中，抚育、起苗、贮藏等工序中，苗木都会有一定损失，故每年的产苗量应适当增加。一般比理论值增加 3%～5%，即在计算面积时应留有余地。

各树种在某育苗区所占面积之和，即为该育苗区园林植物所需的用地面积。园林植物所需用地面积加上母树区、引种试验区、温室区等的面积，即可得到生产用地总面积。

2. 辅助用地(非生产用地)面积计算

苗圃辅助用地面积一般不超过总面积的 20%～25%，大型苗圃辅助用地一般占 15%～20%，中、小型苗圃的一般占 18%～25%。

1.3.2 园林苗圃规划设计的准备工作

1.3.2.1 现场调查

在规划设计苗圃前，设计人员会同施工人员、经营管理人员以及有关人员到已确定的圃地范围内进行现场调查访问工作，了解圃地的现状、地权地界、历史、地势、土壤、植被、水源、交通、病虫害、草害、有害动物以及周围环境、自然村落等情况，并提出规划的初步意见。

1.3.2.2 测绘地形图

地形图是进行苗圃规划设计的基本材料。地形图比例尺为1/500～1/2000，等高距为20～50cm。与苗圃规划设计直接有关的各种地形、地物都应尽量绘入图中，重点是高坡、水面、道路、建筑等。圃地的土壤分布和病、虫、草害和有害动物情况都应标清绘出。

1.3.2.3 土壤调查

根据圃地自然条件、地势及指示植物的分布，选定典型地区，分别挖取土壤剖面，观察和记载土壤厚度、机械组成、pH值、地下水位等，必要时可采样分层进行分析，弄清圃地内土壤的种类、分布、肥力状况和土壤改良的途径，并在地形图上绘出土壤分布图，以便合理使用土地。

圃地采用土壤剖面调查，一般按1～5hm^2设置一个剖面，但不得少于3个。剖面长1.5～2m，宽0.8m，深至母质层(最浅1.5m)。每个剖面都要记载下列要素：

(1) 剖面位置及编号(用草图示位)。

(2) 海拔、坡度、地下水位。

(3) 按层次记载土壤颜色、质地、结构、湿度、持水力、石砾含量、植物根系分布及整个剖面形态特征等，并确定土壤的土类、亚类、土种名称。

圃地土壤应根据调查结果进行区划，并根据需要提出土壤改良工程项目。

1.3.2.4 气象资料的收集

掌握当地气象资料不仅是进行苗圃生产管理的需要，也是进行苗圃规划设计的需要。如各育苗区设置的方位、防护林的配置、排灌系统的设计等，都需要气象资料作依据。因此，有必要向当地的气象台或气象站详细了解有关的气象资料。

(1) 年、月、日平均气温，绝对最高、最低日气温，土表层最高最低温度，日照时数及日照率，日平均气温稳定通过10℃的初终期及初终期间的累积温度、日平均气温稳定通过0℃的初终期。

(2) 年、月、日平均降水量，最大降水量，降水时数及其分布，最长连续降水日数及量，最长连续无降水量日数，空气相对湿度。

(3) 风力、平均风速、主风方向、各月各风向最大风速、频率、风日数。

(4) 降雪与积雪日数及初终期和最大积雪深度，霜日数及初终期，雾凇日数及一次最长连续时数，雹日数及沙暴、雷暴日数，冻土层深度，最大冻土层深度及地中10cm和20cm处结冻与解冻日期，土表最高温度。

(5) 当地小气候情况。

1.3.2.5 病虫害和植被状况调查

主要是调查圃地及周围植物病虫害种类及感染程度。

圃地病虫害调查采用挖土坑分层调查。样坑面积1.0m×1.0m，坑深挖至母岩。圃地面积在5hm^2以下挖5个土坑；6～20hm^2挖6～10个土坑；21～30hm^2挖11～15个土坑；31～50hm^2挖16～20个土坑；50hm^2以上挖21～30个土坑。小型苗圃一般采用抽样方法，每公顷挖样方土坑10个，每个面积0.25m²，深40cm，统计土坑调查病虫害的种类、数量、为害植物程度、发病史和防治方法。通过调查提出病虫害防治工程项目。

1.3.3 园林苗圃的规划设计

1.3.3.1 生产用地的区划

1. 生产用地区划的原则

生产用地是苗圃中进行育苗的可耕作区域，即育苗区。其内设立各个作业区。

(1) 作业区形状　作业区是苗圃进行育苗生产的基本单位，一般为长方形或正方形。

(2) 作业区长度　由机械化程度而定，完全机械化的以200～300m为宜，畜耕者以50～100m为宜。作业区宽度依苗圃地的土壤质地和地形是否有利于排水而定，排水良好者可宽些，排水不良时要窄，一般宽40～100m。小型苗圃的耕作区可适当缩小。

(3) 作业区方向　一般情况下，作业区的长边采取南北方向，苗木受光均匀，对生长有利。在坡度较大时，作业区的长边应与等高线平行。

2. 育苗区的设置

(1) 播种繁殖区　为培育播种苗而设置的生产区。应设在地势较高而平坦、坡度小于2°，接近水源、灌溉方便，土质优良、土层深厚、土壤肥沃，背风向阳，便于防霜冻，管理方便的区域，最好靠近管理区。如果是坡地，要选择最好的坡段、坡向。草本花卉播种还可采用大棚设施和育苗盘进行育苗。

(2) 营养繁殖区　为培育扦插、嫁接、压条、分株等营养繁殖苗而设置的生产区。应设在土层深厚、地下水位较高、灌排方便的地方。培育嫁接苗时，因需要先培育砧木实生苗，应当选择在与播种区相同的地段。硬枝扦插育苗时，要求土层深厚、土质疏松而湿润；嫩枝扦插育苗需要插床、阴棚等设施，可将其设置在设施育苗区。压条和分株育苗的繁殖系数低，育苗数量较少，不需要占用较大面积的土地，所以通常利用零星分散的地块育苗。

(3) 苗木移植区　为培育移植苗而设置的生产区，又叫小苗区，一般占育苗面积10%～15%。由播种繁殖区和营养繁殖区中繁殖出来的苗木，需要进一步培养成较大的苗木时，便移入移植区中进行培育。

由于移植区占地面积较大，一般设在土壤条件中等、地块大而整齐的地方。不同苗木种类具有不同的生态习性，应进行合理安排。对一些喜湿润土壤的苗木种类，可设在低湿的地段，如杨柳类；不耐水渍的苗木种类则应设在较高燥而土壤深厚的地段，如松柏类；进行裸根移植的苗木，可以选择土质疏松的地段栽植，需要带土球移植的苗木，则不能移植在沙性土质的地段。

(4) 大苗培育区　为培育根系发达、有一定树形、苗龄较大、可直接出圃用于绿化的大苗而设置的生产区，占育苗面积75%。大苗培育区特点是株行距大、占地面积大，培育出的苗木大、规格高、根系发达，可直接用于园林绿化建设，满足绿化建设的特殊需要，如树冠、形态、干高、干粗等高标准大苗。大苗的抗逆性较强，对土壤要求不太严格，一般选在土层较厚、地下水位较低、地块整齐、运输方便的区域。为了提高移苗成活率，宜采用可拆盆栽培技术等。为了出圃时运输方便，最好能设在靠近苗圃的主干道或在大苗区靠近出口处建立苗木假植区和发苗站，以利苗木出圃。为了起苗包装操作方便，应尽可能加大一点行株距，以防起苗时影响其他不出圃苗木的生长。

(5) 采种母树区　为获得优良的种子、插条、接穗等繁殖材料而设置的生产区，占育苗面积 2%。采种母树区不需要很大的面积和整齐的地块，大多是利用一些零散地块，但要土壤深厚、肥沃及地下水位较低。

(6) 引种驯化区　为培育、驯化由外地引入的树种或品种而设置的生产区(试验区)。需要根据引入树种或品种对生态条件的要求，选择有一定小气候条件的地块进行适应性驯化栽培。该区在现代园林苗圃建设中占有重要位置，占育苗面积 2%～3%。该区应安排在环境条件最好的地区，最好靠近管理区便于观察记录。

(7) 设施育苗区　为利用温室、大棚、阴棚等设施进行育苗而设置的生产区。该区要选择在距管理区较近、土壤条件好、高燥、背风向阳、光照条件好的地区。

(8) 其他区　为了生产上管理方便，可按苗木的种类、用途划分等设立标本区、果苗区、宿根花卉区、针叶区、阔叶区和花卉区等。

1.3.3.2　辅助用地的设计

苗圃辅助用地包括道路系统、排灌系统、防护林带、管理区建筑用房以及各种场地等。设计辅助用地时，既要满足苗木生产和经营管理上需要，又要少占土地。

1. 道路系统的设计

苗圃中的道路是连接各作业区之间及各作业区与管理区之间的纽带。道路系统的设计应从保证运输车辆、耕作机具、作业人员的正常通行考虑。苗圃道路包括一级路、二级路、三级路和环路。

在进行设计时，首先在交通方便的地方决定出入口。

(1) 一级路　也称主干道。一般设置于苗圃的中轴线上，与出入口、建筑群相连，能够允许通行载重汽车和大型耕作机具。这是苗圃内对外联系的主要道路，路面宽度一般为 6～8m，标高高于作业区 20cm。

(2) 二级路　也称副道、支道。是一级路通达各作业区的分支道路，应能通行载重汽车和大型耕作机具。通常与一级路垂直，根据作业区的划分设置多条。路面宽度一般为 4～6m，标高高于作业区 10cm。

(3) 三级路　也称步道、作业道。是工作人员进入作业区的道路，与二级路垂直，宽度一般为 2m。

(4) 环路　也称环道。设在苗圃四周防护林带内侧，供机动车辆回转通行使用，设计路面宽度一般为 4～6m。

在设计道路时，要在保证管理和运输方便的前提下，尽量做到少占用土地。道路一般占苗圃总面积的 7%～10%。

2. 灌溉系统的设计

灌溉系统包括水源、提水设备和引水设施三部分。

(1) 水源　水源分地表水(天然水)和地下水两类。地表水指河流、湖泊、池塘、水库等直接暴露于地面的水源。地表水取用方便、水量丰沛、水温与苗圃土壤温度接近、水质较好并含有部分养分，可直接用于苗圃灌溉，但需注意监测水质，避免对苗木造成危害。采用地表水作为水源时，选择取水点十分重要。取水口的位置最好选在比用水点高的地方，以便能够自流给水。如果在河流中取水，取水口应设在河道的凹岸，因为凹岸一侧水深，不易淤积。河流浅滩处不宜选作取水点。

地下水指井水、泉水等来自于地下透水土层或岩层中的水源。地下水一般含矿化物较多、硬度较大、水温较低，通常为 7～16℃或稍高，应设蓄水池以提高水温，再用于灌溉。水井应设在地势较高的地方，以便地下水提到地面后自流灌溉。水井设置要均匀分布在苗圃各区，以缩短输送距离。

(2) 提水设备　一般使用水泵提取地表水或地下水。选择水泵规格、型号时，应根据灌溉面积和用水量确定。如安装喷灌设备，则要用 5kW 以上的高压潜水泵提水。

(3) 引水设施　引水设施分渠道引水和管道引水两种。

渠道引水：修筑渠道是沿用已久的传统引水形式。土筑明渠修筑简便，投资少，但流速较慢，蒸发量和渗透量较大，占用土地多。引水时要经常注意管护和维修。为了提高流速，减少渗漏，可对其加以改进，如在水渠的沟底及两侧加设水泥板或做成水泥槽，也有的使用瓦管、竹管、木槽等。

引水渠道一般分为一级渠道(主渠)、二级渠道(支渠)、三级渠道(毛渠)。一级渠道(主渠)是永久性的大渠道，从水源直接把水引出，一般顶宽 1.5～2.5m。二级渠道(支渠)通常也为永久性的，从主渠把水引向各作业区，一般顶宽 1～1.5m。三级渠道(毛渠)是临时性的小水渠，一般顶宽度为 1m 以下。主渠和支渠要有一定的坡降，一般坡降在 1/1000～4/1000 之间，渠道边坡一般为 45°。渠道方向应与作业区边线平行，各级渠道应相互垂直。引水渠道占地面积一般为苗圃总面积的 1%～5%。

管道引水：管道引水是将水源通过埋入地下的管道引入苗圃作业区进行灌溉的形式，通过管道引水可实施喷灌、滴灌、渗灌等节水灌溉技术。管道引水不占用土地，也便于田间机械作业。喷灌、滴灌、渗灌等灌溉方式比地面灌溉节水、灌溉效果好，能减少对土壤结构的破坏，避免地表径流和水分的深层渗漏，但投资较大。在水资源匮乏地区以管道引水，采用节水灌溉技术是苗圃灌溉的发展方向。

3. 排水系统的设计

地势低、地下水位高、雨量多且集中的地区，应重视排水系统的建设。

排水系统主要由大小不同的排水沟组成。排水沟分为明沟和暗沟两种，目前多采用明沟排水。排水沟的宽度、深度、位置应根据苗圃地的地形、土质、雨量、出水口的位置等因素综合决定，并且保证雨后尽快排除积水，同时要尽量占用较少的土地。排水沟的坡降略大于渠道，一般为 3/1000～6/1000。大排水沟应设在圃地最低处，直接通入河流、湖泊或城市排水系统；中、小排水沟通常设在路旁；作业区内的小排水沟与步道相配合。在地形、坡向一致时，排水沟和灌溉渠往往各居道路一侧，形成沟、路、渠整齐并列格局，既利于排灌，又区划整齐。一般大排水沟宽 1m 以上，深 0.5～1m；作业区内小排水沟宽 0.3m，深 0.3～0.6m。苗圃四周宜设置较深的截水沟，以起到防止外水入侵、排除内水和防止小动物及害虫侵入的作用，效果较好。排水系统一般占苗圃总面积的 1%～5%。

4. 防护林带的设计

设置防护林带是为了避免苗木遭受风沙危害、降低风速、减少地面蒸发及苗木蒸腾，创造适宜苗木生长的小气候条件。防护林带的规格应依据苗圃的大小和风害程度而定。一般小型苗圃设一条与主风方向垂直的防护林带；中型苗圃在四周设防护林带；大型苗圃不仅在四周设防护林带，而且在圃内结合道路、沟渠，设置与主风方向垂直的辅助林带。一般防护林防护范围为树高的15～20倍。

防护林带的结构以乔、灌木混交半透风式为宜。林带宽度和密度依苗圃面积、气候条件、土壤和树种特性而定。一般主防护林带宽8～10m，株距1～1.5m，行距1.5～2m；辅助防护林带一般为1～4行乔木，株行距根据树木品种而定。林带应尽量选用适应性强、生长迅速、树冠高大、寿命长的乡土树种，同时注意速生和慢长、常绿和落叶、乔木和灌木、寿命长和寿命短的树种相结合，亦可结合栽植采种、采穗母树和有一定经济价值的树种，如用材、蜜源、油料、绿肥等，以增加收益。防护林带一般占苗圃总面积的5%～10%。

5. 管理区的设计

苗圃管理区包括房屋和圃内场院两部分。房屋主要包括办公室、宿舍、食堂、仓库、种子贮藏室、工具房以及车库等；圃内场院主要包括运动场、晒场和堆肥场等。苗圃管理区应设在交通方便、地势高燥、接近水源和电源的地方或不适合育苗的地方。大型苗圃为管理方便，可将办公区、生活区设在苗圃中央位置；中、小型苗圃办公区、生活区一般选择在靠近苗圃出入口的地方。堆肥场等则应设在较隐蔽但便于运输的地方。管理区一般占苗圃总面积的1%～2%。

1.3.4 园林苗圃设计图的绘制和设计说明书编写

1.3.4.1 设计图的绘制

1. 绘制设计图前的准备

在绘制设计图前，必须了解苗圃的具体位置、界限、面积；育苗的种类、数量、出圃规格、苗木供应范围；苗圃的灌溉方式；苗圃必需的建筑、设施、设备；苗圃管理的组织机构、工作人员编制等。同时应有苗圃建设任务书和各种有关的图纸资料，如现状平面图、地形图、土壤分布图、植被分布图等，以及其他有关的经营条件、自然条件、气象资料、当地经济发展状况资料等。

2. 绘制设计图

在完成上述准备工作的基础上，通过对各种具体条件的综合分析，确定苗圃的区划方案。苗圃地形图上应绘出主要道路、渠道、排水沟、防护林带、场院、建筑物、生产设施构筑物等，根据苗圃的自然条件和机械化条件确定作业区的面积、长度、宽度及方向，根据苗圃的育苗任务计算各树种育苗需占用的生产用地面积，设置好各类育苗区。先绘出苗圃设计草图，再多方征求意见，进行修改，最后确定正式方案，绘出正式图。

在绘制正式图时，应按地形图的比例尺将建筑物、道路、场地、沟、渠、林带、作业区及育苗区按比例绘制，排灌方向要用箭头表示。图外应列有图例、比例尺、指北方向等，同时将各区各建筑物应加以编号或文字说明，以便识别各区位置。

1.3.4.2 设计说明书的编写

设计说明书是园林苗圃规划设计的文字材料，与设计图是苗圃设计两个不可缺少的组成部分。设计说明书可分为总论和设计两个部分进行编写。

1. 总论

主要叙述苗圃的经营条件和自然条件，并分析其对育苗工作的有利和不利因素以及相应的改造措施。

(1) 经营条件

① 苗圃所处位置，当地的经济，生产，劳动力情况及其对苗圃生产经营的影响。

② 苗圃的交通条件。

③ 电力和机械化条件。

④ 周边环境条件。

⑤ 苗圃成品苗木供给的区域范围，对苗圃发展展望，建圃的投资和效益估算。

(2) 自然条件

① 地形特点。

② 土壤条件。

③ 水源情况。

④ 气候条件。

⑤ 病虫草害及植被情况。

2. 设计部分

(1) 苗圃的面积计算

① 各树种育苗所需土地面积计算。

② 所有树种育苗所需土地面积计算。

③ 辅助用地面积计算。

(2) 苗圃的区划说明

① 作业区的大小。

② 各育苗区的配置。

③ 道路系统的设计。

④ 排灌系统的设计。

⑤ 防护林带及防护系统(围墙，栅栏等)的设计。

⑥ 管理区建筑的设计。

⑦ 设施育苗区温室、组培室的设计。

(3) 育苗技术设计

① 培育苗木的种类。

② 培育各类苗木所采用的繁殖方法。

③ 各类苗木栽培管理的技术要点。

④ 苗木出圃技术要求。

(4) 建圃的投资和苗木成本回收及利润计算等。

1.4 园林苗圃的建设施工

园林苗圃的建立主要指兴建园林苗圃的一些基本建设工作，主要项目有各类房屋、温室、大棚建设，道路、排水沟、灌水渠的修建，水、电的引入，土地平整和防护林带及防护设施的修建等。

1.4.1 水、电、通讯的引入和建筑工程施工

房屋的建设和水、电、通信的引入应在其他各项建设之前进行。水、电、通信是基建的先行条件，应最先安装引入。为了节约土地，办公用房、宿舍、仓库、车库、机具库、种子库等最好集中于管理区一起兴建，尽量建成楼房。组培室一般建在管理区内。温室虽然是占用生产用地，但其建设施工也应先于道路、灌溉等其他建设项目。

1.4.2 道路工程施工

道路施工前，先在设计图上选择两个明显的地物或已知点，定出一级路的实际位置，再以一级路的中心线为基线，进行道路系统的定点、放线工作，然后方可修建。道路路面有很多种，如土路、石子路、灰渣路、水泥路或柏油路等。大、中型苗圃道路的一级路和二级路的设置相对比较固定，有条件的苗圃可建设柏油路或水泥路，或者将支路建成石子路或灰渣路。大、中型苗圃的三级路和小型苗圃的道路系统主要为土路，施工时由路两侧取土填于路中，形成中间高两侧低的抛物线形路面，路面应用机械压实，两侧取土处应修成整齐的排水沟。其他种类的路也应修成中间高的抛物线形路面。

1.4.3 灌溉工程施工

用于灌溉的水源如果是地表水，应先在取水点修筑取水构筑物，安装提水设备。如果是开采地下水，应先钻井，安装水泵。

采用渠道引水方式灌溉最重要的是一级和二级渠道的坡降应符合设计要求，因此需要进行精确测量，准确标示标高，按照标示修筑渠道。修筑时先按设计的宽度、高度和边坡比填土，分层夯实，当达到设计高度时，再按渠道设计的过水断面尺寸从顶部开掘。采用水泥渠作一级和二级渠道，修建的方法是先用修筑土筑渠道的方法按设计要求修成土渠，然后再在土渠底部和两侧挖取一定厚度的土，挖土厚度与浇筑水泥的厚度相同，在渠中放置钢筋网，浇筑水泥。

采用管道引水方式灌溉，要按照管道铺设的设计要求开挖1m以上的深沟，在沟中铺设好管道，并按设计要求布置好出水口。

喷灌等节水灌溉工程的施工必须在专业技术人员的指导下，严格按照设计要求进行，并应在通过调试能够正常运行后再投入使用。

1.4.4 排水工程施工

一般先挖掘向外排水的大排水沟。中排水沟与道路两侧的边沟相结合，与修路同时挖掘而成。作业区内的小排水沟可结合整地进行挖掘，还可利用略低于地面的步道来代替。为了防止边坡下塌，堵塞排水沟，可在排水沟挖好后，种植一些簸箕柳、紫穗槐、柽柳等护坡树种。要注意排水沟的坡降和边坡都要符合设计要求（坡降3/1000～6/1000）。

1.4.5 防护林工程施工

一般在房屋、道路、渠、排水沟竣工后，立即营建防护林，以保证开圃后尽早起到防护作用。最好是使用大苗栽植，以尽早起到防风作用。树种的选择，栽植的株距、行距均应按设计要求，同时呈“品”字形交错栽植。栽后要注意及时灌水，并经常养护。

1.4.6 土地整备工程施工

苗圃地形坡度不大者，可在路、沟、渠修成后结合土地翻耕进行平整，或在苗圃投入使用后结合耕种和苗木出圃等，逐年进行平整，这样可节省苗圃建设施工的投资，也不会对原有表层土壤造成破坏。坡度过大时必须修筑梯田，这是山地苗圃的主要工作项目，应提早进行施工。地形总体平整，但局部不平者，按整个苗圃地总坡度进行削高填低，整成具有一定坡度的圃地。在圃地中如有盐碱土、沙土、黏土或城市建筑废墟地等不适合苗木生长时，应在建圃时进行土壤改良工作。对盐碱地可采用开沟排水、引淡水冲碱或刮碱、扫碱等措施加以改良；轻度盐碱土可采用深翻晒土、多施有机肥料、灌冻水和雨后（灌水后）及时中耕除草等农业技术措施，逐年改良；对沙土，最好用掺入黏土，多施有机肥料进行改良，并适当增设防护林带等；对重黏土则应用混沙、深耕、多施有机肥料、种植绿肥和开沟排水等措施进行改良。对城市废墟或城市撂荒地改良，应除去耕作层中的砖、石、木片、石灰等建筑废弃物，然后增加适当的客土、平整、翻耕、施肥后，即可进行育苗。

1.5 园林苗圃技术档案的建立

1.5.1 建立园林苗圃技术档案的意义

技术档案是对园林苗圃生产、试验和经营管理的记载。从苗圃开始建设起，建立苗圃的技术档案即应作为苗圃生产经营的内容之一。苗圃技术档案是合理地利用土地资源和设施、设备，科学地指导生产经营活动，有效地进行劳动管理的重要依据。

1.5.2 园林苗圃技术档案的建立

1.5.2.1 建立园林苗圃技术档案的基本要求

(1) 对园林苗圃生产、试验和经营管理的记载，必须长期坚持，实事求是，保证资料的系统性、完整性和准确性。

(2) 在每一生产年度末，应收集汇总各类记载资料，进行整理和统计分析，为下一年度生产经营提供准确的数据和报告。

(3) 应设专职或兼职档案管理人员，专门负责苗圃技术档案工作。人员应保持稳定，如有工作变动，要及时做好交接工作。

1.5.2.2 园林苗圃技术档案的主要内容

1. 苗圃基本情况档案

主要包括苗圃的位置、面积、经营条件、自然条件、地形图、土壤分布图、苗圃区划图、固定资产、仪器设备、机具、车辆、生产工具以及人员、组织机构等情况。

2. 苗圃土地利用档案

以作业区为单位，主要记载各作业区的面积、苗木种类、育苗方法、整地、改良土壤、灌溉、施肥、除草、病虫害防治以及苗木生长质量等基本情况，一般用表格的形式记录保管存档(见表1-1)。

为便于以后查阅，建立土地利用档案时，应每年绘出一张苗圃土地利用情况平面图，并注明苗圃地总面积、各作业区的面积、育苗树种、育苗面积和休闲面积等。

表1-1 苗圃土地利用状况表

作业区号　　　　面积

年度	树种	育苗方法	作业方式	整地改土	灌溉作业	施肥作业	除草作业	病虫情况	苗木质量	备注

填表人：

3. 苗圃作业档案

以日为单位，主要记载每日进行的各项生产活动、劳力、机械工具、能源、肥料和农药等使用情况，见表1-2。

表1-2 苗圃作业日记

年　月　日　星期

树种	作业区号	育苗方式	作业方式	作业项目	人工	机具		作业量		物料使用量			工作质量	备注
						名称	数量	单位	数量	名称	单位	数量		
总计														
记事														

填表人：

4. 育苗技术档案

以树种为单位，主要记载各种苗木从种子、插条、接穗等繁殖材料的处理开始，直到起苗、假植、贮藏、包装、出圃等育苗技术操作的全过程，见表1-3。

5. 苗木生长发育档案

以年度为单位，定期采用随机抽样法进行调查，主要记载苗木生长发育情况(见表1-4)。

6. 气象观测档案

以日为单位，主要记载苗圃所在地每日的日照长度、温度、降水、风向、风力等气象情况。苗圃可自设气象观测站，也可抄录当地气象台的观测资料。

7. 科学试验档案

以试验项目为单位，主要记载试验的目的、试验设计、试验方法、试验结果、结果分析、年度总结以及项目完成的总结报告等。

8. 苗木销售档案

主要记载各年度销售苗木的种类、规格、数量、价格、日期、购苗单位及用途等情况。

表 1-3 育苗技术档案表

树种　　　　育苗年度

<table>
<tr><td colspan="2">育苗面积</td><td colspan="8">苗龄　　　　前茬</td></tr>
<tr><td rowspan="10">繁殖方法</td><td rowspan="3">实生苗</td><td colspan="8">种子来源　　贮藏方法　　贮藏时间　　催芽方法</td></tr>
<tr><td colspan="8">播种方法　　播种量　　覆土厚度　　覆盖物</td></tr>
<tr><td colspan="8">覆盖起止日期　　出苗率　　间苗时间　　留苗密度</td></tr>
<tr><td rowspan="2">扦插苗</td><td colspan="8">插条来源　　贮藏方法　　扦插方法　　扦插密度</td></tr>
<tr><td colspan="8">扦插时间　　扦插基质　　成活率</td></tr>
<tr><td rowspan="3">嫁接苗</td><td colspan="8">砧木名称　　来源　　接穗名称　　来源</td></tr>
<tr><td colspan="8">嫁接日期　　嫁接方法　　绑缚材料　　解缚日期</td></tr>
<tr><td colspan="8">成活率</td></tr>
<tr><td rowspan="2">移植苗</td><td colspan="8">移植日期　　移植苗龄　　移植次数　　移植株行距</td></tr>
<tr><td colspan="8">来源　　成活率</td></tr>
<tr><td>整地</td><td colspan="9">日期　　　　深度　　　　作畦(床)日期</td></tr>
<tr><td rowspan="3">施肥</td><td></td><td colspan="2">施肥日期</td><td colspan="2">肥料种类</td><td colspan="2">施肥量</td><td colspan="2">施肥方法</td></tr>
<tr><td>基肥</td><td colspan="2"></td><td colspan="2"></td><td colspan="2"></td><td colspan="2"></td></tr>
<tr><td>追肥</td><td colspan="2"></td><td colspan="2"></td><td colspan="2"></td><td colspan="2"></td></tr>
<tr><td>灌溉</td><td colspan="9">次数　　　　日期</td></tr>
<tr><td>中耕</td><td colspan="9">次数　　　　日期　　　　深度</td></tr>
<tr><td rowspan="3">病虫害</td><td></td><td>名称</td><td>发生日期</td><td>防治日期</td><td>药剂名称</td><td>浓度</td><td>方法</td><td>效果</td><td></td></tr>
<tr><td>病害</td><td></td><td></td><td></td><td></td><td></td><td></td><td></td><td></td></tr>
<tr><td>虫害</td><td></td><td></td><td></td><td></td><td></td><td></td><td></td><td></td></tr>
<tr><td rowspan="4">出圃</td><td></td><td>日期</td><td>面积</td><td colspan="2">单位面积产量</td><td>合格苗率</td><td>起苗方法</td><td>包装</td><td></td></tr>
<tr><td>实生苗</td><td></td><td></td><td colspan="2"></td><td></td><td></td><td></td><td></td></tr>
<tr><td>扦插苗</td><td></td><td></td><td colspan="2"></td><td></td><td></td><td></td><td></td></tr>
<tr><td>嫁接苗</td><td></td><td></td><td colspan="2"></td><td></td><td></td><td></td><td></td></tr>
</table>

（续表）

育苗新技术应用情况	
育苗存在问题及改进意见	

填表人：

表 1-4　苗木生长发育档案表　　　　育苗年度

<table>
<tr><td colspan="3">树种</td><td colspan="3">苗龄</td><td colspan="3">防治方法</td><td colspan="3">移植次数</td></tr>
<tr><td colspan="6">开始出苗</td><td colspan="6">大量出苗</td></tr>
<tr><td colspan="6">芽膨大</td><td colspan="6">芽展开</td></tr>
<tr><td colspan="6">顶芽形成</td><td colspan="6">叶变色</td></tr>
<tr><td colspan="6">开始落叶</td><td colspan="6">完全落叶</td></tr>
<tr><td rowspan="2"></td><td colspan="11">生长量</td></tr>
<tr><td>日/月</td><td>日/月</td><td>日/月</td><td>日/月</td><td>日/月</td><td>日/月</td><td>日/月</td><td>日/月</td><td>日/月</td><td>日/月</td><td>日/月</td></tr>
<tr><td>苗高</td><td></td><td></td><td></td><td></td><td></td><td></td><td></td><td></td><td></td><td></td><td></td></tr>
<tr><td>地径</td><td></td><td></td><td></td><td></td><td></td><td></td><td></td><td></td><td></td><td></td><td></td></tr>
<tr><td>根系</td><td></td><td></td><td></td><td></td><td></td><td></td><td></td><td></td><td></td><td></td><td></td></tr>
<tr><td rowspan="15">出圃</td><td>级别</td><td colspan="5">分级标准</td><td colspan="3">单产</td><td colspan="2">总产</td></tr>
<tr><td rowspan="4">一级</td><td>高度</td><td colspan="4"></td><td rowspan="4" colspan="3"></td><td rowspan="4" colspan="2"></td></tr>
<tr><td>地径</td><td colspan="4"></td></tr>
<tr><td>根系</td><td colspan="4"></td></tr>
<tr><td>冠幅</td><td colspan="4"></td></tr>
<tr><td rowspan="4">二级</td><td>高度</td><td colspan="4"></td><td rowspan="4" colspan="3"></td><td rowspan="4" colspan="2"></td></tr>
<tr><td>地径</td><td colspan="4"></td></tr>
<tr><td>根系</td><td colspan="4"></td></tr>
<tr><td>冠幅</td><td colspan="4"></td></tr>
<tr><td rowspan="4">三级</td><td>高度</td><td colspan="4"></td><td rowspan="4" colspan="3"></td><td rowspan="4" colspan="2"></td></tr>
<tr><td>地径</td><td colspan="4"></td></tr>
<tr><td>根系</td><td colspan="4"></td></tr>
<tr><td>冠幅</td><td colspan="4"></td></tr>
<tr><td colspan="6">等外级</td><td colspan="3"></td><td colspan="2"></td></tr>
<tr><td colspan="6">其他</td><td colspan="3"></td><td colspan="2"></td></tr>
<tr><td colspan="7">备注</td><td colspan="5">合计</td></tr>
</table>

填表人：

思考题

1. 选择时园林苗圃用地应考虑哪些条件?
2. 如何进行园林苗圃建设的合理布局?
3. 如何计算园林苗圃用地面积?
4. 怎样做好园林苗圃的规划设计?
5. 建立苗圃要做的工作有哪些?
6. 苗圃技术档案的要求是什么? 苗圃技术档案的主要内容有哪些?

2　园林树木种实生产

【学习重点】

了解园林树木结实规律；掌握园林植物种实的采集方法、调制方法、贮藏运输方法以及种子的品质检验方法。

园林苗圃学中，种实是指用于繁殖园林植物的籽粒或果实。园林植物的种实是园林苗圃经营中最基本的生产资料。种实质量的高低以及种实数量的充足与否，直接关系到苗木的生产质量和效益。优良种实是培育优质苗木的前提，数量充足是顺利完成苗木生产任务的保证。为了获得质优量足的种实，必须掌握园林植物结实的自然规律，科学合理地进行种实采集和种实调制，并在深入了解园林植物的种实成熟、种子寿命、种子劣变的生理学基础上，采取先进和有效的措施贮藏种子，监测种实的活力动态，保障苗木培育工作中对种实的需要。

2.1　园林树木的结实规律

园林树木包括乔木和灌木，均为多年生多次结实的木本植物。不同的树种，其结实能力的强弱、结实的早晚与树种个体发育的年龄时期有关。

2.1.1　园林树木结实的概念

园林树木结实是指树木孕育种子或果实的过程。在园林苗圃学中，通常将用于繁殖园林苗木的种子和果实统称为种实。园林树木种类繁多，既包括被子植物，又包括裸子植物，各个种类的结实特点有很大区别。如不同种类的园林树木，其首次开花结实的年龄、种实的发育过程，以及种实的成熟时期和成熟特征等均存在较大差异。有些阔叶树种当年开花授粉，当年结实；而有些针叶树需要3～4年才能完成种实发育过程。

2.1.2　种实的形成

树木开花是结实的前提，花芽分化是开花的基础。进入结实年龄的树木，每年形成的顶端分生组织，开始时不分叶芽和花芽，到一定的时期，它的芽才分化成叶芽和花芽，这个过程称为花芽分化。多数树木的花芽分化期在开花的前一年夏季至秋季之间，如泡桐，7月花芽分化，翌年3～4月开花。但有些树种在春季花芽分化，当年秋季或冬季开花，如油茶在4月花芽分化，当年秋季或冬季开花。另一些生长在热带的树种，一年可多次花芽分化并多次开花，如柠檬桉一年两次花芽分化并两次开花。

树木开花后经过传粉受精并逐渐发育形成种实。从花粉传到柱头上(授粉)至精细胞和卵细胞发生融合(受精)所经历的时间随树木种类而异。多数园林树木10min即可完成。但是，有些树种在授粉后需要很长时间花粉管才能进入胚囊，因而，受精时间较长。如桦树的受精过程需要一个月左右，而红松授粉后直至第二年才能完成受精。大多数被子植物类的园林树木，授粉后当年种实可成熟，如杨树和榆树等不超过一个生长季，合欢仅需2个月左右。裸子植物中的樟子松和桧柏等，头年开花，第二年种子才能成熟。在种实形成过程中，被子植物和裸子植物的结实特点有很大区别。

2.1.3 结实年龄与结实周期性

2.1.3.1 结实年龄

不同树种开始结实的年龄有很大差异，出现差异的原因首先取决于树种的遗传特性，其次与环境条件有密切的关系。如紫薇1年生即可结实，梅花3～4年生可开花结实，落叶松约10年左右开花结实，而银杏则要到20年生后才开始开花结实。

就树种的生物学特性而言，阳性树种比耐阴树种开始结实的年龄早。从所处的环境条件讲，在同一树种的个体中，孤立木开始结实的年龄早，林缘木比密林中的树木开始结实的年龄早。在一个树种的分布区内，分布在南部或南坡的树木比北部或北坡的树木结实早。在同一株树上，树冠梢部的枝条由于发育阶段较老而开花结实较早。

2.1.3.2 结实周期性

园林树木开始结实后，每年结实量常常有很大差异，有的年份结实数量多，称为丰年或大年。结实丰年之后，常出现长短不一的、结实数量很少的歉年或小年。歉年之后，又会出现丰年。各年结实数量的这种丰年和歉年交替出现的现象，称为结实周期性，或称结实大小年现象。相邻的两个大年之间相隔的年限称为结实的间隔期。

树木结实大小年现象产生的原因，一般认为主要是营养不足造成的，其次与环境条件有关。树木的这种结实间隔期，并不是树木固有的特性，它可以通过加强抚育管理，如松土、除草、施肥、灌水和修剪防治病虫害、克服自然灾害等措施，调节树木的营养生长和生殖生长的平衡关系，以达到消除大小年现象，实现种实高产稳产的目的。

2.1.4 影响园林树木开花结实的因素

同一树种在不同地区生长，其开始结实的年龄、种实的产量和质量以及结实间隔是不同的。影响树木结实的因子很多，主要有以下几个方面：

2.1.4.1 母树的年龄与生长发育状况

在正常情况下,母树初期结实量少,而且空粒、瘪粒较多。但是,用这个时期的种子培育成的幼树可塑性大,适应性强,这在引种驯化上有着特殊的意义。随着母树个体的生长发育,结实量逐渐增加,质量也随之提高。到了成年时期,母树结实数量、质量达到高峰。这个时期能维持相当长的一段时间,是采种的重要时期。当母树到了衰老期,结实数量逐渐减少,用这个时期的种实繁殖的植物适应性差,抗性也差,生长缓慢。因此植物的发育阶段(年龄)标志着植物的生长发育状况。

树体内营养物质的积累是开花结实的物质基础。各种营养物质、内源生长促进物质和抑制物质之间的平衡,在树木的开花结实中起着重要作用。如当C/N(树体中碳元素含量与氮元素含量之比)比值大时,开花早;反之,C/N比值小时,开花迟。此外,C/N比率的变化,还影响花的性别。C/N中等时,利于雄花的形成;C/N比率较高时,则利于形成雌花。植物激素是植物代谢的产物,低浓度的植物激素,可对植物细胞的生理生化过程及组织器官的形成起调节作用。在一定浓度范围内,赤霉素、生长素与细胞分裂素等激素类物质,能够刺激树木花芽的形成,促进树木开花。

2.1.4.2 树木的开花与传粉习性

树木的开花授粉习性也影响结实状况,比较明显的是某些树种的花期不遇、雌雄异熟现象。

松、柏和杉科等常绿园林树种以及胡桃科、桦木科等许多阔叶园林树种,均为单性花。银杏、杨、柳、杜仲等很多树种是雌雄异株。如雌树与雄树相距太远,则会使传粉受阻。此外若雄株或雄花多,雌株或雌花的比例少,甚至没有雌株或雌花的情况下,结实会受到严重影响,甚至没有种实收成。如落叶松结实间隔期长的主要原因之一,是雌雄花的比例差异大,通常雄花多,而雌花太少,导致出现结实歉年,在极端情况下甚至没有雌花,不能形成种实。

有些树种雌雄异熟现象明显,造成雌花和雄花的花期不相遇,导致授粉受精不良,影响种实产量。如木兰科的鹅掌楸为两性花,很多雌蕊在花蕾尚未开放时已成熟,到雄蕊发育成熟散粉时,雌蕊柱头枯萎,已失去接受花粉的能力,致使结实率很低。著名的观赏树种雪松,花单性,雌雄同株,雌雄异熟现象特别明显。雪松的开花期在10~11月,雄球花先开放,雌球花后开放,两者的开花时间相差一个月左右。对于这些树种最好实行人工授粉,以保证结实。

同一株树上,常因花的着生部位不同而导致授粉情况有差异,进而引起结实差别。如鹅掌楸树冠上部的花,受孕率可达20%~40%,而树冠下部的受孕率很低,有时为零。白蜡树和桉树等,着生在树冠下部的种子通常较重。针叶树中,球果着生在树冠阳面及主枝上时,种子较重,种子的质量较好。

2.1.4.3 气候条件

温度、光照、湿度及风等气候和天气因子是影响树木结实的主要环境因素。

许多树木需在一定的积温条件下才能开花结实。通常活动积温越高,树木营养物质积累越多,开花结实越早,结实的间隔期越短。在花芽的分化期,若气温高于历年平均水平,则母树枝叶的细胞液浓度高,蛋白质合成旺盛,有利于花芽的形成。有的树种需要经过一段低温期,才能打破花芽的休眠，若将这些树种移至自然分布区的南端，可能会因为低温条件不够，使结实减少。此外，极端温度的变化常造成种实减产。如晚霜易冻坏子房和花粉，导致种实减产。若开花期的气温过低，可使花粉管的延长受阻而迟迟不能完成授粉作用，或花冻死，造成种实歉收。极端高温也可能伤害花，或使果实不能正常发育，引起落花落果。

光照是光合作用的能源。光照强度、光周期和光质均影响树木的开花结实。光照强度对花的形成有特别明显的作用，开花结实需要积累一定数量的光能。接近于光饱和点的光照强度，利于树木的开花结实。当树木接受的光照强度较低，特别是常在光饱和点以下，则不可能开花结实。光照强度还与花的性别有关，如充足的光照有利于樟子松雌球花生长，而其雄球花的生长发育需要适当遮阴。云杉和红松等树种的雌球花多生在树冠顶部，雄球花多发生在树冠下部也是这个原因。

一天内白昼和黑夜的相对长度即光周期与树木开花密切关联。自然条件下各种树木长期适应所分布地区的光周期变化，而形成了与之相对应的开花特性。生长在高纬度地区的树木如樟子松、红松和桦树等多为长日照树木。生长在低纬度热带区的椰子、柚木和芒果等属于短日照树木。生长在中纬度地区的垂柳和黄连木等则属中日照树木。树木的成花受基因控制，光是启动成花基因的最重要的因素。对于短日照的树木，必须经历一段短日照的天数，才能开花。长日照树木则必须经历一定的长日照天数才能开花。

湿度条件的变化对树木花的形成、传粉和种实的生长发育产生明显的影响作用。一般来说，晴朗且适当干燥的天气，树木枝叶的细胞液浓度高，蛋白质合成多，利于花芽的形成。能够在一个生长季完成种实生长发育的树种，经历一个旱季，常可获得种实丰产。对于樟子松等需要两年才能完成种实成熟过程的树种，若在花芽分化期（7～8月）遇适当干燥的天气，则第三年可望获得较高的种实产量。但是，过于干旱的天气，影响树木正常的生理过程，也会影响花芽分化，或由于树木养分不足而导致种实发育中养分缺乏，种实发育不良，质量差。许多树种因春旱而落花、夏旱而落果。

在树木的开花期，若遭遇连续阴雨的天气，则会由于湿度过大而花药不开裂，或即使开裂但花粉难以飞散，阻碍传粉，特别有碍风媒花传粉。此外，低温多雨限制了许多昆虫的活动，影响了虫媒花的传粉。在种实生长发育过程中，若阴雨天气多，则树木光合作用弱，营养物质供应少，会推迟种实成熟或减少种实产量。

适宜的风利于风媒花的传粉，但大风可吹落花果，导致种实产量减少。

2.1.4.4 土壤条件

土壤能供给树木生长发育所必需的养分和水分。良好的土壤结构有利于根系的生长发育、树木体内各种物质的合成和营养物质的积累、花芽的形成、开花以及种实的发育，且能缩短结实间隔期。开花授粉后，若在子房开始膨大期土壤水分缺乏，极易引起落花落果。值得注意的是，土壤中氮、磷和钾的供应比例常常与树木结实的早晚和结实量高低有关。土壤中氮营养元素供应相对多时，树木营养生长旺盛，过于旺盛的营养生长会推迟树木开始结实的年龄，已结实的树木也会由于营养枝徒长而减少种实产量。而适当提高磷和钾元素的供应比例，则有利于提早结实，且能提高种实产量。当土壤贫瘠，树木处于胁迫环境状态时，虽然开花期较早，甚至结实量很多，但种实质量低劣。

2.1.4.5 生物因素

对于虫媒树种而言，昆虫有助于传粉，对开花结实有积极的作用。但在另一方面，病菌、昆虫、鸟类、鼠类及兽类等常对树木的开花结实产生危害作用。如稠李痂锈病危害云杉果实；炭疽病使油茶早期落果而减产；鸟类喜欢啄食樟树、檫树及黄连木等多汁的果实；鼠类取食松树和栎树等种子；野猪和熊等盗食果实等常造成种实减产。有些病虫害虽然不直接危害种实，但由于昆虫食叶或病害引起落叶，影响了树木的光合作用，而间接影响树木的结实。

2.2 种实的采集

为了取得大量品质优良的种子，必须掌握适时的采种时期。过早采种，种子未成熟；延期采种则种粒脱落、飞散或遭受各种鸟兽的为害，大大降低种子的数量和质量。

2.2.1 种实的类别

由于种实构造特性的差异，成熟时呈现许多不同的特征。大体上可将种实类型归纳为干果类、肉质果类和球果类。

2.2.1.1 干果类

这类种实的突出特征是果实成熟后果皮干燥。其中，有些种实类型，如蒴果、荚果和蓇葖果等，成熟时果皮开裂，散出种子；另一些种实类型，如坚果、颖果、瘦果、翅果和聚合果等，种子成熟后果实不开裂，种子不散出，如丁香、连翘、卫矛、合欢、紫藤、白玉兰、绣线菊、毛竹、蔷薇、月季、白蜡、水曲柳、槭属、鹅掌楸等。

2.2.1.2 肉质果类

果实成熟后，果皮肉质化，可依据具体特征分为浆果、核果和梨果，如接骨木、金银花、金银木、榆叶梅、桃、杏、樱桃、苹果、花楸、山楂、山荆子等。

2.2.1.3 球果类

裸子植物的雌球花受精后发育形成的种子着生在种鳞腹面，聚成球果，如落叶松、樟子松、云杉、柳杉、柏树等。另一些裸子植物的坚果状种子，着生在肉质种皮或假种皮内，如红豆杉、罗汉松等。

2.2.2 种子的成熟

种子的成熟过程是胚和胚乳不断发育的过程。在这个过程中，受精卵发育形成具有胚根、胚轴、胚芽和子叶的完整种胚。同时，胚乳的发育不断积累和贮藏各种养分，为种胚生活和未来的种子发芽准备必需的营养物质。从种子发育的内部生理和外部形态特征看，种子的成熟包括生理成熟和形态成熟。

2.2.2.1 生理成熟

当种子的营养物质贮藏到一定程度、种胚形成、种实具有发芽能力时，称为种子的生理成熟。

达到生理成熟的种子，虽然积累和贮藏了一定的营养物质，但仍具有较高的含水量，营养物质仍处于易溶状态；种皮不致密，尚未完全具备保护种仁的特性，不易防止水分的散失。此时采集的种实，其种仁急剧收缩，不利于贮藏，很快就会失去发芽能力。因而种子的采集多不在此时进行。但对一些休眠期很长且不易打破休眠的树种，如椴树、山楂、水曲柳等，可采用生理成熟种子播种，以缩短休眠期，提高发芽率。

2.2.2.2 形态成熟

当种子完成了种胚的发育过程，结束了营养物质的积累时，含水量降低，营养物质也由易溶状态转化为难溶的脂肪、蛋白质和淀粉，种皮致密、坚实、抗害力强，此时种子的外部形态完全呈现出成熟的特征，称为形态成熟。一般园林树木种子多在此时采集。

多数园林树木的种子生理成熟在先，隔一定时间才能达到形态成熟。也有些树种的种子，其形态成熟与生理成熟几乎同时完成，如杨、旱柳、白榆、泡桐、檫树、台湾相思、银合欢等。还有少数树种的种子是先形态成熟后生理成熟，如银杏、七叶树、冬青、水曲柳等。如银杏，其种子在达到形态成熟时，假种皮呈黄色变软，由树上脱落，但此时种胚很小，还未发育完全，只有在采收后再经过一段时间，种胚才发育完全，具有正常的发芽能力，这种现象称为生理后熟。

由于种子成熟包括形态成熟和生理成熟两个方面，若只具备其中一方面的条件，不能称为真正成熟的种子。严格地讲，完全成熟的种子应该具备以下几方面的特点：

(1) 各种有机物质和矿物质从根、茎和叶向种子的输送已经停止，种子所含的干物质不再增加。

(2) 种子含水量降低。

(3) 种皮坚韧致密，并呈现特有的色泽，对不良环境的抗性增强。

(4) 种子具有较高的活力和发芽率，发育的幼苗具有较强的生活力。

2.2.2.3 影响种子成熟的因素

1. 内部因素

不同树种虽在同一地区，由于其生物学特性不同，因而种实的成熟期也不同。多数树种的种实成熟期在秋季，有的也在春夏季成熟，如柚木、铁刀术、桧柏等早春成熟；杨、柳、榆等春末成熟，桑、檫木等夏季成熟；而苦楝、马尾松等入冬成熟。

2. 环境条件

同一树种由于生长地区和地理位置不同，结实的成熟期也不同。在我国，一般生长在南方的比生长在北方的成熟要早，如杨树在浙江 4 月成熟，在北方 5 月成熟，而在哈尔滨则 6 月成熟。同一树种虽生长在同一地区，但由于立地条件、天气变化等差异，种子成熟期不同。生于沙土的比黏土的为早，阳坡比阴坡早，林缘的比林内的早，高温干旱年份比冷凉多雨年份早。

2.2.3 种子成熟的鉴别

种子的成熟期，通常可以根据果实外部特征来确定。一般果实在达到成熟时，果皮多由绿色变为深暗的颜色，荚果、蒴果、翅果等果皮多由绿色变为褐色；同时含水量降低，果皮紧缩变硬，如刺槐、合欢、枫杨、卫矛、海桐等。球果类果鳞干燥、硬化，如油松、侧柏、白皮松等变为黄褐色。肉质果类成熟时果皮含水量增高，果皮变软，肉质化，颜色由绿变红、黄、紫等色，有光泽，如蔷薇、冬青、构骨、火棘、南天竹等。壳斗科的树种壳斗变为灰褐色，同时种子饱满、坚韧，种皮有一定色泽。

确定种子成熟的方法除了由形态特征来区别外，还可以用简单的物理方法来检验，如小粒种子除去杂质进行压磨或火烧，若种粒饱满，压后无浆，出现白粉或用火烧时有爆破声即证明种子成熟；白粉末多，爆破声也大说明种子的纯度高、成熟好。对较大粒种子，可用刀切开观察，如胚乳（或子叶）坚实，切时费力则已成熟；如胚乳（或子叶）呈液状或乳状则说明种子未成熟。

2.2.4 种实脱落特性

种实成熟后，其脱落方式和脱落期因树种而异。

2.2.4.1 种实脱落方式

针叶树球果类种实的脱落方式为：种子成熟后整个球果脱落，如红松；果鳞开裂，种子脱落，如云杉、落叶松和樟子松等；果鳞开裂，果鳞与种子一起脱落，如雪松、冷杉和金钱松。

阔叶树种实的脱落方式为：肉质果类和坚果类，整个果实脱落；蒴果和荚果类等，果皮开裂后，种子脱落或飞散。

2.2.4.2 种实脱落期

种实脱落期与种实的成熟和脱落方式有关。

(1) 种实悬挂在树上，较长时间不脱落。如樟子松、马尾松、杉木、侧柏、悬铃木、苦楝、刺槐、国槐、紫穗槐、紫椴、臭椿、水曲柳、白蜡、女贞、槭树、桉树、樟树、楠木、檫木等。

(2) 种实成熟期与脱落期相近，如云杉、冷杉、油松、落叶松等。

(3) 成熟后立即脱落或随风飞散，如栎、红松、七叶树、胡桃等，种子成熟后即落地；杨树、泡桐、榆树和桦木的小粒种子，成熟后很快随风飞散。

2.2.5 适宜采种期确定

种实的适时采收是种实采集工作中极为重要的环节。适宜的种实采集期应该依据种实成熟期、脱落方式、脱落时期、天气情况和土壤等其他环境因素确定。采集种实之前，必须先调查和估计种实的成熟期，了解种实的脱落方式，预计脱落时期的早晚。

多数树种的种实采集期在秋季，如银杏、广玉兰、紫薇、杉木等；杨、榆、柳、台湾相思等树种的种实在夏季采集；有些树种的种实在冬季采集，如女贞和桧柏、香樟等。

形态成熟后，果实开裂快的，应在未开裂前进行采种，如杨、柳等；形态成熟后，果实虽不马上开裂，但种粒小，一经脱落则不易采集，也应在脱落前采集，如杉木、桉树等；形态成熟后挂在树上长期不开裂，不会散落者，可以延迟采种期，如槐、女贞、樟、楠等。成熟后立即脱落的大粒种子，可立即从地面上收集，如壳斗科的种实。对于深休眠的种子，如山楂和椴树，在生理成熟后形态成熟之前进行采集，并立即播种或层积催芽，可缩短其休眠期，提高发芽率。

2.2.6 种实采集方法

种实采集方法根据种实的大小、种实成熟后脱落的习性和时间不同有以下三种：

2.2.6.1 植株上采集

种粒小或脱落后易被风吹散的种实以及成熟后虽不立即脱落但不宜于从地面收集的种实，都要在植株上采取，如针叶树类、马尾松等。可借助采种工具直接采集或击落后收集；交通方便且有条件时，也可进行机械化采集。采种工具图 2-1、图 2-2。多数针叶树种，在生产上也常用树上采集方法。进行树上采集时，比较矮小的母树，可直接利用高枝剪、采种钩、采种镰等工具采摘。或通过振动敲击容易脱落种子的树种，可敲打果枝，使种实脱落，再收集。高大的母树，可利用采种软梯、绳套、脚蹬折梯等上树采集；也可用采种网，把网挂在树冠下部，将种实摇落在采种网中。在地势平坦的种子园或母树林，可用装在汽车上能够自动升降的折叠梯采集种实。针叶树的球果可用振动式采种器采收。

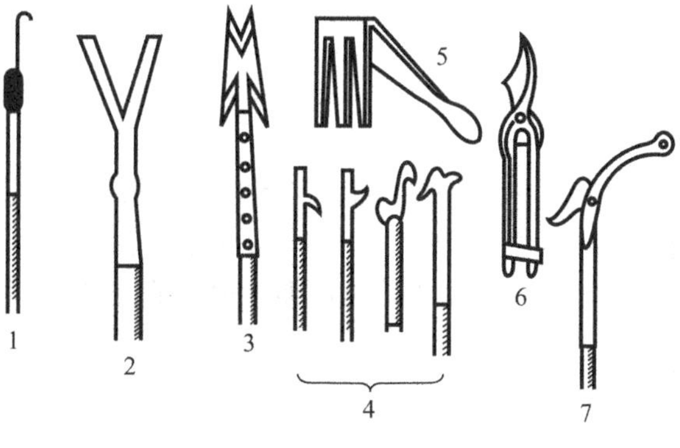

图 2-1 采种工具
1. 采种钩 2. 采种叉 3. 采种刀 4. 采种钩镰
5. 球果梳 6. 剪枝剪 7. 高枝剪

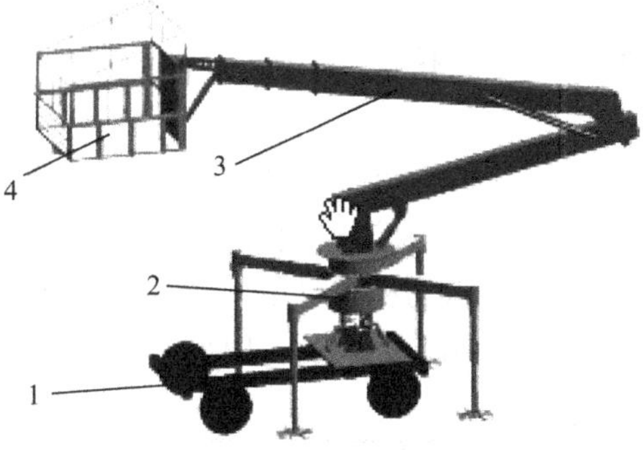

图 2-2 自行升降式采种机
1. 底盘 2. 动平台机构
3. 升降机构 4. 工作平台

2.2.6.2 地面收集

对于大粒种实，如板栗、油茶、核桃等，可在种实脱落前，将地面杂草等清理干净，待种实脱落后，立即收集。

2.2.6.3 伐倒木上采集

在种实成熟期和采伐期相一致时，可结合采伐作业，从伐倒木上采集种实。这种方法简便且成本低，对于种实成熟后并不立即脱落的树种，如水曲柳、云杉、白蜡等非常便利。

2.2.7 采集种实前的准备和种实登记

采集种实之前应制定详细的采集计划，确定采集的树种，采集数量，采集的母树林、种子园或采集母树的具体地点，并征得有关管部门的许可，准备好采集工具及有关的记录表格，计划好需要的劳动力，准备好临时存放场地，并做好预算。

要建立健全的种实采集登记制度，对每一批种实都要进行登记，并做详细记录。清楚地登记采集树种、地点、采集时间和方式、采集母树林、种子园或采集母树的状况、种实调制的方法和时间以及种实贮藏的时间、方法和地点等，为种实的合理使用提供依据。

2.3 种实的调制

种实调制是指种实采集后，为了获得纯净而质优的种实并使其达到适于贮藏或播种的程度所进行的一系列处理措施。在多数情况下，采集的种实含有鳞片、果荚、皮、果肉、果翅、果柄、枝叶等杂物，必须及时经过晾晒、脱粒、清除夹杂物、去翅、净种、分级、再干燥等处理工序，才能得到纯净的种实。新采集的种实含水量较高，为了防止发热、霉变等对种实质量的影响，采集后要在最短的时间内完成种实调制。

2.3.1 干果类种实调制

干果类种实调制主要是使果实干燥、清除果皮、果翅以及各种碎屑、泥土和夹杂物，获得纯净的种实，然后晾晒，使种实达到贮藏所要求的干燥程度。调制方法因种实含水量高低而不同，含水量低的种类可用“阳干法”，即在阳光下直接晒干；含水量高的种类一般不宜在阳光下晒干，应采用“阴干法”。因果实构造不同，具体方法各异。

2.3.1.1 蒴果类

含水量低的蒴果，如丁香、紫薇、白鹃梅、香椿、金丝桃等采后可直接在阳光下晒干脱粒、净种。种粒比较小的杨、柳等应在采集后立即放入干燥室进行干燥，经 3～5d，当大多数蒴果开裂后，用柳条抽打，使种子脱粒、过筛、精选。对小叶黄杨等易丧失发芽力的种子，多采用阴干法进行脱粒。

2.3.1.2 荚果类

一般含水量低，多用“阳干法”处理。荚果采集后，直接摊开暴晒 3～5d，用棍棒敲打进行脱粒，清除杂物即得纯净种子。对不易开裂的果荚，如皂荚、紫藤等可以碾压、锤砸取出种子。

2.3.1.3　翅果类

如杜仲、白蜡、槭树、榆树等树种的种类，在处理时不必脱去果翅，用“阴干法”干燥后清除混杂物即可。

2.3.1.4　坚果类

坚果类一般含水量较高，如板栗、锥栗等在阳光暴晒下易失去发芽力，采后应堆放在阴凉处，然后进行粒选或水选，把获得的种子在通风处阴干，并经常翻动。堆铺厚度不超过20～25cm。当种实湿度达到要求时，即可进行贮藏。

2.3.2　肉质果类种实调制

肉质果的果肉含有较多果胶和糖类，水分含量也高，容易发酵腐烂，采集后需要及时调制，否则会降低种子品质。调制的工序主要为软化果肉、揉碎果肉、用水淘洗出种子，然后进行干燥和净种。

海棠、杜梨等种粒细小而果肉较厚的，可将果实堆积变软后碾压，漂洗即得净种。核桃、山桃、山杏、贴梗海棠等除采用堆积变软水洗的方法外，也可以人工剥离取出种子。桑树等果肉黏稠，必须经水浸、搅拌、漂洗后才可得到净种。

能供食品加工的肉质果类，如苹果、梨、桃、樱桃、李、梅、柑橘等可从果品加工厂中获得种子，但一般在45℃以下冷处理的条件下所得的种子才能供育苗使用。

从肉质果实中取出的种子含水量高，不宜在阳光下暴晒，应在通风良好的地方摊放阴干。在晾干的过程中，要注意经常翻动，达到安全含水量时可进行播种、贮藏或运输。

2.3.3　球果类种实的调制

球果类的脱粒，首先要经过干燥，使球果失去水分，鳞片反曲开裂，种子即脱出。球果干燥有自然干燥和人工干燥两种方法。

2.3.3.1　自然干燥脱粒

自然干燥脱粒以日晒为主。选择向阳、通风、干燥的地方，将球果摊放在场院晾晒，或铺席、铺油布晾晒。在干燥过程中，经常翻动。夜间和雨天，将球果堆积起来，覆盖好，以免雨露淋湿。通常经过10d左右，球果种鳞开裂，大部分种子可自然脱出。未脱净的球果再继续摊晒，或用木棒轻轻敲打，使种子全部脱出。然后去翅去杂，获得纯净种子。需要注意，有的球果（如落叶松）敲打后更难开裂，所以忌用棍棒敲打。

有些针叶树种（如马尾松）的球果，含松脂较多，不易开裂，可先在阴湿处堆沤，用40℃左右温水或草木灰水淋洗，盖上稻草或其他覆盖物，使其发热，经两周左右待球果变成褐色并有部分鳞片开裂时，再摊晒一周左右，可使鳞片开裂，脱粒出种子。

自然干燥法的优点是作业安全，调制的种子质量高，不会因温度过高而降低种子的品质，因此适宜处理大多数针叶树的球果；缺点是常常受天气变化影响，干燥速度缓慢。

2.3.3.2 人工干燥脱粒

在球果干燥室，人工控制温度和通风条件，促进球果干燥，使种子脱出。也可使用球果脱粒机，获得种子。另外，可采用减少大气压力、提高温度的减压干燥法或称真空干燥法脱粒。使用球果真空干燥机进行脱粒，不会因高温而使种子受害，特别是能够大大缩短干燥时间，提高种实调制的工作效率。

为了便于贮藏和播种，云杉、冷杉、落叶松、油松等带翅的种子，完成脱粒工序后，要用手工揉搓或用去翅机除去种翅。

少数松柏类具胶质种子，系因假种皮富含胶质，光用水洗不能使种子与假种皮分离，如桧柏、三尖杉、榧树等种子，可用木棒捣碎果肉，然后用水冲洗，得到纯净种子；或用苔藓加细石与种实一同堆起来，然后揉搓，除去假种皮，再干燥后贮藏。

现在许多国家有现代化的种子干燥器，从获得种子到净种分级等均采用一整套机械化、自动化设备，保证球果干燥的速度快，脱粒尽，从而大大提高了种子调制的速度。

2.3.4 净种和分级

2.3.4.1 净种

净种是指除去种实中的鳞片、果屑、枝叶、空粒、碎片、土块、异类种子等夹杂物的种实调制工序。通过净种可提高种子品质，提高贮藏的安全性。净种的方法因种子和夹杂物的比重大小而不同。

1. 风选

由于杂质和种子的重量不同，可借风力将杂质从种子中吹走，达到净种的目的。风选适用于中小粒种子。可用风车、簸箕等简单工具，或借助自然风力进行净种。

2. 筛选

用不同大小孔径的筛子，将大于和小于种子的夹杂物除去，再用其他方法将与种子大小等同的杂物除去。

3. 水选

是利用杂质与种子的不同相对密度，将待选种子倒入水中进行漂选的净种方法。在水中，饱满种子因密度大而下沉，杂物如树叶、果皮、空粒、瘪粒因重量相对轻而漂浮在上面，将杂物捞出达到净种目的。水选操作时间不宜过长，以免杂物因吸水重量增加下沉影响净重效果。水选后的种子不宜暴晒，应用阴干法干燥。

2.3.4.2 种粒分级

种粒分级是将某一树种的一批种子按种粒大小进行分类。种粒大小在一定程度上反映种子品质的优劣。通常大粒种子活力高，发芽率高，幼苗生长好。分级时可利用不同大小筛孔的筛子进行筛选分级，也可利用风力进行风选分级，还可借助种子分级器进行种粒分级。

2.3.5 种子登记

为了保证种子质量并合理使用种子，应将处理后的纯净种子进行分批登记，作为种子交易、使用和贮藏的依据。采种单位应有总册备查，各类种子在交易、贮藏和运输时应附有种子登记卡片，见表 2-1。

表 2-1 种子登记表

树种		科名	
学名			
采集时间		采集地点	
母树情况			
种子调制时间、方法		种子数量	
种子贮藏方法、条件			
采种单位		填表日期	

2.4 种子贮藏与运输

2.4.1 种子贮藏目的

种子是极为重要的生产资料，从收获至播种需经过或长或短的贮藏阶段。种子贮藏是种子经营管理中最重要的工作环节。种子贮藏的目的是通过采用合理的贮藏设备和先进科学的贮藏技术，人为地控制贮藏条件，使种子劣变减小到最低程度，在一定时期内最有效地保持种子较高的发芽力和活力，确保育苗时对种子的需要。

大多数园林树木的种子在秋冬季节成熟，而播种却多在春季进行，所以采集种实后需要进行贮藏。还有些树种的种子在夏季成熟，可随采随播，但生产上为了使新萌发的幼苗能在当年有更长的生长期，同时也便于生产安排，同样需进行种子贮藏，以备不同时期的播种需要。特别是许多园林树木具有结实周期性特征，大年应尽量多采集种实进行较长时期的贮藏，以便在小年仍能有充足的种实供应。种实贮藏期限的长短，依据贮藏目的、种子本身的特性及贮藏条件而定。

2.4.2 保持种子生活力的原理

大部分树木的种子成熟后而尚未脱落前，就进入了休眠状态，一直持续到遇有萌芽条件为止。贮藏期间种子是处于休眠状态的，但其内部的生理、生化作用仍在继续进行，只是极其缓慢，主要表现在微弱的呼吸作用。呼吸作用要消耗贮藏的营养物质，同时种子内部的化学成分也相应地发生变化。呼吸作用越强，贮藏物质消耗越多，种子重量减轻越快，发芽率就降低。

当贮藏物质完全消耗掉,种子就会死亡。所以,人为地控制种子的呼吸作用,使种子的新陈代谢活动处于最低限度是保证种子品质不因贮藏而显著降低的关键。

贮藏期间保持种子生活力的关键,就是要根据不同树种和品种的不同要求,创造最适宜的环境条件,控制种子的呼吸作用,使之处于最微弱的情况下,并设法消除导致种子变质的一切因素,才能最大限度地延长种子生命,完成种子贮藏的任务。

2.4.2.1 影响种子生活力的内在因素

1. 种子寿命

种子从完全成熟到丧失生命为止,所经历的时间叫种子寿命。种子寿命与遗传基因、种皮结构、种子含水量和种子养分种类有很大关系;同时,种实采集、调制和贮藏条件等对种子寿命的影响也极大。

园林树木的种子寿命通常指在一定环境条件下,种子维持其生活力的期限。一般指整批种子生活力显著下降,发芽率降至原来的50%时的期限为种子的寿命,而不是以单个种子至死亡所经历的期限计算。依据种子生活力保存期的长短,可将树木种子分为短寿命种子、中寿命种子和长寿命种子。

(1) 短寿命种子　主要指种子寿命保存期只有几天、几个月至1～2年的种子。大多数短寿命种子淀粉含量较高,如栗、栎和银杏等。另外,杨、柳、榆等夏季成熟的种子,以及荔枝、可可和咖啡等热带地区高温高湿季节成熟的种子,本身含水量高,加上高温高湿条件,种子呼吸作用旺盛,种子体内的养分很容易消耗掉,所以,这些种子的寿命也短。

(2) 中寿命种子　指生活力保存期为3～10年的种子。这类种子含的脂肪或蛋白质较多,如松、杉、柏、椴、槭、水曲柳等。脂肪和蛋白质的生理转化过程速度较慢,而且释放的能量比淀粉多,只要消耗少量养分就能维持生命活动,因此这类种子的寿命较长。

(3) 长寿命种子　指生命力保存期超过10年的种子,如合欢、刺槐、槐树、台湾相思、皂荚等。这些树种的种子含水量低,种皮致密不透水,非常有利于种子生活力的保存。用普通干藏法就可保持生活力10年以上。

2. 种子含水量

种子本身含水量多少与种子生命力保存关系很大。贮藏期间种子含水量的高低,直接影响种子呼吸作用的强度和性质,也影响种子所带微生物和昆虫的活动。含水量低的种子,抗低温能力很强,也不会产生自热、自潮、发霉、腐烂等现象,有利于生活力的保存。含水量高的种子会导致种子生活力急剧降低。在贮藏期间维持种子生活力所必需的含水量称为安全含水量(或标准含水量、贮藏含水量)。高于安全含水量的种子,由于新陈代谢作用旺盛,不利于长期保存;低于安全含水量的种子,由于生命活动无法维持而引起死亡。不同树种种子的安全含水量不同,见表2-2。

表2-2　主要园林树木种子标准含水量

树种	标准含水量/%	树种	标准含水量/%	树种	标准含水量/%
杉木	10～12	白榆	7～8	油松	7～9
椴树	12～12	臭椿	9	红皮油松	7～8

(续表)

树种	标准含水量/%	树种	标准含水量/%	树种	标准含水量/%
皂荚	5～6	白蜡	9～13	马尾松	7～10
刺槐	7～8	元宝枫	9～11	云南松	9～10
杜仲	13～14	夏叶槭	10	华北落叶松	11
杨树	5～6	麻栎	30～40	侧柏	8～11
桦木	8～9	板栗	30～40	柏木	11～12

3. 种子的成熟度

未充分成熟的种子，种皮薄，不具备正常保护机能，易溶物质转化为贮藏物质还不充分，含糖量高，含水量也高，呼吸作用强，容易受真菌的感染，不耐贮藏。因此，在采种时切忌掠青。

4. 机械损伤程度

在调制过程中破碎和受伤的种子，种皮受损使氧气进入种子内部，加速了呼吸作用，同时微生物也易侵入，因此寿命缩短。为保证种子贮藏安全，应及时净种去杂。另外经过浸种或处理过的种子不宜贮藏。

2.4.2.2 影响种子生活力的环境条件

1. 温度

贮藏期间，温度过高过低都对种子有致命的危害。温度较高时，酶的活性增强，加强了呼吸作用，加速贮藏物质的消耗，缩短种子的寿命。当温度升至 50～55℃时，种子呼吸强度下降；温度达到 60℃且持续时间较长时，蛋白质凝固，危害种子生命，引起死亡。对多数种子，低温可以延长其寿命，但温度过低，含水量高的种子会引起种子内部水分结冰，造成生理机能的破坏，种子死亡。一般种子贮藏的适宜温度为 0～5℃。

2. 湿度

种子是一种多孔毛细管胶质体，具有很强的吸湿性能，并能从空气中直接吸收水汽。故种子含水量随空气相对湿度而变化。在相对湿度大的条件下，种子含水量会明显增加，使种子呼吸作用加强。在空气较干燥，相对湿度较低时，种子可释放水汽，减小水分对呼吸作用的影响。

种子吸湿性能的大小，因树种而异。不同树种的种子化学成分和种皮结构不同，其吸湿性能也不同。一般种皮薄的种子，透性强，吸湿性能大；反之吸湿性能就小。在种子的各种成分中，蛋白质吸湿能力最强，淀粉和纤维素次之，脂肪几乎不从空气中吸收水分。脂类属于非亲水性物质，所以含油多的种子吸湿性最低。种子的这种吸湿性能，能使干燥的种子在空气相对湿度增大的情况下，提高种子的含水量，进而加强种子的呼吸作用，不利于种子贮藏。因此在贮藏前，要对种子进行适当干燥。贮藏期间相对湿度为 50%～60%，对种子较安全。

3. 通气状况

贮藏种子时，通气状况与种子的呼吸强度和呼吸方式有密切的联系。空气流通的条件下，种子的呼吸强度较大；密闭条件下，呼吸强度较小。通气对呼吸的影响还和温度有关。种子处在通风条件下，温度愈高，呼吸作用愈旺盛，生活力下降愈快。为有效地长期保持种子生活力，除干燥、低温外，合理的密闭或通风是必要的。

特别需要注意，本身含水量高的种子的呼吸作用旺盛，如果空气不流通，氧气不足，种子很快被迫进行无氧呼吸，会积累大量的醇、醛和酸等氧化不完全的物质，对种胚产生毒害。因此，含水量高的种子，贮藏中要特别注意空气流通。

4. 生物因子

在贮藏期间，影响种子寿命的生物主要是微生物、昆虫、鼠类等。微生物的大量增殖并活动会使种子变质、霉烂，丧失发芽力，主要是因为害虫和微生物释放出大量的热能和水汽，消耗氧气，放出二氧化碳，使局部区域氧气供应相对减少，间接地影响种子的呼吸作用。

一般种子含水量在 12%以下，微生物很少活动。种子含水量超过 18%～20%，微生物会很快地繁殖起来，因此贮藏期间降低种子的含水量是控制微生物活动的重要手段。贮藏期间，昆虫的生长、发育，以及鼠类的存在对种子的危害都非常大，必须加以考虑。

2.4.3 种子的贮藏条件

种子脱离母株之后，经加工进入仓库，即与贮藏环境构成统一整体并受环境条件影响。经过充分干燥而处于休眠状态的种子，其生命活动的强弱主要受贮藏条件的影响。种子如果处在干燥、低温、密闭的条件下，生命活动非常微弱，极少消耗贮藏物质，其潜在生命力较强；反之，生命活动旺盛，消耗贮藏物质也多，其劣变速度快，潜在生命力就弱。所以，种子在贮藏期间的环境条件对种子生命活动及播种品质起决定性的作用。

影响种子贮藏的环境条件主要包括空气相对湿度、温度及通气状态。

1. 空气相对湿度

种子在贮藏期间水分的变化，主要决定于空气中相对湿度的大小。当仓库内空气相对湿度大于种子平衡水分的相对湿度时，种子就会从空气中吸收水分，使种子内部水分逐渐增加，其生命活动也随水分的增加而由弱变强。在相反的情况下，种子向空气释放水分，渐趋干燥，其生命活动将进一步受到抑制。因此，在种子贮藏期间保持空气干燥(即较低的相对湿度)是十分必要的。

对于耐干藏的种子保持低相对湿度是根据实际需要和可能而定的。种质资源的保存时间较长，种子水分很少，要求相对湿度很低，一般控制在 30%左右；大田生产用种贮藏时间相对较短，要求相对湿度不是很低，只要达到与种子安全水分相平衡的相对湿度即可，大致为 60%～70%。从种子的安全水分标准和实际情况考虑，仓内相对湿度以控制在 65%以下为宜。

2. 仓内温度

种子温度会受仓内温度影响而起变化。一般情况下，仓内温度升高会增加种子的呼吸作用，同时促使害虫和真菌为害。低温能降低种子生命活动和抑制真菌的为害。种质资源保存时间较长，常采用很低的温度，如 0℃、－10℃，甚至－18℃。

3. 通气状况

空气中除含有氮气、氧气和二氧化碳等各种气体外，还含有水汽和热量。如果种子长期贮藏在通气条件下，由于吸湿增温使其生命活动由弱变强，很快会丧失生活力。干燥种子贮藏在密闭条件下较为有利，但也不是绝对的。当仓内温度、湿度大于仓外时，就应该打开门窗进行通气，必要时采用机械鼓风加速空气流通，使仓内温度、湿度尽快下降。

2.4.4 种子贮藏方法

从种子呼吸特性及影响种子呼吸的因素看，相对湿度小、低氧、低温、高二氧化碳及黑暗无光的环境有利于种子贮藏。具体的贮藏方法依种实类型、贮藏目的和种子安全含水量的高低来确定，应用较多的是干藏法和湿藏法。

2.4.4.1 干藏法

干藏法就是将干燥的种子贮藏于干燥的环境中。凡是含水量低的种子都可以采用此法。

(1) 普通干藏法　该方法对大多数树木种子都适用，但有些在自然条件下贮藏很快就丧失生命力的种子除外。具体方法：将干燥、纯净的种子装入袋、桶、箱等容器内，放在经过消毒的凉爽、干燥、通风的贮藏室、地窖、仓库内。一般适用于短期贮藏种子，如秋季采种、来年播种的针叶树种和阔叶树种，如侧柏、香椿、紫荆、蜡梅、山梅花等。

(2) 低温干藏法　将贮藏室的温度降至 0～5℃，相对湿度维持在 50%～60%，种子充分干燥，可使种子寿命保持 1 年以上，如紫荆、白蜡、冷杉、侧柏、铁杉等。低温贮藏种子效果良好。要达到这种低温贮藏的标准，一般要有专门的种子贮藏室或控温、控湿的种子库，见图 2-3。

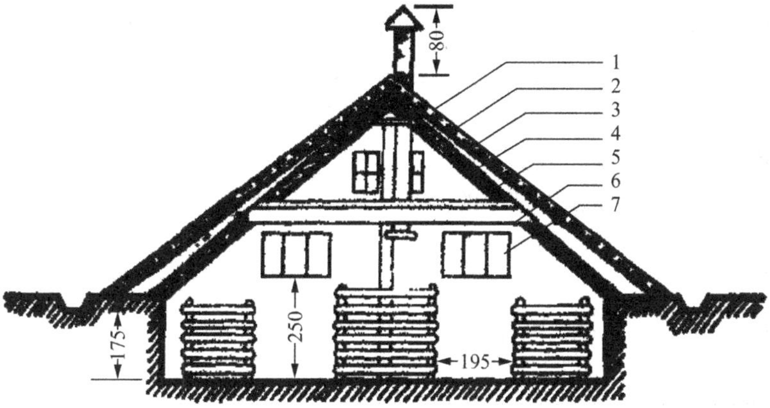

图 2-3　种子库断面示意图

1. 草皮 70cm　2. 黏土 1.5cm　3. 秸秆 5cm
4. 黏土 3cm　5. 板皮　6. 天花板　7. 窗户

(3) 密封干藏法

密封贮藏法使种子在贮藏期间与外界空气隔绝，种子不受外界温度、湿度变化的影响，长期保持干燥状态，一般用于需长期贮藏，或由于普通干藏和低温干藏易丧失发芽力的种子，如榆、柳、桉等。密封干藏种子主要是能较好地控制种子的含水率，所以一般把种子装入不通气的密封容器中，对容器口加以封闭，贮藏在低温种子库中。如果有条件可在容器内放些吸水剂，如氯化钙、生石灰、木炭等，可延长种子寿命 5～6 年。

2.4.4.2 湿藏法

湿藏法是把种子置于一定湿度的低温(0～10℃)条件下进行贮藏。这种方法适于安全含水量高的种子,如栎类、银杏、樟、楠、忍冬、黄杨、紫杉、椴树、女贞、海棠、木瓜、山楂、火棘、玉兰、鹅掌楸、大叶黄杨等。贮藏种子时可采用室外挖坑埋藏、室内堆藏和室外堆藏等方法。

室外挖坑埋藏最好选地势较高、背风向阳的地方,通常坑的深度和宽度为 0.8～1m,坑长视种子多少而定。坑底先垫 10cm 厚的湿沙,然后将种子与湿沙按体积 1∶3 混合后放入坑内。坑的最上层铺 20cm 厚的湿沙。贮藏坑内隔一段距离插一通气筒或作物秸秆或枝条,以利通气。地表之上堆成小丘状,以利排水。坑藏种子法见图 2-4。珍贵或量少的种子,可与沙子混合或层积,置入木箱内,然后将木箱埋藏在坑中,效果良好。

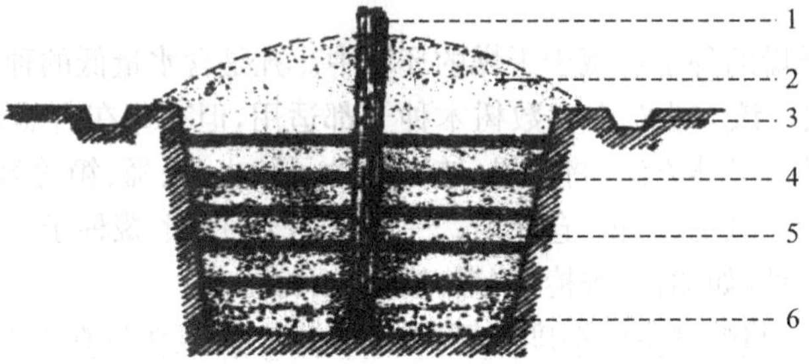

图 2-4 坑藏种子示意图

1. 秸秆 2. 沙土 3. 排水沟 4. 种子 5. 细沙 6. 粗沙

室内混沙湿藏可保持种子湿润,且通气良好。湿沙体积为种子的 2～3 倍,沙子湿度视种子而异,一般以手握成团,手捏即散为宜。银杏和樟树种子,沙子湿度宜控制在 15%左右;栎类、槭、椴等可采用 30%,如果湿度太大,容易引起发芽。温度以 0～3℃为宜,太低易造成冻害,但温度高又会引起种子发芽或发霉。

此外,有一些种子还可以在不结冰的流水中贮藏,如橡、栎类、睡莲等种子装在麻袋内沉于流水中贮藏,效果良好。

2.4.5 其他种子贮藏技术

1. 种子超低温贮藏

种子超低温贮藏指利用液态氮为冷源,将种子置于－196℃的超低温下,使其新陈代谢活动处于基本停止状态,不发生异常变异和裂变,从而长期保持种子寿命的贮藏方法。自 20 世纪 70 年代以来,利用超低温冷冻技术保存种子的研究有了较大进展。这种方法设备简单,贮藏容器是液氮罐。贮藏前种子常规干燥即可。贮藏过程中不需要监测活力动态,适合稀有珍贵种子的长期保存。目前,超低温贮藏种子的技术仍在发展中。许多研究发现,榛、李、胡桃等树种的种子,温度在－40℃以下易使种子活力受损。有些种子与液氮接触会发生爆裂现象等。因此,贮藏中包装材料的选择、适宜的种子含水量、适合的降温和解冻速度、解冻后的种子发芽方法等许多关键技术还需进一步完善。

2. 种子超干贮藏

种子超干贮藏也称超低含水量贮藏,是将种子含水量降至 5%以下,密封后在室温条件下或稍微降温条件下贮存种子的一种方法。以往的理论认为,若种子含水量低于 5%～7%的安全下限,大分子失去水膜保护,易受自由基等毒物的侵袭,同时,低水分不利于产生新的阻氧化的生育酚(VE)。自20世纪80年代以来,对许多作物种子试验研究表明,种子超干含水量的临界值可降到5%以下。种子超干贮藏的技术关键是如何获得超低含水量的种子。一般干燥条件难以使种子含水量降到5%以下,若采取高温烘干,容易降低甚至丧失种子活力。目前主要应用冰冻真空干燥、鼓风硅胶干燥、干燥剂室温干燥等方法。此外,经超干贮藏的种子在萌发前必须采取有效措施,如PEG引发处理、逐级吸湿平衡水分等,防止直接浸水引起的吸胀损伤。目前来看,脂肪类种子有较强的耐干性,可进行超干贮藏,而淀粉类和蛋白类种子超干贮藏的适宜性还有待深入研究。

3. 种子引发

种子引发是控制种子缓慢吸收水分,使其停留在吸胀的阶段,让种子进行预发芽的生理生化代谢和修复,促进细胞膜、细胞器、DNA的修复和活化,处于准备发芽的代谢状态,但防止胚根的伸出。经引发的种子活力增强,抗逆性增强,出苗整齐,成苗率高。目前常用的种子引发方法有渗调引发、滚筒引发、固体基质引发和生物引发等。

2.4.6 种子包装与运输

种子的运输实质上是一种在一个特定的环境条件下的短期的贮藏,因此运输时要对种子进行妥善包装,防止种实过湿、曝晒、受热发霉或受机械损伤等。运输应尽量缩短时间,运输过程中要经常检查,运到目的地要及时贮藏在适宜的环境条件下。

如果包装和运输不当,则运输过程中很容易导致种子品质降低,甚至使种子丧失活力。因此,种子运输之前,要根据种实类型进行适当干燥,或保持适宜的湿度。要预先做好包装工作,运输途中防止高温或受冻,防止种实过湿发霉或受机械损伤,确保种子的活力。种子运输之前,包装要安全可靠,并进行编号,填写种子登记卡,写明树种的名称和种子各项品质指标、采集地点和时间、每包重量、发运单位和时间等。卡片装入包装袋内备查。大批运输必须指派专人押运。到达目的地后立即检查,发现问题及时处理。

对于一般含水量低且进行干藏的种实,如云杉、红松、落叶松、樟子松、马尾松、杉木、桉、椴、白蜡和刺槐等,可直接用麻袋或布袋装运。包装不宜太紧太满,以减少对种子的挤压,同时也便于搬运。对于樟、楠、檫、七叶树、枇杷等含水量较高且容易失水而影响活力的种子,可先用塑料或油纸包好,再放入箩筐中运输。对于栎类等需要保湿运输的种子,可把湿苔藓、湿锯末和泥炭等放入容器中保湿。对于杨树等极易丧失发芽力的种子,需要密封贮藏,在运输过程中可用塑料袋、瓶和筒等器具,使种子保持密封条件。有些树种,如樟、玉兰和银杏的种子,虽然能耐短时间干运,但到达目的地后,要立即进行湿沙埋藏。

种实在运输过程中要注意覆盖,防止雨淋、曝晒和受冻害,并要附以种实登记证,以防种实混杂。运输到达目的地后应立即进行检查,并根据情况及时进行摊晾、贮藏或播种等处理。

2.5 种子的品种检验

种子是苗木培育中最基本的生产资料,其品质优劣状况直接影响苗木的产量和质量。因此,在种子采收、贮藏、调运、贸易和播种前进行品质检验,选用优良种子,淘汰劣质种子,是确保播种用种子具有优良品质的重要环节。通过种子品质检验可确定种子的使用价值，便于制定针对性的育苗措施；可以防止伪劣种子播种，避免造成生产上的损失；通过严格检验，加强种子检疫，可以防止病虫害蔓延；通过检验对种子品质做出正确评价，有利于按质论价，促进种子品质的提高。

园林植物种子的品质检验是应用科学、先进和标准的方法对种子样品的质量（品质）进行正确的分析测定，判断其质量的优劣，评定其种用价值的一门科学技术。种子品质是种子的不同特性的综合，通常包括遗传品质和播种品质两个方面。遗传品质是种子固有的品质，指保持母树原来的速生、丰产优质等的品质。种子品质检验主要是检验种子的播种品质，包括种子净度、种子发芽能力、种子重量、种子含水量、种子发芽势、种子生活力、种子优良度、种子病虫害感染程度等。

2.5.1 抽样

抽样是抽取具有代表性、数量能满足检验需要的样品。由于种子品质是根据抽取的样品经过检验分析确定的，因此抽样正确与否十分关键。如果抽取的样品没有充分的代表性，无论检验工作如何细致、准确，其结果也不能说明整批种子的品质。为使种子检验获得正确结果并具有重演性，必须从受检的一批种子（或种批）随机提取具有代表性的初次样品、混合样品和送检样品，尽最大努力保证送检样品能准确地代表该批种子的组成成分。

2.5.1.1 相关概念

种批是指来源和采集期相同、加工调制和贮藏方法相同、质量基本一致，并在规定数量之内的同一树种的种子。不同树种种批最大重量为：特大粒种子，如核桃、板栗、麻栎、油桐等为10000kg；大粒种子，如油茶、山杏、苦楝等为5000kg；中粒种子，如红松、华山松、樟树、沙枣等为3500kg；小粒种子，如油松、落叶松、杉木、刺槐等为1000kg；特小粒种子，如桉、桑、泡桐、木麻黄等为250kg。

初次样品是从种批的一个抽样点上取出的少量样品。混合样品是从一个种批中抽取的全部大体等量的初次样品合并混合而成的样品。送检样品是送交检验机构的样品，可以是整个混合样品，也可以是从中随机分取的一部分。测定样品是从送检样品中分取，供作某项品质测定用的样品。

2.5.1.2 抽样步骤

(1) 用扦样器或徒手从一个种批取出若干初次样品；

(2) 然后将全部初次样品混合组成混合样品；

(3) 再从混合样品中按照随机抽样法或“十”字区分法等分取送检样品，送到种子检验室；

(4) 在种子检验室，按照“十”字区分法等从送检样品中分取测定样品，进行各个项目的测定。

2.5.1.3 送检样品的重量

送检样品的重量至少应为净度测定样品的2～3倍，大粒种子重量至少应为1000g，特大粒种子至少要有 500 粒。净度测定样品一般至少含 2500 粒纯净种子。各树种送检样品的最低数量可参见表 2-3。

表 2-3 各树种送检样品的最低数量

树 种	送检样品最低量/g	树 种	送检样品最低量/g
核桃、核桃楸	6000	杜仲、合欢、水曲柳、椴	500
板栗、栎类	5000	白蜡、复叶槭	400
银杏、油桐、油茶	4000	油松	350
山桃、山杏	3500	臭椿	300
皂荚、榛子	3000	侧柏	250
红松、华山松	2000	锦鸡儿、刺槐	200
元宝枫	1200	马尾松、杉木、黄檗、云南松	150
白皮松、国槐、樟	1000	樟子松、柏木、榆、桉、紫穗槐	100
黄连木	700	落叶松、云杉、杉、桦	50
沙枣	600	杨、柳	30

2.5.2 净度分析

种子净度是指纯净种子的重量占测定样品中总重量的百分数。净度分析是测定供检验样品中纯净种子、其他植物种子和夹杂物的重量百分率，据此推断种批的组成，了解该种批的利用价值。测定方法和步骤为：

(1) 试样分取：用分样板、分样器或采用四分法分取试样。

(2) 称量测定样品。

(3) 分析测定样品：将测定样品摊在玻璃板上，把纯净种子、废种子和夹杂物分开。

纯净种子是指完整的、没有受伤害的、发育正常的种子；发育不完全的种子和难以识别的空粒；虽已破口或发芽，但仍具发芽能力的种子；带翅的种子中，凡加工时种翅容易脱落的，其纯净种子是指除去种翅的种子；凡加工时种翅不易脱落的，其纯净种子包括留在种子上的种翅。壳斗科的纯净种子是否包括壳斗，取决于各个树种的具体情况：壳斗容易脱落的不包括壳斗；难于脱落的包括壳斗。复粒种子中至少含有一粒种子也可计为纯净种子。

废种子是指能明显识别的空粒、腐坏粒、已萌芽但显然丧失发芽能力的种子；严重损伤(超过种子原大小一半)的种子和无种皮的裸粒种子。

夹杂物是指不属于被检验的其他植物种子；叶片、鳞片、苞片、果皮、种翅、壳斗、种子碎片、土块和其他杂质；昆虫的卵块、成虫、幼虫和蛹。

(4) 把组成测定样品的各个部分称重；

(5) 计算净度。

种子净度的计算公式：

$$J(\%)=\frac{Z_1}{Z_0}\times 100\%$$

式中：J—— 种子净度(%)；

Z_0—— 供检种子重量(g)；

Z_1—— 纯净种子重量(g)。

净度是种子品质的主要指标之一，是计算播种量的必要条件。净度高品质好，使用价值高；净度低表明种子中夹杂物多，不宜贮藏。

2.5.3 重量测定

种子重量主要指千粒重，通常指气干状态下 1000 粒种子的重量，以克(g)为单位。千粒重能够反映种粒的大小和饱满程度，重量越大，说明种粒越大越饱满，内部含有的营养物质越多，发芽迅速整齐，出苗率高，幼苗健壮。种子千粒重测定有百粒法、千粒法和全量法。

2.5.3.1 百粒法

通过手工或用数种器材从待测样品随机数取 8 个重复，每个重复 100 粒，分别称重。根据 8 个组的称重读数，算出 100 粒种子的平均重量，再换算成 1000 粒种子的重量。

2.5.3.2 千粒法

适用于种粒大小、轻重极不均匀的种子。通过手工或用数种器材从待测样品随机数取两个重复，分别称重，计算平均值，求算千粒重。大粒种子，每个重复数 500 粒；小粒种子，每个重复数 1000 粒。

2.5.3.3 全量法

珍贵树种，种子数量少，可将全部种子称重，换算千粒重。

目前，电子自动种子数粒仪是种子数粒的有效工具，可用于千粒重测定。

2.5.4 含水量测定

种子含水量是种子中所含水分的重量与种子重量的百分比。通常将种子置入烘箱用 105℃烘烤 8 小时后，测定种子前后重量之差来计算含水量。

种子含水量的计算公式：

$$H(\%)=\frac{Q_0-Q_1}{Q_0}\times 100\%$$

式中：H—— 种子含水量(%)；

Q_0—— 干燥前供检种子重量(g)；

Q_1—— 干燥后供检种子重量(g)。

测定种子含水量时，桦、桉、侧柏、马尾松、杉木等细小粒种子，以及榆树等薄皮种子，可以原样干燥；红松、华山松、槭树和白蜡等厚皮种子，以及核桃、板栗等大粒种子，应将种子切开或弄碎，然后再进行烘干。

2.5.5 发芽能力测定

种子发芽能力是播种质量最重要的指标，其测定的目的是测定种子批的最大发芽潜力，评价种子批的质量。种子发芽力是指种子在适宜条件下发芽并长成植株的能力，用发芽势和发芽率表示。

发芽势是种子发芽初期(规定日期内)正常发芽种子数占供试种子数的百分率。通常以发芽实验规定的期限的最初三分之一期间内的发芽数，占供试种子总数的百分比表示。发芽势高，表示种子活力强，发芽整齐，生产潜力大。

发芽率也称实验室发芽率，是指在发芽试验终期(规定日期内)正常发芽种子数占供试种子数的百分率。种子发芽率高，表示有生活力的种子多，播种后出苗多。

2.5.5.1 发芽实验设备和用品

种子发芽实验中常用的设备有电热恒温发芽箱、变温发芽箱、光照发芽箱、人工气候箱、发芽室，以及活动数种板和真空数种器等。发芽床应具备保水性好、通气性好、无毒、无病菌等特性，且有一定强度。常用的发芽床材料有纱布、滤纸、脱脂棉、细沙和蛭石等。

2.5.5.2 发芽实验方法

1. 器具和种子灭菌

为了预防真菌感染，发芽试验前要对准备使用的器具灭菌。发芽箱可在实验前用甲醛喷射后密封 2～3d，然后再使用。种子可用过氧化氢(35%，1h)、甲醛(0.15%，20min)等进行灭菌。

2. 发芽促进处理

种子置床前通过低温预处理或用 GA_3，HNO_3，KNO_3，H_2O_2 等处理，可破除休眠。对种皮致密，透水性差的树种如皂荚、台湾相思、刺槐等，可用 45℃的温水浸种 24h，或用开水短时间烫种(2min)，促进发芽。

3. 种子置床

种子要均匀放置在发芽床上，使种子与水分良好接触。每粒之间要留有足够的间距，以防止种子受真菌感染并蔓延，同时也为发芽苗提供足够的生长空间

4. 贴标签

种子放置完后，必须在发芽皿或其他发芽容器上贴上标签，注明树种名称、测定样品号、置床日期、重复次数等，并将有关项目登记在种子发芽试验记录表上。

5. 发芽实验管理

(1) 水分：发芽床要始终保持湿润，切忌断水，但不能使种子四周出现水膜。

(2) 温度：调节适宜的种子发芽温度，多数树种以 25℃为宜。榆和栎类为 20℃；白皮松，

落叶松和华山松为20～25℃；火炬松、银杏、乌桕、核桃、刺槐、杨和泡桐为20～30℃；桑、喜树和臭椿为30℃。变温有利于种子发芽。

(3) 光照：多数种子可在光照或黑暗条件下发芽。但国际种子检验规程规定，对大多数种子，最好加光培养，目的是光照可抑制真菌繁殖，同时有利于正常幼苗鉴定，区分黄化和白化等不正常苗。

(4) 通气：用发芽皿发芽时，要常开盖，以利通气，保证种子发芽所需的氧气。

(5) 处理发霉现象：发现轻微发霉的种子，应及时取出洗涤去霉。发霉种子超过5%时，应调换发芽床。

6. 持续时间和和观察记录

(1) 种子放置发芽的当天，为发芽实验的第一天。各树种发芽实验需要持续的时间不一样。

(2) 鉴定正常发芽粒、异状发芽粒和腐坏粒并计数。正常幼苗为长出正常幼根。大、中粒种子，其幼根长度大于种粒长度的1/2；小粒种子幼根长度大于种粒长度。异状发芽粒为胚根形态不正常、畸形、残缺等；胚根不是从珠孔伸出，而是出自其他部位；胚根呈负向地性；子叶先出等；腐坏粒：内含物腐烂。但发霉粒种子不能算作腐坏粒。

7. 计算发芽试验结果

发芽试验到规定结束的日期时，记录未发芽粒数，统计正常发芽粒数，计算发芽势和发芽率。试验结果以粒数的百分数表示。

种子发芽率的计算公式：

$$F(\%) = \frac{L_1}{L_0} \times 100\%$$

式中：F—— 种子发芽率(%)；

L_0—— 供检种子粒数；

L_1—— 供检种子发芽粒数。

种子发芽势的计算公式：

$$F_s(\%) = \frac{L_s}{L_0} \times 100\%$$

式中：F_s—— 种子发芽势(%)；

L_0—— 供检种子粒数；

L_s—— 种子发芽达到最高峰时种子发芽粒数(最初1/3天数内)。

2.5.6 生活力测定

种子生活力是指种子发芽的潜力或种胚所具有的生命力。测定种子生活力可快速地估计种子样品尤其是休眠种子的发芽潜能。有些树种的种子休眠期很长，需要在短时间内确定种子品质时，必须用快速的方法测定生活力。有时由于缺乏设备，或者经常急需了解种子发芽力而时间很紧迫，不可能采用正规的发芽试验来测定发芽力，也必须通过测定生活力来预测种子发芽能力。

种子生活力常用具有生命力的种子数占试验样品种子总数的百分率表示。测定生活力的方法常用化学药剂的溶液浸泡处理，根据种胚（和胚乳）的染色反应来判断种子生活力。主要的化学药剂有四唑染色法、靛蓝染色法、碘-碘化钾染色法。此外，也可用X射线法和紫外荧光法等进行测定。最常用的且列入国际种子检验规程的生活力测定方法是生物化学（四唑）染色法。

四唑全称为2,3,5-氯化（或溴化）三苯基四氮唑，简称四唑或红四唑，缩写为TTC（TTB）或TZ，是一种生物化学试剂，为白色粉末，分子式为$C_{19}H_{15}N_4Cl$。四唑的水溶液无色，在种子的活组织中，四唑参与活细胞的还原过程，从脱氢酶接受氢离子，被还原成红色的、稳定的、不溶于水的2,3,5-三苯基甲潜。而无生活力的种子则没有这种反应，即染色部位为活组织，而不染色部位则为坏死组织。因此，可依据坏死组织出现的部位及其分布状况判断种子的生活力。四唑的使用浓度多为0.1%～1.0%的水溶液，常用0.5%。可将药剂直接加入pH值为6.5～7的蒸馏水进行配制。如果蒸馏水的pH值不能使溶液保持6.5～7，则将四唑药剂加入缓冲液中配制。溶液浓度高，则反应快，但药剂消耗量大。

四唑染色测定种子生活力的主要步骤为：

1. 预处理

将种子浸入20～30℃水中，使其吸水膨胀，目的促使种子充分快速吸水，软化种皮，方便样品准备，同时促进组织酶系统活化，以提高染色效应。浸种时间因树种而异，小粒的、种皮薄的种子浸泡2d，大粒的、种皮厚的泡3～5d。注意每天要换水。

2. 取胚

浸种后切开种皮和胚乳，取出种胚。也可连胚乳一起染色。取胚同时，记录空粒、腐烂粒、感染病虫害粒及其他显然没有生活力的种粒。

3. 染色

将胚放入小烧杯或发芽皿中，加入四唑溶液，以淹没种胚为宜。然后置黑暗处或弱光处进行染色反应。因为光线可能使四唑盐类还原而降低其浓度，影响染色效果。染色的温度保持在20～30℃，以30℃最适宜，染色时间至少3h。一般在20～45℃的温度范围内，温度每增加5℃，其染色时间可减少一半。如某树种的种胚，在25℃的温度条件下适宜染色时间是6h，移到30℃条件下只需染色3h，35℃下只需1.5h。

4. 鉴定染色结果

染色完毕，取出种胚，用清水冲洗，置白色湿润滤纸上，逐粒观察胚（和胚乳）的染色情况并记录。鉴定染色结果时因树种不同而判断标准有所差别，但主要依据染色面积的大小和染色部位进行判断。如果子叶有小面积未染色，胚轴仅有小粒状或短纵线未染色，均应认为有活力。因为子叶的小面积伤亡，不会影响整个胚的发芽生长；胚轴小粒状或短纵线伤亡，不会对水分和养分的输导形成大的影响。但是，胚根未染色、胚芽未染色、胚轴环状未染色、子叶基部靠近胚芽处未染色，应视为无生活力。

5. 计算种子生活力

根据鉴定记录结果，统计有生活力和无生活力的种胚数，计算种子生活力。

种子生活力的计算公式：

$$S_h(\%)=\frac{L_h}{L_0}\times 100\%$$

式中：S_h—— 种子生活力（%）；

L_0—— 供检种子粒数；

L_h—— 有生活力种子粒数。

2.5.7 优良度测定

优良度是指优良种子占供试种子的百分数。优良种子是通过人为的直观观察来判断的，这是最简易的种子品质鉴定方法。在生产上采购种子，急需在现场确定种子品质时，可依据种子硬度、种皮颜色和光泽、胚和胚乳的色泽、状态、气味等进行评定。优良度测定适用于种粒较大的银杏、栎类、油茶、樟树和檫树的种子品质鉴定。

2.5.8 种子健康状况测定

种子健康状况测定主要是测定种子是否携带有真菌、细菌、病毒等各种病原菌，以及是否带有线虫和害虫等有害动物，主要目的是防止种子携带的危险性病虫害传播和蔓延。

2.5.9 种子质量检验结果及质量检验管理

完成种子质量的各项测定工作后，要填写种子质量检验结果单。完整的结果报告单包括签发站名称、抽样及封缄单位名称、种子批的正式登记号和印章、来样数量、代表数量、抽样日期、检验收到样品的日期、样品编号、检验项目、检验日期。

评价树木种子质量时，主要依据种子净度分析、发芽试验、生活力测定、含水量测定和优良度测定等结果，进行树木种子质量分级。

中华人民共和国种子法规定，国务院农业、林业行政主管部门分别负责全国农作物和林木种子质量监督管理工作；县级以上地方人民政府农业、林业行政主管部门分别负责本行政区域内的农作物和林木种子质量监督管理工作。种子的生产、加工、包装、检验、贮藏等质量管理办法和标准由国务院农业、林业行政主管部门制定。

承担种子质量检验的机构应当具备相应的检测条件和能力，并经省级以上农业、林业行政主管部门考核合格。处理种子质量争议，以省级以上种子质量检验机构出具的检验结果为准。种子质量检验机构应当配备种子检验员。种子检验员应当经省级以上农业、林业行政主管部门培训，考核合格，发给《种子检验员证》。

思考题

1. 什么是树木结实的大小年和间隔期？产生大小年和间隔期的原因是什么？如何缩小大小年和间隔期？
2. 影响树木结实的因子是什么？
3. 确定种实成熟的方法有哪些？
4. 试述采种时一般应掌握的原则，采种前应做的准备工作和采种时应注意的问题。
5. 干果类、球果类、肉质果类各如何调制种实？
6. 影响种子生活力的内外因素有哪些？怎样延长种子寿命？

7. 种子贮藏的方法有几种？简述种子湿藏法。
8. 种子品质检验有何意义？主要的检验项目有哪些？
9. 种子发芽能力如何测定？

3　园林苗木播种繁殖

【学习重点】

了解播种繁殖的特点和幼苗发育特点；掌握播种前的种子处理、播种育苗技术要点和苗期管理技术。

3.1　播种繁殖的意义

3.1.1　播种繁殖的概念

播种繁殖是利用植物的有性后代——种子，对其进行一定的处理和培育，使其萌发、生长、发育，成为新的个体的方法。用种子播种繁殖所得的苗称为播种苗或实生苗。

3.1.2　播种繁殖的特点

(1) 种子获得容易，采集、贮藏、运输都较方便；利用种子繁殖，一次可获得大量苗木。

(2) 播种苗生长旺盛、健壮、根系发达，寿命长；抗风、抗寒、抗旱、抗病虫的能力及对不良环境的适应力强。

(3) 种子繁殖的幼苗遗传保守性较弱，容易适应新环境，引种的成功率高；如从南方直接引种梅花苗木到北方，往往不能安全越冬；而引入种子在北方播种育苗，部分苗木则能在－17℃时安全过冬。

(4) 用种子播种繁殖的苗木，特别是杂种幼苗，由于遗传性状的分离，在苗木中常会出现一些新类型的品种，这对于园林植物新品种、新类型的选育有很大的意义。

(5) 种子繁殖的幼苗需要经过一定的时期和生理发育阶段，开花结果期相对比营养繁殖的苗木晚。

(6) 播种繁殖具有很大的遗传变异性，对于一些性状不稳定的材料繁殖后常常不能保证母株原有的观赏价值。如龙柏经种子繁殖，苗木中常有大量的桧柏幼苗出现；重瓣榆叶梅播种苗大部分退化为单瓣或半重瓣花；龙爪槐播种繁殖后代多为国槐等。

3.2 播种前准备

3.2.1 播种前种子的处理

播种前进行种子处理是为了提高种子的场圃发芽率，使出苗整齐，促进苗木生长，缩短育苗期限，提高苗木的产量和质量。

3.2.1.1 种子精选

为提高种子的纯度，播种前按种粒的大小加以分级，分别播种，使发芽迅速，出苗整齐，便于管理。种子精选一般有水选、风选和筛选等方法。

3.2.1.2 种子晾晒

对欲播种的种子进行晾晒消毒，可以激活种子的生命活力，提高发芽率，并使苗木出苗整齐、生长健壮。

3.2.1.3 种子消毒

播种前对种子进行消毒，既可杀虫防病，又能预防保护。种子消毒一般采用药剂拌种或浸种的方法。

1. 硫酸铜、高锰酸钾溶液浸种

此法适用于针叶树及阔叶树种子杀虫消毒。硫酸铜溶液消毒，可用 0.1%的溶液，浸种 4～6h。高锰酸钾消毒，用 0.5%溶液浸种 2h，或用 5%溶液浸种 30min。但对催过芽的种子以及胚根已突破种皮的种子，不能用高锰酸钾消毒。

2. 甲醛(甲醛)浸种

一般用于针叶树及阔叶树种子消毒。在播种前 1～2h，用 0.15%的甲醛溶液浸种 15～30min，取出后密闭 2h，再将种子摊开阴干即可播种。

3. 石灰水浸种

用 1%～2%的石灰水浸种 24～36min，对于杀死落叶松种子病菌有较好效果。

4. 五氯硝基苯混合剂施用或拌种

以五氯硝基苯和敌克松(对二甲氨基苯重氮磺酸钠)以 3∶1 的比例配合，结合播种施用于土壤，施用量 2～6g/m^2，也可单用敌克松粉剂拌种，用药量为种子重的 0.2%～0.5%，对防止松柏类树种的立枯病有较好效果。

5. 药剂拌种

(1) 赛力散(磷酸乙基汞)拌种　此法适用于针叶树种子。一般于播种前 20d 进行拌种，每千克种子用药 2g。拌种后密封贮藏，20d 后进行播种，既有消毒作用也起防护作用。

(2) 西力生(氯化乙基汞)拌种　此法适用于松柏类种子，消毒效果好，并有刺激种子发芽的作用。用法及作用与赛力散相似，每千克种子用药 1～2g。

种子消毒过程中，应特别注意药剂浓度和操作安全，胚根已突破种皮的种子进行消毒易受伤害。

3.2.1.4 种子催芽

种子的催芽就是通过人为的调节和控制种子发芽所必需的外界环境条件，促进酶的活动，以满足种子内部所进行的一系列生理生化反应，增加呼吸作用，转化营养物质，促进种胚的营养生长，达到种子尽快萌发的目的。

1. 种子发芽率低的原因

(1) 种子本身或技术原因，如种子生命力下降，贮藏方式不当；播种技术或播种时期不正确；种子具有坚硬种皮和厚蜡质层，不能吸水膨胀等。

(2) 生理原因，可能是种胚没有通过后熟，处于休眠期；种胚发育不充分或受伤。

(3) 物理原因，诸如种皮坚硬、水分不能渗透进入种胚等。

2. 种子催芽的目的

为了播种后能达到出苗快、齐、匀、全、壮的标准，进而提高苗木的产量和质量，一般在播种前需要进行催芽处理。通过催芽处理可大大提高种子发芽率，缩短发芽时间，使种子出苗整齐，同时可减少播种量，节约种子成本，还有利于种苗的统一抚育管理。

3. 常用催芽方法

(1) 清水浸种　催芽原理是种子吸水后种皮变软，种体膨胀，打破休眠，刺激发芽。生产上有温水浸种和热水浸种两种方法。温水浸种适用于种皮不太坚硬、含水量不太高的种子，如桑、悬铃木、泡桐、合欢、油松、侧柏、臭椿等。浸种水温以 40～50℃为宜，用水量为种子体积的 5～10 倍，种子浸入后搅拌至水凉，每浸 12 h 后换一次水，浸泡 1～3d，种子膨胀后捞出晾干。热水浸种适用于种皮坚硬的种子，如刺槐、皂荚、元宝枫、枫杨、苦楝、君迁子、紫穗槐等。浸种水温以 60～90℃为宜，用水量为种子体积的 5～10 倍。将热水倒入盛有种子的容器中，边倒边搅，一般浸种约 30s(小粒种子 5s)左右，快速捞出放入 4～5 倍凉水中搅拌降温，再浸泡 12～24h。

(2) 机械损伤法　通过机械擦伤种皮，增强种皮的透性，促进种子吸水萌发。在砂纸上磨种子、用锉刀锉种子、用铁锤砸种子、或用老虎钳夹开种皮等方法适用于少量的大粒种子。小粒种子可用 3～4 倍的沙子混合后轻捣轻碾。进行破皮时不应使种子受到损伤。

机械损伤法主要用于种皮厚而坚硬的种子，如山楂、紫穗槐、油橄榄、厚朴、铅笔柏、银杏、美人蕉、荷花等。

(3) 酸、碱处理　把具有坚硬种壳的种子，浸在有腐蚀性的酸、碱溶液中，经过短时间处理，使种壳变薄，增加透性，促进发芽。常用的药品有浓硫酸、氢氧化钠等。生产上常用 95% 的浓硫酸浸 10～120min，或用 10%氢氧化钠浸 24h 左右，浸泡时间依不同种子而定。浸后必须用清水冲洗干净，以防影响种胚萌发。

(4) 层积处理　把种子与湿润物混合或分层放置，促进发芽的方法称为层积催芽。

种子在层积催芽的过程中恢复了细胞间的原生质联系，增加了原生质的膨胀性与渗透性，提高了水解酶的活性，将复杂的化合物转化为简单的可溶性化合物，促进新陈代谢，使种皮软化产生萌芽能力。另外，一些后熟的种子(形态休眠的种子)，如银杏等树种，在层积的过程中胚明显长大，经过一段时间，胚长到应有的长度，完成了后熟过程，种子即可萌发。

处理种子多时可在室外挖坑。一般选择地势高燥、排水良好的地方，坑的宽度以 1m 为好，不要太宽。长度随种子的多少而定，深度一般在地下水位以上、冻层以下。由于各地的气候条件不同，可根据当地的实际情况而定。坑底铺一些鹅卵石，其上铺 10cm 的细沙，干种子要浸种、消毒，然后将种子与沙子按 1∶3 的比例混合放入坑内，或者一层种子、一层沙子放入坑内（注意沙子的湿度要合适），当沙与种子的混合物放至距坑沿 10～20cm 时为止。然后盖上沙子，最后用土培成屋脊形，坑的两侧各挖一条排水沟。在坑中央直通到种子底层放一秸秆或木制通气孔，以流通空气。如果种子多，种坑很长，可隔一定距离放一个通气孔。

常用园林树种种子层积催芽天数见表 3-1。

表 3-1 常用园林树种种子层积催芽天数

树　种	催芽天数/d	树种	催芽天数/d
银杏、栾树、毛白杨	100～120	山楂、山樱桃	200～240
白蜡、复叶槭、君迁子	20～90	桧柏	180～200
杜梨、女贞、榉树	50～60	椴树、水田柳、红松	150～180
杜仲、元宝枫	40	山荆子、海棠、花椒	60～90
黑松、落叶松、湖北海棠	30～40	山桃、山杏	80

（5）其他处理方法　除以上常用的催芽方法外，还可用微量元素或无机盐处理种子进行催芽，使用药剂有硫酸锰、硫酸锌等。也可用有机药剂和生长素处理种子，如酒精、胡敏酸、酒石酸、对苯二酚、萘乙酸、吲哚乙酸、吲哚丁酸、2,4－氯苯氧乙酸、赤霉素等。

某些园林花卉的种子可不进行处理而直接播种。

3.2.1.5 接种工作

1. 根瘤菌剂接种

根瘤菌能固定大气中的游离氮以满足苗木对氮的需要。豆科树种或赤杨类树种育苗时，需要接种根瘤菌剂。方法是将根瘤菌剂撒在种子上充分搅拌后，随即播种。

2. 磷化菌剂接种

幼苗生长需要磷，而磷在土壤中易被固定，磷化菌可以分解土壤中的磷，将其转化成植物可吸收的形式，因此可用磷化菌剂拌种后再行播种。

3. 菌根菌剂接种

菌根菌能供应苗木营养，代替根毛吸收水分和养分，促进苗木生长发育，这在苗木幼龄期尤为迫切。通过接种可以促进吸收，从而提高苗木质量。菌剂的使用方法是，将菌剂加水拌成糊状，拌种后立即播种，适用于松科、壳斗科。

3.2.2 播种前土壤的处理

播种前深耕土壤能够打破土壤底层，增加土壤耕层，有利于苗木生长扎根；可改善土壤的结构与理化性质，提高土壤的保水与通气性，促进幼苗的生长发育；能有效消灭杂草防治病虫害，为幼苗的生长提供良好的环境条件。

3.2.2.1 深翻熟土，改良土壤

深翻熟土是土壤改良的基本措施。深翻熟土可以改善土壤结构和理化性状，增加土壤孔隙度，提高土壤的保水力、保肥力、透水性和透气性，同时增加土壤微生物分解难溶性有机物的能力，引导根系向土壤深处扩展。

3.2.2.2 施足有机肥

深翻结合施入有机腐熟肥料，能有效改善土壤的有机结构，增加土壤中的腐殖质，提高土壤肥力，从而为根系的生长创造条件。

3.2.2.3 土壤消毒

土壤是传播病虫害的主要媒介，也是病虫繁殖的主要场所，许多病菌、虫卵和害虫都在土壤中生存或越冬，而且土壤中还常有杂草种子。土壤消毒可控制土传病害、消灭土壤有害生物，为园林植物种子和幼苗创造有利的生存环境。土壤常用的消毒方法有：

1. 火焰消毒

在日本用特制的火焰土壤消毒剂(汽油燃料)，使土壤温度达到 79～87℃，既能杀死各种病原微生物和草籽，也可杀死害虫，而土壤有机质并不燃烧。在我国，一般采用燃烧消毒法，在露地苗床上，铺上干草，点燃后可消灭表土中的病菌、害虫和虫卵，翻耕后还能增加一部分钾肥。

2. 蒸气消毒

以前是用 100℃水蒸气保持 10min，把有害微生物杀死，但也会把有益微生物和硝化菌等杀死。现在多用 60℃水蒸气通入土壤，保持 30min，既可杀死土壤线虫和病原物，又能较好地保留有益菌。

3. 溴甲烷消毒

溴甲烷是土壤熏蒸剂，可防治真菌、线虫和杂草。在常压下，溴甲烷为无色无味的液体，对人类剧毒的临界值为 0.065mg/L，因此，操作时要戴防毒面具。一般用药量为 50g/m^2。将土壤整平后用塑料薄膜覆盖，四周压紧，然后将药罐用钉子钉一个洞，迅速放入膜下，熏蒸 1～2d，揭膜散气 2d 后再使用。由于此药剧毒，必须经专门培训后的人员方可使用。

4. 甲醛消毒

用 50 倍 40%的甲醛溶液液浇灌土壤至湿润，用塑料薄膜覆盖，经两周后揭膜，待药液挥发后再使用。一般 1m^3 培养土均匀撒施 50 倍的甲醛 400～500mL。此药的缺点是对许多土传病害如枯萎病、根瘤病及线虫等效果较差。

5. 石灰粉消毒

石灰粉既可杀虫灭菌，又能中和土壤的酸性，南方多用。一般每平方米床面用 15～20g，或每立方米土壤 90～120g。

6. 硫黄粉消毒

硫磺粉可杀死病菌，也能中和土壤中的盐碱，多在北方使用。用药量为每平方米床面25～30g，或每立方米土施入 80～90g。

此外，还有很多药剂，如辛硫酸、代森锌、多菌灵、绿享 1 号、氯化苦、五氯硝基苯、漂白粉

等,也可用于土壤消毒。近几年,我国从德国引进一种新药——必速灭颗粒剂,是一种广谱性土壤消毒剂,已用于高尔夫球场草坪、苗床、基质、培养土及肥料的消毒。使用量一般为基质 $1.5g/m^2$ 或 $60g/m^3$,大田 $15\sim20g/m^2$。施药后 7～15d 才能播种,此期间可松土 1～2 次。

3.2.2.4 播种前的整地

播种前的整地为种子发芽、幼苗出土创造良好条件,以提高场圃发芽率和便于幼苗的抚育管理。整地要求如下:

1. 细致平坦

播种地要求土块细碎,在地表 10cm 深度内没有较大的土块。种子越小其土粒也应越细小,以满足种子发芽后幼苗生长对土壤的要求,否则种子落入土壤缝隙中吸不到水分影响发芽,也会因发芽后的幼苗根系不能和土壤密切结合而枯死。播种地还要求平坦,这样灌溉均匀,降雨时也不会因土地不平低洼处积水而影响苗木生长。

2. 上虚下实

播种地整好后,应为上虚下实。上虚有利于幼苗出土,减少下层土壤水分的蒸发;下实可使种子处于毛细管水能够达到的湿润土层中,以满足种子萌发时所需要的水分。上虚下实为种子萌发创造了良好的土壤环境。为此,播种前松土的深度不宜过深,应等于种子播种的深度。土壤过于疏松时,应适当进行镇压。在春季或夏季播种,土壤表面过于干燥时,应在播前灌水或播后进行喷水。

3.2.2.5 作床、作垄

为给种子发芽和幼苗生长发育创造良好的条件,便于经营管理,需在整地施肥的基础上,按育苗的不同要求,把育苗地作成育苗床(畦)或垄。

1. 苗床育苗

苗床育苗的作床时间应在播种前 1 周进行。作床前应先选定基线,量好床宽及步道宽,钉桩拉绳作床,要求床面平整。一般苗床宽 100～150cm,步道宽 30～40 cm,长度不限,以方便管理为度。苗床走向以南北向为宜。在坡地应使苗床长边与等高线平行。一般分为高床和低床两种形式,见图 3-1。

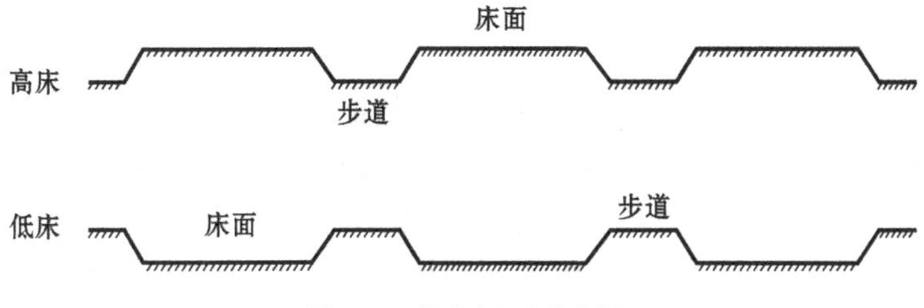

图 3-1 苗床剖面示意图

(1) 高床　一般床面高出步道 15～25cm,床面宽约为 100cm,步道宽约 40cm。高床有利于侧方灌溉与排水。一般用在降雨较多、低洼积水或土壤黏重的地区。

(2) 低床　床面低于步道 15～20cm,床面宽 100～150cm,步道宽 40cm。低床有利于灌溉,保墒性能好,一般用在降雨较少、无积水的地区。

2. 大田育苗

对于生长快、管理技术要求不高的品种可采用此方法，便于机械化管理，适合大面积进行。苗木光照充足，生长健壮，但产苗量相对较低。大田育苗分为垄作和平作。

(1) 垄作　在平整好的圃地上按一定距离、一定规格堆土成垄，一般垄高 20～30cm，垄面宽 20～45cm，垄距 60～80cm，南北走向为宜。垄作便于机械化作业，适应于培育管理粗放的苗木。南方湿润地区宜用窄垄。

(2) 平作　不做床不做垄，整地后直接进行育苗的方式。平作适用于多行式带播，也有利于育苗操作机械化。

3. 设施容器育苗

为了提高细小粒种子或较珍贵种子的出苗率，花卉生产中常采用在温室等保护设施内进行容器育苗。可用敞口的播种瓦盆、木箱、塑料周转箱、各种规格育苗穴盘，填装特别配制的育苗基质，在人为控制的环境条件下进行集约化育苗生产。现代种苗生产中，已经使用播种育苗生产线，实现育苗工厂化。

3.3 播种

确定播种时期是育苗工作的重要环节之一。播种时期直接影响到苗木的生长质量、幼苗对环境条件的适应能力、土地的利用效率、苗木的养护管理措施以及出圃年限和出圃质量。适宜的播种期能促使种子提早发芽，提高发芽率，使种子出苗整齐，生长健壮，增强抗寒、抗旱、抗病虫能力，节省土地、人力和财力。播种期的确定主要依据所播植物的生物学特性和育苗地的气候特点。我国南方，全年均可播种；北方，因冬季寒冷，露地育苗受到一定限制，适宜播种期的确定应以保证幼苗能安全越冬为前提。生产上，播种季节常在春夏秋三季，以春季和秋季为主。如果在设施内育苗，北方也可全年播种。

3.3.1 播种期的划分

通常按季节分为春播、夏播、秋播和冬播。

3.3.1.1 春季播种

春季是主要的播种季节，适合于绝大多数的园林植物播种，如大部分园林树木、一年生花卉、宿根花卉。春播的早晚，应在幼苗不受晚霜危害的前提下，越早越好。

各地区的春播时间不完全相同，一般气候较暖的南方地区，多在 2 月到 3 月进行；华北、西北地区多在 3 月下旬至 4 月中旬进行；东北、内蒙古地区一般在 4 月下旬左右。

3.3.1.2 秋季播种

秋季也是重要的播种季节，适于种皮坚硬的大粒种子和休眠期长、发芽困难的种子，如板栗、山杏、油茶、文冠果、白蜡、红松、山桃、牡丹属、苹果属、杏属、蔷薇属等。秋播后，种子可在自然条件下完成催芽过程，翌春发芽早，出苗整齐，苗木发育期延长，抗逆性增强。秋播要以当年种子不发芽为原则，以防幼苗越冬遭受冻害。一般在土壤结冻以前越晚播种越好。

3.3.1.3 夏季播种

夏播主要适宜于春、夏成熟而又不宜贮藏的种子或生活力较差的种子，一般随采随播，如杨、柳、榆、桑等。夏播宜早不宜迟，以保证苗木在越冬前能充分木质化。

3.3.1.4 冬季播种

冬播实际上是春播的提前、秋播的延续。我国南方冬季气候温暖，雨量充沛，适宜冬播。如福建、广东、广西地区的杉木、马尾松等常在初冬种子成熟后随采随播，这样发芽早、扎根深，可提高苗木的生长量和成苗率，幼苗的抗旱、抗寒、抗病等能力强，生长健壮。另外，有些植物如非洲菊、仙客来、报春、大岩桐、蜡梅、白玉兰、广玉兰、枇杷等，因种子含水量大，失水后容易丧失发芽力或缩短寿命，采种后最好随即播种。

温室花卉的播种，受季节影响较小，因此播种期常随花期而定。

3.3.2 苗木密度和播种量的确定

3.3.2.1 苗木密度

苗木密度是单位面积(或单位长度)上苗木的数量。苗木密度过大，苗木的营养面积不足、通风不良、光照不足会降低苗木的光合作用，使光合作用的产物减少，影响苗木的生长；苗木高径比值大、苗木细弱、叶量少、顶芽不饱满、根系不发达、根系的生长受到抑制、根幅小、侧根少、干物质重量小，易受病虫危害，移植成活率低。当苗木密度过小时，不但影响单位面积的产苗量，而且由于苗木稀少，苗间空地过大，土地利用率低，易孳生杂草，同时增加了土壤中水分、养分的损耗，不便于管理。因此，苗木的密度对保证苗木的产量和质量、苗圃的生产率和经济效益起着相当重要的作用。

合理苗木密度要依据物种的生物学特性、生长的快慢、圃地的环境条件、育苗的年限以及育苗的技术要求进行综合考虑。对生长快、生长量大、所需营养面积大的树种，播种时应稀一些，如山桃、泡桐、枫杨等。幼苗生长缓慢的树种可播密一些，对于播后一年后移植的树种可密；而直接用于嫁接的砧木宜稀，以便于嫁接时的操作。单位面积的产苗量一般范围为：一年生针叶树播种苗为150～300株/m^2；速生针叶树可达600株/m^2；一年生阔叶树播种苗，大粒种子或速生树种为(25～50)～120株/m^2，生长速度中等的树种60～100株/m^2。

3.3.2.2 种子播种量

播种量是指单位面积或长度上播种种子的重量。适宜的播种量既不浪费种子，又有利于提高苗木的产量和质量。播量过大，浪费种子，间苗也费工，幼苗拥挤和竞争营养，易感病虫，苗质下降；播量过小，产苗量低，易长杂草，管理费工，也浪费土地。播种量的计算公式是：

$$X = C \times \frac{A \times W}{P \times G \times 1000^2}$$

式中：X—— 单位面积(或长度) 实际所需播种量(kg)；

A—— 单位面积(或长度) 的产苗量；

W—— 种子的千粒重(g)；

P—— 种子净度(小数)；

G—— 种子发芽势(小数)；

1000^2—— 常数；

C—— 损耗系数。

损耗系数因自然条件、圃地条件、树种、种粒大小和育苗技术水平而异。一般认为：种粒越小，损耗越大，如大粒种子(千粒重在700g以上)，$C=1$；中小粒种子(千粒重在3～700g)，$1<C<5$；极小粒种子(千粒重在3g以下)，$C=10\sim20$。

例如：生产一年生油松播种苗1hm²，每平方米计划产苗500株，种子纯度95%，发芽率90%，千粒重37g，其所需种子量为：

$$每平方米播种量(kg)=\frac{500\times0.037}{0.95\times0.90\times1000^2}=\frac{185}{8550}=0.0216(kg)$$

采用床播1hm²的有效作业面积约为6000m²，则1hm²地播种量为：0.0216×6000＝129.6(kg)。

这是计算出的理论数字，实际生产时应再加上一定的损耗，如$C=1.5$，则1hm²油松共需用种子200kg左右。部分园林树木播种量与产苗量见表3-2。

表3-2 部分园林树木播种量与产苗量

树种	100m² 播种量/kg	100m² 产苗量/株	播种方式
油松	10～12.5	10000～15000	高床撒播或垄播
白皮松	17.5～20	8000～10000	高床撒播或垄播
侧柏	2.0～2.5	3000～5000	高垄或低床条播
桧柏	2.5～3.0	3000～5000	低床条播
云杉	2.0～3.0	15000～20000	高床撒播
银杏	7.5	1500～2000	低床条播或点播
锦熟黄杨	4.0～5.0	5000～8000	低床撒播
小叶椴	5.0～10	1200～1500	高垄或低床条播
紫椴	5.0～10	1200～1500	高垄或低床条播
榆叶梅	2.5～5.0	1200～1500	高垄或低床条播
国槐	2.5～5.0	1200～1500	高垄条播
刺槐	1.5～2.5	800～1000	高垄条播
合欢	2.0～2.5	1000～1200	高垄条播
元宝枫	2.5～3.0	1200～1500	高垄条播
小叶白蜡	1.5～2.0	1200～1500	高垄条播
臭椿	1.5～2.5	600～800	高垄条播
香椿	0.5～1.0	1200～1500	高垄条播
茶条槭	1.5～2.0	1200～1500	高垄条播
皂角	5.0～10	1500～2000	高垄条播
栾树	5.0～7.5	1000～1200	高垄条播
青桐	3.0～5.0	1200～1500	高垄条播
山桃	10～12.5	1200～1500	高垄条播

（续表）

树种	100m² 播种量/kg	100m² 产苗量/株	播种方式
山杏	10～12.5	1200～1500	高垄条播
海棠	1.5～2.0	1500～2000	高垄或低床两行条播
山定子	0.5～1.0	1500～2000	高垄或低床条播
贴梗海棠	1.5～2.0	1200～1500	高垄或低床条播
核桃	20～25	1000～1200	高垄点播
卫矛	1.5～2.5	1200～1500	高垄或低床条播
文冠果	5.0～7.5	1200～1500	高垄或低床条播
紫藤	5.0～7.5	1200～1500	高垄或低床条播
紫荆	2.0～3.0	1200～1500	高垄或低床条播
小叶女贞	2.5～3.0	1500～2000	高垄或低床条播
紫穗槐	1.0～2.0	1500～2000	平垄或高垄条播
丁香	2.0～2.5	1500～2500	低床或高垄条播
连翘	1.0～2.5	2500～3000	低床或高垄条播
锦带花	0.5～1.0	2500～3000	高床条播
日本绣线菊	0.5～1.0	2500～3000	高床条播
紫薇	1.5～2.0	1500～2000	高垄或低床条播
杜仲	2.0～2.5	1200～1500	高垄或低床条播
山楂	20～25	1500～2000	高垄或低床条播
花椒	4.0～5.0	1200～1500	高垄或低床条播
枫杨	1.5～2.5	1200～1500	高垄条播

目前，国内外采用设施容器育苗，环境条件及管理措施都比较有别于种子萌芽与幼苗生长，有些已实现工厂化生产，可以大大节省种子。

3.3.3 播种方式

播种方式大体可分为田间播种、容器播种和设施播种三种。

3.3.3.1 田间播种

田间播种是将种子直接播于露地床(畦、垄)上，通常绝大多数园林树木种子或大规模粗放栽培均可用此方式。

1. 播种方法

生产中，根据种粒的大小不同，采用不同的播种方法。

(1) 撒播　撒播就是将种子均匀地播撒在苗床上，适用于小粒种子，如杨、柳、桑、泡桐、悬铃木等的播种。撒播播种速度快，产苗量高，土地充分利用，但幼苗分布不均匀，通风透光条件差，抚育管理不方便。

(2) 条播　条播是按一定株行距开沟，然后将种子均匀地播撒在沟内。条播主要用于中小粒种，如紫荆、合欢、国槐、五角枫、刺槐等。条播播种行一般采用南北方向，以利光照均匀。当前生产上多采用宽幅条播，条播幅宽 10～15cm，行距 10～25cm。条播用种少，幼苗通风透光条件好，生长健壮，管理方便，便于机械化操作。

(3) 点播　点播是按一定株行距挖穴播种；或按一定行距开沟，再按一定株距播种的方法。一般行距为 30cm 以上，株距为 10～15cm 以上。点播主要适用于大粒种子或种球，如板栗、核桃、银杏、香雪兰、唐菖蒲等的播种。点播时要使种子侧放，尖端与地面平行，见图 3-2。点播用种量少，株行距大，通风透光好，便于管理。

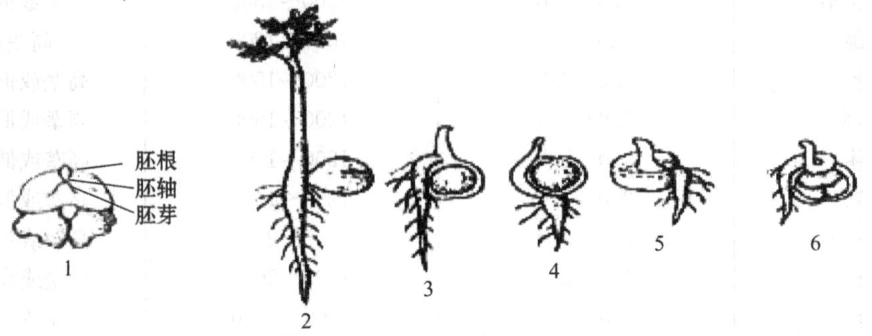

图 3-2　核桃点播种子放置方式图

1. 胚的构造　2. 果实缝合线与地面垂直　3,6. 果顶朝上

4. 果顶潮下　5. 缝合线与地面平行

3.3.3.2　播种工序

(1) 播种　播种前将种子按亩或按床的用量进行等量分开，用手工或播种机进行播种。撒播时，为使播种均匀，可分数次播种，要近地面操作，以免种子被风吹走。若种粒很小，可提前用细纱或细土与种子混合后再播。条播或点播时，要先在苗床上拉线开沟或划行，开沟的深度根据土壤性质和种子大小而定。开沟后应立即播种，以免风吹日晒土壤干燥。播种前，还应考虑土壤湿润状况，确定是否提前灌溉。

(2) 覆土　播种后应立即覆土。覆土厚度视种粒大小、土质、气候而定，一般覆土厚度为种子横径的 1～3 倍。极小粒种子覆土厚度以不见种子为度，小粒种子厚度为 0.5～1cm，中粒种子 1～3cm，大粒种子 3～5cm。黏质土壤保水性好，宜浅播；砂质土壤保水性差，宜深播。潮湿多雨季节宜浅播，干旱季节宜深播。春夏播种覆土宜薄，北方秋季播种覆土宜厚。

(3) 镇压　播种覆土后应及时镇压，将床面压实，使种子与土壤紧密结合，便于种子从土壤中吸收水分而发芽。对疏松干燥的土壤进行镇压更为重要。在播种小粒种子时，有时可先将床面镇压一下再播种、覆土。一般用平板压紧，也可用木质滚筒滚压。

(4) 覆盖　镇压后，用草帘、薄膜等覆盖在床面上，以提高地温，保持土壤水分，促使种子发芽。覆盖要注意厚度，土面似见非见即可。在幼苗大部分出土后及时分批撤除。一些幼苗，撤除覆盖后应及时遮阳。

3.3.3.3　容器播种

容器播种是将种子播于浅木箱、花盆、育苗钵、育苗块、育苗盘等容器中，尤其在花卉生产中对于数量较少的小粒种子多采用这种播种方式育苗。因容器的摆放位置可以随意挪动、容器上可以进行覆盖保湿等特点，所以可获得更高的发芽率和成苗率，减少种子损耗，且移植较易成活。

1. 播种容器

不同种类的育苗容器，形状各不相同。

（1）育苗钵 即在钵状容器中装填播种基质，也可直接将基质如泥炭、培养土等压制成钵状。如用聚氯乙烯或聚乙烯制成不同规格的杯状塑料钵，填入基质；或以泥炭为主要成分，再加入一些其他有机物，用制钵机压制成圆柱形的泥炭营养钵；或以纸或稻草为材料制成的纸钵、草钵等。

（2）育苗块 将基质压制成块状，外形一般为立方体或圆柱形，中间有小孔，用于播种或移入幼苗。无论何种基质，压制成的育苗块都要求松紧适度、不硬不散。如基菲 7 号育苗小块，是由草炭、纸浆、化肥加胶状物压缩成圆形的小块，外面包以有弹性的尼龙丝网状物。小块直径 4.5cm，厚 7mm，使用时喷水，便可膨胀而成高 5～6cm 的育苗块。

（3）育苗盘 又叫穴盘、播种盘、联体育苗钵。由聚苯乙烯泡沫或聚乙烯醇等材料制成，具有很多小孔（或称塞子）。小孔呈塞子状，上大下小，底部有排水孔。在小孔中盛装泥炭和蛭石等混合基质，用精量播种机或人工播种，一孔育一苗。长成的幼苗根系发达，移植时根系连同基质可一起脱出。定植后易成活，生长好，适于专业化、工厂化、商品化生产，成批出售。穴盘的规格大致有以下几种：72 穴盘（穴孔长×宽×高＝4cm×4cm×5.5cm，下同）、128 穴盘（3cm×3cm×4.5cm）、200 穴盘（2.3cm×2.3cm×3.5cm）、392 穴盘（1.5cm×1.5cm×2.5cm）等。也有为本木植物育苗设计的专用穴盘，主要是在普通穴盘的基础上，增加盘壁的厚度，增强抗老化性，使用寿命可达 10 年以上，如 96T、60T 等不同型号。

2. 播种基质

容器播种或栽培的园林植物生长在有限的容器里，与地栽植物相比，有许多不利因素。为了获得良好的效果，播种基质最好具有以下特点：第一，有良好的物理、化学性质，持水力强，通气性好；第二，质地均匀，质量轻，便于搬运，其体积在潮湿和干燥时要保持不变，干燥后过分收缩的不宜使用；第三，不含草籽、虫卵，不易传染病虫害，能经受蒸汽消毒而不变质；第四，最好能就地取材或价格低廉。

生产上通常用几种基质材料混合来满足容器播种用土的需要。这种改良后的土壤称为播种基质或人工培养土，通常用泥炭、蛭石、珍珠岩、细沙、陶粒、园土等搭配使用。不同植物种类、不同地区使用的基质配方也不尽相同。

3. 播种方法

因播种容器差异较大，下面仅重点介绍瓦盆与穴盘播种方法，其他容器播种可参照进行。

（1）瓦盆播种 选好瓦盆（新瓦盆用水浸泡过，旧瓦盆要浸泡清洗干净，最好消毒过），用破瓦片把排水孔盖上（留有适宜空隙），再放入约 1/3 盆深的干净瓦片、小石子、陶粒或木炭等（以利排水），然后填装基质，把多余的基质用木板在盆顶横刮除去，再用木板稍轻压严基质，使基质表面低于盆顶约 1～2cm。把种子均匀撒在基质上（或大粒种子以点播），然后用木板轻轻镇压使种子与基质紧密接触，根据种子大小决定是否需要再覆基质。浇水用喷细雾法或浸盆法。浸盆法就是双手持盆缓缓浸于水中，注意水面不要超过基质的高度，如此通过毛细管作用让基质和种子湿润，湿润之后就把盆从水中移出并排干多余的水，将盆置于庇荫处，盖上玻璃或塑料薄膜，以保持基质湿润。如果是嫌光性种子，覆盖物上需再盖上报纸。

（2）穴盘播种 播种量较少时可采用人工播种方法。将草炭、蛭石、珍珠岩按 1∶1∶1 比例混匀，填满育苗盘，稍加镇压，喷透水。播前10h左右处理种子，可用0.5%高锰酸钾浸泡20min，再放入温水中浸泡10h左右，取出播种，也可晾至表皮稍干燥后播种。一次处理的种子应尽量当天播完。播种时，可用筷子打孔，深约1cm，不能太深。播种完一盘后覆盖基质，然后喷透水，保持基质有适宜的湿度。专业穴盘种苗生产企业多采用精量播种生产线，完成从基质搅拌、消毒、装盘、压穴、播种、覆盖、镇压到喷水的全过程，实现商品化、工厂化生产。

3.3.3.4 设施播种

设施播种，特别是在现代化温室内进行播种，比露地播种有更多的优势，如能避免不良环境造成的危害、节省种子、控制并使种子发芽快速均匀整齐，幼苗生长健壮、减少病虫害的发生、使供应特殊季节和特殊用途的生产计划得以实现等。在花卉业发达国家，所有温室和室内植物都在设施内播种育苗，大规模的花卉生产就是以温室播种育苗生产为基础，而且机械化程度高。

设施播种的设施有温室、塑料大棚、温床、冷床等。在设施内可用苗床或各种容器进行播种及移植，播种的基质及播种方法与上述播种基本相同。

在可控温的温室内，可自如地控制种子发芽和幼苗生长对温度的需求，一年四季都可进行播种育苗。现代化温室中，种子发芽后，给予幼苗高温（约30℃）、强光（人工光照至少为2000lx）、每天至少16h的光照、人工提高空气中CO_2的浓度（2000ug/g）、60%以上的相对湿度，能够得到速生优质的苗。

3.4 播种苗的抚育管理

3.4.1 播种苗的年生长发育特点

播种苗从种子发芽到当年停止生长进入休眠期为止是其第一个生长周期。根据一年生播种苗各时期的特点，可将播种苗的第一个生长周期分为出苗期、幼苗期、速生期和苗木硬化期四个时期。

3.4.1.1 出苗期

1. 持续时间

从种子播种开始到长出真叶、出现侧根为出苗期。此期长短因树种、播种期、当年气候等情况而不同。春播者约需3～7周，夏播者约需1～2周，秋播则需几个月。

2. 生长特点

(1) 种子吸胀，种胚生长，幼根入土，幼芽逐渐出土。

(2) 地上生长很慢，而根部生长快。

(3) 营养来源主要是种子内贮藏的营养物质。

(4) 小苗嫩弱、根系分布浅、抗性弱。

3. 中心任务

促使种子迅速整齐萌发，提高种子的场圃发芽率，使出苗整齐、匀称、生长健壮

4. 育苗措施

创造良好的水分、温度、通气条件。选择适宜的播种期，做好种子催芽，提高播种技术，覆土厚度要适宜而均匀，注意保持土壤水分，防止土壤板结。夏季播种的杨树、榆树等需要5～7d，早春播种的树种出苗期为3～5周或5～8周。

3.4.1.2 幼苗期

1. 持续时间

从幼苗出土后能够利用自己的侧根吸收营养和利用真叶进行光合作用维持生长，到苗木开始加速生长为止的时期为幼苗期。一般情况下，春播约需5～7周，夏播约需3～5周。

2. 生长特点

开始出现真叶，地上部分开始进行光合作用，但生长缓慢，地下部分侧根生长，抗性差。

3. 中心任务

提高幼苗保存率，促进根系生长。

4. 育苗措施

该阶段影响苗木生长的环境因子主要有水分、光照、温度、养分和通气条件。育苗过程中可蹲苗、间苗或定苗，加强松土除草，适当灌水，适量施肥和进行必要的遮阴、除草和病虫害防治等工作。

3.4.1.3 速生期

1. 持续时间

从幼苗加速生长开始到生长速度下降为止的时期为速生期。大多数园林植物的速生期是从6月中旬开始到9月初结束，持续70～90d。

2. 生长特点

根系发达，枝叶较多，生长量最大。

3. 中心任务

促进幼苗迅速而健壮地生长。

4. 育苗措施

加强抚育管理，及时进行施肥、灌水、松土、除草等。但在速生阶段后期，应适停止施肥和灌水工作。此时的生长量占全年的80%。

3.4.1.4 苗木硬化期

1. 持续时间

从幼苗的速生阶段结束，到进入休眠落叶为止。此期一般持续1～2个月的时间。

2. 生长特点

幼苗生长缓慢，最后停止生长，进入休眠。

3. 中心任务

提高幼苗抗性，为越冬做好准备。

4. 育苗措施

硬化期管理上的主要任务是促使苗木木质化，防止徒长。必须停止一切促进幼苗生长的措施，控制幼苗生长，做好越冬前准备。

3.4.2 出苗前播种地的管理

播种后为给种子发芽和幼苗出土创造良好的条件，对播种地要进行精心管理，以提高种子发芽率。主要措施有覆盖保墒、灌溉、松土、除草等。

3.4.2.1 覆盖保墒

播种后为防止播种地表土干燥、板结，防止鸟害，对播种地要进行覆盖，特别是对于小粒种子更应该加以覆盖。

覆盖的材料应就地取材，以经济实惠、不给播种地带来杂草种子和病虫害为前提。另外覆盖物不宜太重，否则容易压坏幼苗。常用的覆盖材料有稻草、麦草、竹帘子、苔藓、锯末、腐殖土以及松树的枝条等。覆盖物的原度，要根据当地的气候条件、覆盖物的种类而定。如用草覆盖时，一般在地面盖上一层，以似见非见土为宜。撒种后应及时覆盖，在种子发芽、幼苗大部分出土后要分期分批地将草撤掉，同时配合适当的灌水，以保证苗床的水分。

3.4.2.2 灌溉

播种后由于气候条件的影响或因出苗时间较长，苗床仍会干燥，妨碍种子发芽，故在播种后出苗前，要适当地补充水分。

不同的树种，覆土厚度不同，灌水的方法和数量也不同。一般在土壤水分不足的地区、覆土厚度不到2cm，又不加任何覆盖物的播种地要进行灌溉。播种中、小粒种子，最好在播种前要浇足底水. 播种后在不影响种子发芽的情况下，尽量不灌水，以防降低土温和使土壤板结。如需灌水，应采用喷灌，防止种子被冲走或发生淤积的现象。

3.4.2.3 松土除草

在秋冬播种地的土壤变得坚实，对于秋冬播种的播种地在早春土壤刚化冻时，种子还未突破种皮时要进行松土，但不宜过深，这样可减少水分的蒸发，减轻幼苗出土时的机械障碍，使种子有良好的通气条件，有利于出苗。另外，当因灌溉而使土壤板结，妨碍幼苗出土时，也应进行松土。

有些树木种子发芽迟缓，在种子发芽前滋生出许多杂草，为避免杂草与幼苗争夺水分、养分，应及时除杂草。一般除草与松土结合进行，松土除草宜浅，以免影响种子萌发。

3.4.3 苗期管理

为了给苗木生长发育提供良好的栽培环境，使苗木生长健壮，及早达到苗木规格，促使苗木提前出圃和提高出圃率，必须对苗期实行科学有效的管理。

3.4.3.1 遮阴和降温保墒

遮阴可使苗木不受阳光直射，可降低地表温度，防止幼苗遭受日灼危害，保持适宜的土壤温度，减少土壤和幼苗的水分蒸发，同时起到了降温保墒的作用。一般树种在幼苗期都不同程度的喜欢庇荫环境，特别是喜阴树种，如红松、白皮松、云杉等松柏类及小叶女贞、椴树、含笑、天女花等阔叶树种都需要遮阴，防止幼苗灼伤。遮阴的方法一般可用苇帘、竹帘设活动阴棚，帘子的透光度依当地的条件和树种的不同而异，一般透光度以 50%～80%较宜。阴棚一般高 40～50cm，每日 9：00～17：00 放帘遮阴，其他早晚弱光时间或阴天可把帘子卷起。除此之外亦可采用插荫枝或间种等办法进行遮阴。

3.4.3.2 间苗和补苗

间苗是为了调整幼苗的疏密度，使苗木之间保持一定的间隔距离，保持一定的营养面积、空间位置和光照范围，使根系均衡发展，苗木生长整齐健壮。

间苗次数应依苗木的生长速度确定，一般间苗 1～2 次即可。速生树种或出苗较稀的树种，可行一次间苗，即为定苗。一般在幼苗高度达 10cm 左右进行间苗。对生长速度中等或慢长树种、出苗较密的，可行两次间苗。第一次间苗在幼苗高达 5cm 左右时进行，当苗高达 10m 左右时再进行第二次间苗，即为定苗。间苗的数量应按单位面积的产苗量的指标进行留苗，其留苗数可比计划产苗量增加 5%～15%作为损耗系数，以保证产苗计划的完成。但留苗数不宜过多，以免降低苗木质量。间苗时，应间除有病虫害的、发育不正常的、弱小的劣苗以及过密苗。

补苗工作是补救缺苗断垄的一项措施，是弥补产苗数量不足的方法之一。补苗时期越早越好，以减少对根系的损坏。早补不但成活率高，且后期生长与原来苗无显著差别。

3.4.3.3 截根和移栽

一般在幼苗长出 4～5 片真叶、苗根尚未木质化时进行截根。截根深度在 5～15cm 为宜。可用锐利的铁铲、斜刃铁或弓将主根截断。截根目的是控制主根的生长，促进苗木的侧根、须根生长，加速苗木的生长，提高苗木质量，同时也提高移植后的成活率。截根适用于主根发达、侧根发育不良的树种，如核桃、橡栎类、梧桐、樟树等树种。

结合间苗进行幼苗移栽，可提高种子的利用率，对珍贵或小粒种子的树种，可进行苗床或室内盆播等，待幼苗长出 2～3 片真叶后，再按一定的株行距进行移植。移栽的同时也起到了截根的效果，促进了侧根的发育，提高苗木质量。幼苗移栽后应及时进行灌水和给以适当遮阴。

3.4.3.4 中耕除草

中耕即为松土，作用在于疏松表土层，减少水分蒸发，增加土壤保水蓄水能力，促进土壤空气流通，加速微生物的活动和根系的生长发育。中耕除草在苗木抚育工作中占有相当重要的地位，它可以减少土壤中水分、养分的消耗，减轻病虫害的感染，加速苗木生长，提高苗木质量。中耕和除草两者相结合进行，但意义不同，操作上也有差异。一般除草较浅，以能铲除杂草、切断草根为度；中耕则在幼苗初期浅些，以后可逐渐增加达 10cm 左右。在干旱或盐碱地，雨后或灌水后，都应进行中耕，以保墒和防止返碱。

3.4.3.5 灌水与排水

灌水和排水就是调节土壤湿度，使之满足不同树种在不同生长时期对土壤水分的要求。

出土后的幼苗组织嫩弱，对水分要求严格，略有缺水即易发生萎蔫现象，水大又会发生烂根涝害，因此幼苗期间灌水工作是一项重要的技术措施。灌水量及灌水次数，应根据不同树种的特性、土质类型、气候季节及生长时期等具体情况来确定。一些常绿针叶树种，性喜干，不耐湿，灌水量应小；也有些阔叶落叶树种，水量过大易生黄化现象，如山楂、海棠、玫瑰及刺槐等。沙质土比黏质土灌水量要大，次数要多；春季多风季节，气候干旱，比夏季灌水量要大，次数要多。

幼苗在不同的生长时期对水的需求量也不同。生长初期，幼苗小、根系短、伸入土层浅，需水量不大，只要经常保持土壤上层湿润，就能满足幼苗对水分的需要，因此灌水量宜小但次数应多。速生期，苗木的茎叶急剧增长，茎中的蒸腾量大，对水量的吸收量也大，故灌水量应大，次数应增多。生长后期，苗木生长缓慢即将进入停止生长期，正是充实组织、枝干木质化、增加抗寒能力阶段，应抑制其生长，要减少灌水，控制水分，防止徒长。

灌水方法目前多采用地沟灌水。床灌时要注意防止冲刷，以免将幼苗淤入土中或将根部冲出土面。灌水时进水量要小，水流要缓；高垄灌水让水流入垄沟内，浸透垄背，不要使水面淹没垄面，防止土面板结。有条件的地区可采用喷灌，喷出的水点要细小，防止将幼苗砸倒、根系冲出土面，或将泥土溅起，污染叶面，妨碍光合作用的进行，致使苗木窒息枯死。

3.4.3.6 施肥

肥料的种类很多，可分为有机肥和无机肥两大类。有机肥有人粪尿、堆肥、绿肥以及饼肥、泥炭、河泥、垃圾废弃物等，一般含有多种营养元素，如氮、磷、钾等，故称完全肥料。无机肥料包括各种化肥、颗粒肥料、草木灰、骨粉、石灰以及微量元素（铁、硼、锰、镁等），一般成分单纯、含量高、肥效快，又称矿质肥料。另外一些细菌和真菌在土壤中活动或共生，能改善植物的营养条件，供给植物所需的营养元素，刺激植物生长，与其他肥料具有同样的效能，称为细菌肥料，如根瘤剂、固氮菌剂、磷化菌剂等。

施肥的时间分基肥和追肥两种。基肥多随耕地时施用，以有机肥为主，适当配合施用不易被土壤固定的矿质肥料，如硫酸铵、氯化钾等。也可在播种时施用基肥，称种肥。种肥常施用腐熟的有机物或颗粒肥料，撒入播种沟中或与种子混合随播种时一并施入，苗木在生长初期对磷敏感，用颗粒磷肥做种肥最为适宜。施用追肥的方法有土壤追肥和根外追肥两种，根外追肥是利用植物的叶片能吸收营养元素的特点，而采用液肥喷雾的施肥方法，对需要量不大的微量元素和部分化肥做根外追肥其效果较好，既可减少肥料流失又收效迅速。在根外追肥时，应注意选择适当的浓度，一般微量元素浓度为 0.1%～0.2%；化肥为 0.2%～0.5%。

在容器播种育苗中，幼苗长出真叶后就要进行施肥。如果容器基质本身就已混合肥土（称为肥土混合基质），一般只需要补充氮、磷、钾为主的大量元素。目前国外普遍使用非肥土混合基质，其本身含营养元素很少甚至没有，所以更有利于施肥的控制。施肥的模式通常是先混入些基肥（氮磷钾为主，钙和镁通过施石灰石粉提供），在以后的生长发育过程中间隔一定时间用一定比例的三要素及微量元素进行补充。通常在使用滴灌时供应施入。

3.4.3.7 病虫害防治

幼苗病虫害防治应遵循“防重于治，治早治小”的原则。认真做好种子、土壤、肥料、工具和覆盖物的消毒，加强苗木田间养护管理，清除杂草、杂物，认真观察幼苗生长，一旦发现病虫害，应立即治疗，以防蔓延。

1. 栽培技术上的预防

(1) 实行秋耕和轮作；选择适宜的播种时期，适当早播，提高苗木抵抗力；做好播种前的种子处理工作。

(2) 合理施肥，精心培育，使苗木生长健壮，增强对病虫害的抵御能力。施用腐熟的有机肥，以防病虫害及杂草的孳生。

(3) 在播种前，用甲醛等对土壤进行必要的消毒处理。

2. 药剂防治和综合防治

苗木的病害常见的有猝倒病、立枯病、锈病、褐斑病、白粉病、腐烂病、枯萎病等。虫害主要有根部害虫、茎部害虫、叶部害虫等。发现病虫害后要注意及时进行药物防治。

3. 生物防治

保护和利用捕食性、寄生性昆虫和寄生菌来防治害虫，可以达到以虫治虫、以菌治病的效果，如用大红瓢虫可有效地消灭苗木中的吹绵介壳虫。

3.4.3.8 防寒防冻

苗木的组织幼嫩，尤其是秋梢部分，入冬时不能完全木质化，抗寒力低，且易受冻害；早春幼苗出土或萌芽时，也最易受晚霜的危害，要注意苗木的防冻。

1. 增加苗木的抗寒能力

适时早播，延长苗木生长期，促使苗木生长健壮；在生长后期多施磷、钾肥；减少灌水，促使苗木及时停长，枝条充分木质化，提高组织抗寒能力。

2. 预防霜冻，保护苗木越冬

冬季用稻草或落叶等把幼苗全部覆盖起来，次春撤除覆盖物。入冬前将苗木灌足冻水，增加土壤湿度，保护土壤温度。注意灌冻水不宜过早，一般在土壤封冻前进行，灌水量也要大。

另外，可结合翌春移植，将苗木在入冬前掘出，按不同规格分级埋入假植沟或在地窖中假植，可有效防止冻害。

3.4.3.9 轮作换茬

在同一块圃地上，用不同的树种，或用苗木与农作物、绿草等按照一定的顺序和区划进行轮换种植的方法称为轮作，又称换茬，或保持一定时间的休耕。轮作可以充分利用土壤的养分，增加土壤中的有机质，加速土壤熟化，提高土壤肥力，同时有利于消除杂草和病虫害的中间寄主，有利于控制病虫害的孳生蔓延。所以，在制定育苗计划时，应尽可能合理调换各树种的育苗区，有条件的亦可轮作一些绿草或种植豆科作物，有利于提高圃地的土壤肥力。

思考题

1. 常用的播种方法有哪几种？各适用于哪类种子？
2. 种子在播种前应怎样消毒？
3. 常用种子催芽法有哪些？简述每种方法适宜的树种和具体做法。
4. 确定播种量的原则是什么？
5. 播种季节有哪些？适宜的树种和优缺点分别是什么？

6. 一年生播种苗可分为哪几个生长周期？各期有何生长特点？要掌握哪些育苗技术要点？

7. 在苗期对苗木怎样进行抚育管理？

4 园林苗木营养繁殖

【学习重点】

了解营养繁殖的特点和各种营养繁殖方法的原理；熟练掌握营养繁殖的主要方法，并能够应用这些方法进行园林苗木的培育。

营养繁殖是利用植物的营养器官如根、茎、叶、芽等，在适宜的条件下，培养成一个独立植株的育苗方法，又称无性繁殖。用营养繁殖方法培育出来的苗木称为营养繁殖苗或无性繁殖苗。

营养繁殖法是繁育园林苗木的重要方法，与播种繁殖相比，营养繁殖具有以下几方面的优点：

(1) 能够保持母本的优良性状　营养繁殖不是通过两性细胞的结合，而是由分生组织直接分裂的体细胞所产生，因此其亲本的全部遗传信息可得以再现，从而保持原有母本的优良性状和固有的表现型特征，达到保存和繁殖优良品种的目的。

(2) 提早开花结实　营养繁殖获得的新植株，是在母本原有发育阶段的基础上的延续，所以能提早开花结实。

(3) 解决种子困难问题　有些园林植物种类或品种不结实或结实少或不产生有效种子，如重瓣花、无核果、多年不开花以及雌雄异株植物等可通过营养繁殖进行育苗。

(4) 用于某些园林植物的特殊造型　一些特殊造型的园林植物，如树(形)月季、龙爪槐等则需通过嫁接的方法来繁殖和制作。此外，园林中古树名木的复壮，也需通过嫁接来恢复其生长势。

(5) 繁殖速度快　尤其是组培育苗获得成功以后，繁殖系数得到了极大的提高。当然，由于分株和压条还停留在手工操作阶段，所以繁殖系数低下。

(6) 方法简便、经济　由于有些园林植物的种子有深休眠，用种子繁殖首先要解除种子休眠，相对比较烦琐困难，采用营养繁殖则较容易且经济。

营养繁殖也有其不足之处，如营养繁殖苗的根系没有明显的主根，不如实生苗的根系发达(嫁接苗除外)，抗性较差，而且寿命较短。对于一些树种，多代重复营养繁殖后易引起退化，致使苗木生长衰弱，如杉木。

常用的营养繁殖方法有扦插、嫁接、分株、压条等。

4.1 扦插繁殖

扦插繁殖是利用离体的植物营养器官如根、茎(枝)、叶的一部分,在一定的条件下插入基质中,促进生根,长成新植株的一种繁殖方法。经过剪截用于扦插的部分叫插穗,用扦插繁殖所得的苗木称为扦插苗。

4.1.1 插条的生根类型

植物插穗的生根,由于没有固定的着生位置,所以称为不定根。扦插成活的关键是不定根的形成,而不定根发源于一些分生组织的细胞群中,这些分生组织的发源部位有很大差异,随植物种类而异。根据不定根形成的部位可分为两种类型:一种是皮部生根型,即以皮部生根为主,从插条周身皮部的皮孔,节(芽)等处发出很多不定根。另一种是愈伤组织生根型,即以愈伤组织生根为主,从基部愈伤组织(或愈合组织),或从愈伤组织相邻近的茎节上发出很多不定根。这两种生根类型,其生根机理是不同的,从而在生根难易程度上也不相同。但也有许多树种的生根是处于中间状况,皮部和愈伤组织均能生根,即综合生根类型,如钻天杨、葡萄、夹竹桃、金边女贞、旱柳、石楠等。

此外,插条成活后,由上部第一个芽(或第二个芽)萌发而长成新茎,当新茎基部被基质掩埋后,往往能长出不定根,这种根称为新茎根。如杨、柳、悬铃木、结香、花石榴等可促进新茎生根,以增加根系数量,提高苗木的产量和质量。

4.1.2 扦插生根的生理基础

在研究扦插生根的理论方面,有许多学者做了大量工作,从不同的角度提出了很多见解,并以此用来指导扦插实践,取得了一定的效果。

4.1.2.1 生长素观点

这种观点认为植物扦插生根、愈合组织的形成都是受生长素控制和调节的,细胞分裂素和脱落酸也有一定的关系。枝条本身所合成的生长素可以促进根系的形成,其主要是在枝条幼嫩的芽和叶上合成,然后向基部运行,参与根系的形成。在生长素中,已经发现的有生长素 a、生长素 b 和吲哚乙酸(IAA)。目前,生产上使用的人工合成的生长素有吲哚丁酸(IBA)、吲哚乙酸(IAA)、萘乙酸(NAA)、萘乙酰胺(NAD)及广谱生根剂 ABT 和 HL-43 等。用这些生长素处理插穗基部后提高了生根率,缩短了生根时间。

4.1.2.2 生长抑制剂观点

生长抑制剂是植物体内一种对生根有妨碍作用的物质。很多研究证实,生命周期中老龄树抑制物质含量高,而在树木年生长周期中休眠期含量最高,硬枝扦插靠近梢部的插穗又比基部的插穗抑制物含量高。因此,生产实际中,我们可采取相应的措施,如流水洗脱、低温处理、黑暗处理等,消除或减少抑制剂,以利于生根。

4.1.2.3 营养物质观点

插条的成活与其体内养分，尤其碳素和氮素的含量及其相对比例有一定的关系。一般说C/N比高，对插条不定根的诱导较有利。实践证明，对插条补充碳水化合物和氮，可促进生根。一般在插穗下切口处用糖液浸泡或在插穗上喷洒氮素如尿素，能提高生根率。但外源补充碳水化合物，易引起切口腐烂。

4.1.2.4 植物发育观点

由于年代学、个体发育学和生理学三种衰老的影响，植物插条生根的能力也随着母树年龄的增长而减弱。根据这一特点，对于一些稀有、珍贵树种或难繁殖的树种，为使其在生理上“返老还童”可采取以下有效途径：

(1) 绿篱化采穗　即将准备采条的母树进行强剪，不使其向上生长，而萌发许多新生枝条。

(2) 连续扦插繁殖　连续扦插2～3次，新枝生根能力急剧增加，生根率可提高40%～50%。

(3) 用幼龄砧木连续嫁接繁殖　即把采自老龄母树上的接穗嫁接到幼龄砧木上，反复连续嫁接2～3次，使其“返老还童”，再采其枝条或针叶束进行扦插。

(4) 用基部萌芽条作插穗　即将老龄树干锯断，使幼年(童)区产生新的萌芽枝用于扦插。

4.1.3 影响插条生根的因素

4.1.3.1 影响插条生根的内在因子

1. 植物的生物学特性

不同植物其生物学特性不同，扦插成活的情况也不同，有难有易，即使是同一植物的不同品种，扦插生根的情况也有差异。根据插条生根的难易程度可分为：

(1) 易生根的树种　如柳树、青杨派、黑杨派、水杉、池杉、杉木、柳杉、小叶黄杨、紫穗槐、连翘、月季、迎春、金银花、常春藤、卫矛、南天竹、红叶小檗、黄杨、金银木、葡萄、无花果、石榴等。

(2) 较易生根的树种　如侧柏、扁柏、罗汉柏、罗汉松、刺槐、国槐、茶、茶花、樱桃、野蔷薇、杜鹃、珍珠梅、水蜡树、白蜡、悬铃木、五加、接骨木、女贞、刺楸、慈竹、夹竹桃、猕猴桃等。

(3) 较难生根的树种　如金钱松、圆柏、日本五针松、梧桐、苦楝、臭椿、君迁子、米兰、秋海棠、枣树等。

(4) 极难生根的树种　如黑松、马尾松、赤松、樟树、板栗、核桃、栎树、鹅掌楸、柿树、榆、槭树、广玉兰等。

在扦插育苗时，要注意参考已证实的资料。没有资料的品种，要进行试插，以免走弯路。如一般认为扦插很困难的赤松、黑松等，通过萌芽条的培育和激素处理，在全光照自动喷雾扦插育苗技术条件下，生根率能达到80%以上。

2. 插穗的年龄

(1) 母树年龄　插穗的生根能力是随着母树年龄的增长而降低的,在一般情况下母树年龄越大,植物插穗生根就越困难,而母树年龄越小则生根越容易。所以,在选条时应从年幼的母树上采,特别是对难以生根的树种,应选用1～2年生实生苗上的枝条,扦插效果最好。如湖北省潜江林业研究所对水杉不同母树年龄一年生枝条的扦插试验,其插穗生根率为:1年生92%,2年生66%,3年生61%,4年生42%,5年生34%,母树年龄增大,插穗生根率降低。

(2) 插穗年龄　插穗年龄对生根的影响显著,一般以当年生枝的再生能力最强,这是因为嫩枝插穗内源生长素含量高,细胞分生能力旺盛,促进了不定根的形成。一年生枝的再生能力也较强,但具体年龄也因树种而异。例如,杨树类1年生枝条成活率高,2年生枝条成活率低,即使成活,苗木的生长也较差。水杉和柳杉1年生的枝条较好,基部也可稍带一段2年生枝段;而罗汉柏带2～3年生的枝段生根率高。

3. 枝条的着生部位及发育状况

有些树种树冠上的枝条生根率低,而树根和干基部萌生枝的生根率高。因为母树根颈部位的一年生萌蘖条其发育阶段最年幼,再生能力强,又因萌蘖条生长的部位靠近根系,得到了较多的营养物质,具有较高的可塑性,扦插后易于成活。干基萌发枝生根率虽高,但来源少。所以,做插穗的枝条用采穗圃母树上的枝条比较理想,如无采穗圃,可用插条苗,留根苗和插根苗的苗干,其中以后两者更好。

针叶树母树主干上的枝条生根力强,侧枝尤其是多次分枝的侧枝生根力弱,若从树冠上采条,则从树冠下部光照较弱的部位采条较好。在生产实践中,有些树种带一部分2年生枝,即采用踵状扦插法或带马蹄扦插法常可以提高成活率。

4. 枝条的不同部位

同一枝条的不同部位根原基数量和贮存营养物质的数量不同,其插穗生根率,成活率和苗木生长量都有明显的差异。但具体哪一部位好,还要考虑植物的生根类型、枝条的成熟度等。一般来说,常绿树种中上部枝条较好。这主要是中上部枝条生长健壮,代谢旺盛,营养充足,且中上部新生枝光合作用也强,对生根有利。落叶树种硬枝扦插中下部枝条较好。因中下部枝条发育充实,贮藏养分多,为生根提供了有利因素。若落叶树种嫩枝扦插,则中上部枝条较好。由于幼嫩枝条的中上部内源生长素含量最高,而且细胞分生能力旺盛,对生根有利,如毛白杨嫩枝扦插,梢部最好。

5. 插穗的粗细与长短

插穗的粗细与长短对于成活率,苗木生长有一定的影响。对于绝大多数树种来讲,长插条根原基数量多,贮藏的营养多,有利于插条生根。插穗长短的确定要以树种生根快慢和土壤水分条件为依据,一般落叶树硬枝插穗10～25cm;常绿树种10～35cm。随着扦插技术的提高,扦插逐渐向短插穗方向发展,有的甚至一芽一叶扦插,如茶树、葡萄采用3～5cm的短枝扦插,效果很好。

对不同粗细的插穗而言,粗插穗所含的营养物质多,对生根有利。插穗的适宜粗细因树种而异,多数针叶树种直径为0.3～1cm;阔叶树种直径为0.5～2cm。

在生产实践中,根据需要和可能,采用适当长度和粗细的插穗,合理利用枝条,应掌握粗枝短截,细枝长留的原则。

6. 插穗的叶和芽

插穗上的芽是形成茎、干的基础。芽和叶能供给插穗生根所必需的营养物质和生长激素、维生素等，对生根有利。尤其对嫩枝扦插及针叶树种，常绿树种的扦插更为重要。一般留叶2～4片，若有喷雾装置，定时保湿，则可留较多的叶片，以便加速生根。

另外，从母树上采集的枝条或插穗，对干燥和病菌感染的抵抗能力显著减弱，因此，在进行扦插繁殖时，一定要注意保持插穗自身的水分。生产上，可用水浸泡插穗下端，不仅增加了插穗的水分，还能减少抑制生根物质。

4.1.3.2 影响插条生根的外界因子

1. 温度

插穗生根的适宜温度因树种而异。多数树种生根的最适温度为15～25℃，以20℃最适宜。然而很多树种都有其生根的最低温度，如杨、柳在7℃左右即开始生根。一般规律为发芽早的如杨、柳要求温度较低；发芽萌动晚的及常绿树种如桂花、栀子、珊瑚树等要求温度较高。

不同树种插穗生根对土壤的温度要求也不同，一般土温高于气温3～5℃时，有利于不定根的形成而不适于芽的萌动，养分集中供应不定根形成，之后芽再萌发生长。因此，在生产实践上，应依树种对温度要求的不同，选择最适合的扦插时间，以提高育苗的成活率。当插床温度不足时，可采用温床扦插。

温度对嫩枝扦插更为重要，30℃以下有利于枝条内部生根促进物质的利用，因此对生根有利。但温度高于30℃，会导致扦插失败。一般可采取喷雾方法降低插穗的温度。

2. 湿度

在插穗生根过程中，空气的相对湿度，扦插基质湿度以及插穗本身的含水量是扦插成活的关键，尤其是嫩枝扦插，应特别注意保持合适的湿度。

(1) 空气的相对湿度　空气的相对湿度对难生根的针、阔叶树种的影响很大。插穗所需的空气相对湿度一般为90%左右。硬枝扦插可稍低一些，但嫩枝扦插空气的相对湿度一定要控制在90%以上。生产上可采用喷水、间隔控制喷雾等方法提高空气的相对湿度，使插穗易于生根。

(2) 扦插基质湿度　插穗最容易失去水分平衡，因此要求插壤有适宜的水分。插壤湿度取决于扦插基质、扦插材料及管理技术水平等。据毛白杨扦插试验，插壤中的含水量一般以20%～25%为宜。含水量低于20%时，插条生根和成活都受到影响。插穗在完全生根后，应逐步减少水分供应，以抑制插条地上部分的旺盛生长，增加新生枝的木质化程度，更好地适应移植后的田间环境。

3. 通气条件

氧气对扦插生根也有很大影响，插穗往往对空气湿度要求高，但其土壤水分却不能过大。浇水过多，不仅会降低土温，而且使土壤通气不良，因缺氧而影响生根。不同树种对于氧气的需求量也不同。如杨、柳对氧气的需要就较少，因此扦插时深度达60cm仍能生根；而蔷薇、常春藤则要求较多的氧气，扦插过深、通气不良则影响生根或不生根。

土壤中的水分和氧气条件，常常是矛盾的，为解决此问题，则要选择结构疏松、通气良好、能保持稳定的湿度面又不积水的砂质壤土等做扦插基质为最好。

4. 光照

充足的光照能促进插穗生根，对常绿树及嫩枝扦插是不可缺少的。但强烈的光照又会使插穗干燥或灼伤，降低成活率。在实际工作中，可采取喷水降温或适当遮阴等措施来维持插穗水分平衡。夏季扦插时，最好的方法是应用全光照自动间歇喷雾法，既保证了供水又不影响光照。

5. 扦插基质

不论使用什么样的基质，只要能满足插穗对基质水分和通气条件的要求，都有利于生根。目前所用的扦插基质有以下三种状态：

(1) 固态　常用的有河沙、蛭石、珍珠岩、炉渣、泥炭土、炭化稻壳、花生壳、苔藓、泡沫塑料等。这些基质的通气、排水性能良好。但反复使用后，颗粒往往破碎，粉末成分增加，故要定时更换新基质。

(2) 液态　把插穗插于水或营养液中使其生根成活，称为液插。液插常用于易生根的树种。由于营养液作基质，插穗易腐烂，一般情况应慎用。

(3) 气态　把空气造成水汽迷雾状态，将插穗吊于雾中使其生根成活，称为雾插或气插。雾插只要控制好温度和空气相对湿度就能充分利用空间，插穗生根快，缩短育苗周期。

基质的选择应根据树种的要求，选择最适基质。在露地进行扦插时，实际上是不可能大面积更换扦插土，故通常选择排水良好的砂质壤土。

4.1.4 促进插穗生根的方法

1. 机械处理

常用环状剥皮、刻伤或缢伤等方法。在生长后期剪取枝条之前刻伤、环割枝条基部或用麻绳等捆扎，以截断养分向下运输的通路。待枝条受伤处膨大后，在休眠期将枝条从基部剪下进行扦插。由于养分集中贮藏有利生根，不仅提高成活率，而且有利于苗木的生长。

2. 物理处理

可用软化法、加温法、干燥法、高温静电等物理方法进行处理，促进生根。常用的方法为软化法和加温法。

(1) 软化法　亦称黄化处理或变白处理。在进行插条剪取前，用黑布或泥土等封裹枝条，遮断阳光照射，使枝条内所含的营养物质发生变化，经三周后剪下扦插，易于生根。这种方法适用于含有色素、油脂、樟脑、松脂等的树种。

(2) 加温法　加温常用两种方法，一是增加插床的底温，二是温水浸烫枝条。

硬枝扦插多在早春进行，这时气温升高较快，芽较易萌发抽枝，消耗插条中贮藏的养分，同时增加了插条的蒸腾作用，但这时地温仍较低，没能达到生根的适宜温度，因而造成插条的死亡或降低成活率，可采用电热丝来增加土壤温度或用热水管道来提高底温，以促进扦插成活。

温水浸烫法(温汤法)是将扦插条的下端在适当温度的温水中浸泡后再行扦插，也能促进生根。有些裸子植物如松、云杉等，因枝条中含有松脂，常妨碍切口愈合组织的形成且抑制生根。为了消除松脂，可用温水处理插条 2h 后进行扦插。

3. 药剂处理

(1) 生长激素处理　常用的生长素有萘乙酸(NAA)、吲哚乙酸(IAA)、吲哚丁酸(IBA)、

2,4-D 等。低浓度(如 50～200mg/L)溶液浸泡插穗下端 6～24h,高浓度(如 500～10000 mg/L)可进行快速处理(几秒钟到 1min);也可将溶解的生长素与滑石粉或木炭粉混合均匀,阴干后制成粉剂,用湿插穗下端蘸粉扦插;或将粉剂加水稀释成为糊剂,用插穗下端浸蘸;或做成泥状,包埋插穗下端。处理时间与溶液的浓度随树种和插条种类的不同而异。一般生根较难的浓度要高些,生根较易的浓度可低些;硬枝浓度高些,嫩枝浓度低些。

(2) 生根促进剂处理　目前使用较为广泛的有中国林科院林研所王涛研制的"ABT 生根粉"系列;华中农业大学林学系研制的广谱性"植物生根剂 HL-43";山西农业大学林学系研制并获国家科技发明奖的"根宝";昆明市园林所等研制的"3A 系列促根粉"等。它们均能提高多种树木,如银杏、桂花、板栗、红枫、樱花、梅、落叶松等的生根率,其生根率可达 90%以上,且根系发达,须根数量增多。

4. 其他处理

有些植物可用营养物质处理。如松柏类的可用糖类处理,将插条下端用 4%～5%的蔗糖溶液浸 24h 后扦插,效果良好。可用的营养物质还有葡萄糖、果糖、尿素等。

4.1.5　扦插时期和插条的选择及剪截

4.1.5.1　扦插时期

植物扦插繁殖一年四季皆可进行,适宜的扦插时期因植物的种类和特性、扦插的方法而不同。

1. 春季扦插

春插是利用前一年生休眠枝直接进行或经冬季低温贮藏后进行扦插,又称硬枝扦插。春季扦插生产上采用的方法有大田露地扦插和塑料小棚保护地扦插,适宜大多数植物。

2. 夏季扦插

夏插是利用当年旺盛生长的嫩枝或半木质化枝条进行扦插,又称嫩枝扦插。一般针叶树采用半木质化的枝条,阔叶树采用高生长旺盛时期的嫩枝。但夏季由于气温高、枝条幼嫩,易引起枝条蒸腾失水而枯死。所以,夏插育苗的技术关键是提高空气的相对湿度,减少插穗叶面蒸腾强度,提高离体枝叶的存活率。夏季扦插常用的方法有阴棚下塑料小棚扦插和全光照自动间歇喷雾扦插。

3. 秋季扦插

秋插是利用发育充实、营养物质丰富、生长已停止但未进入休眠期的枝条进行扦插。其枝条内抑制物质含量未达到最高峰,可促进愈伤组织提早形成,有利于生根。秋插宜早,以利物质转化完全,安全越冬。秋插技术的关键是采取措施提高地温,常用塑料小棚保护地扦插育苗,北方还可采用阳畦扦插育苗。

4. 冬季扦插

冬插是利用打破休眠的休眠枝进行温床扦插。北方应在塑料棚或温室的温床上进行,南方则可直接在苗圃地扦插。

不同的地区对于不同的树种可选择不同的时期。落叶树的扦插,春、秋两季均可进行,但以春季为多。南方常绿树种的扦插,多在梅雨季节进行。此时雨水多,湿度较高,插条易于成活。

4.1.5.2 插条的选择及剪截

插条因采取的时期不同而分成休眠期与生长期两种，前者为硬枝插条，后者为软(嫩)枝插条。

1. 硬枝插条的选择及剪截

(1) 插条的剪取时间　插条中贮藏的养分，是硬枝扦插生根发枝的主要能量来源。剪取的时间不同，插条贮藏的养分也不同。应选择枝条贮藏养分最多的时期剪取，即落叶树种在秋季落叶后或开始落叶时至翌春发芽前剪取。

(2) 插条的选择　依扦插成活的原理，选用优良幼龄母树上发育充实、已充分木质化的1～2年生枝条或萌生条；选择健壮、无病虫害且含营养物质多的枝条。

(3) 枝条的贮藏　采条后如不立即扦插，需将插条贮藏起来待来春扦插，其方法有露地埋藏和室内贮藏两种。露地埋条是选择高燥、排水良好而又背风向阳的地方挖沟，沟深一般为50～60cm，将枝条每50～100根捆成捆，立于沟底，用湿砂埋好，中间竖立草把，以利通气。每月检查1～2次以保持适合的温湿度条件，保证安全过冬。室内贮藏是将枝条埋于湿沙中，要注意室内的通气透风和保持适当温度，堆积层数不宜过高，以2～3层为宜，过高则会造成高温，引起枝条腐烂。在园林实践中，还可结合整形修剪时切除的枝条选优贮藏待用。

(4) 插条的剪截　一般长穗插条15～20cm，保证插穗上有2～3个发育充实的芽，单芽插穗长3～5cm。剪切时上切口距顶芽1cm左右，下切口的位置依植物种类而异，一般在节附近薄壁细胞多，细胞分裂快，营养丰富，易于形成愈伤组织和生根，故插穗下切口宜紧靠节下。下切口有平切、斜切、双面切、踵状切等几种切法。一般平切口生根呈环状均匀分布，便于机械化截条。斜切口与插穗基质的接触面积大，可形成面积较大的愈伤组织，利于吸收水分和养分，提高成活率，但根多生于斜口的一端，易形成偏根，同时剪穗也较费工。双面切与插壤的接触面积更大，在生根较难的植物上应用较多。踵状切口，一般是在插穗下端带2～3年生枝段时采用，常用于针叶树。

2. 嫩枝插条的选择及剪截

(1) 嫩枝插条的剪取时间　嫩枝扦插是随采随插。以生长健壮的幼年母树上开始木质化的嫩枝为最好，内含充分的营养物质，生活力强，容易愈合生根。嫩枝采条应在清晨日出以前或在阴雨天进行。

(2) 嫩枝插条的选择　一般针叶树如松、柏、桧等，扦插以夏末剪取中上部半木质化的枝条较好。阔叶树嫩枝扦插，一般在高生长最旺盛期剪取幼嫩的枝条进行扦插；大叶植物，当叶未展开成大叶时采条为宜。采条后及时喷水，注意保湿。

(3) 嫩枝插条的剪截　枝条采回后，在荫凉背风处进行剪截。一般插条长10～15cm，带2～3个芽，插条上保留叶片的数量可根据植物种类与扦插方法而定。下切口剪成平口或小斜口，以减少切口腐烂。

4.1.6 扦插的种类及方法

在植物扦插繁殖中，根据使用繁殖的材料不同，可分为枝插、根插、叶插、芽插、果实插等。

4.1.6.1 枝插

枝插是园林树木中使用最多的扦插方法，根据枝条的成熟度与扦插季节，又分为休眠枝扦插与生长枝扦插。

1. 休眠枝扦插

休眠枝扦插是利用已经休眠的枝条作插穗进行扦插。由于休眠枝条已木质化，又称为硬枝扦插，见图 4-1。休眠枝扦插通常分为长穗插和单芽插两种。长穗插是用 2 个以上的芽进行扦插；单芽插是用 1 个芽的枝段进行扦插，由于枝条较短，又称为短穗插。

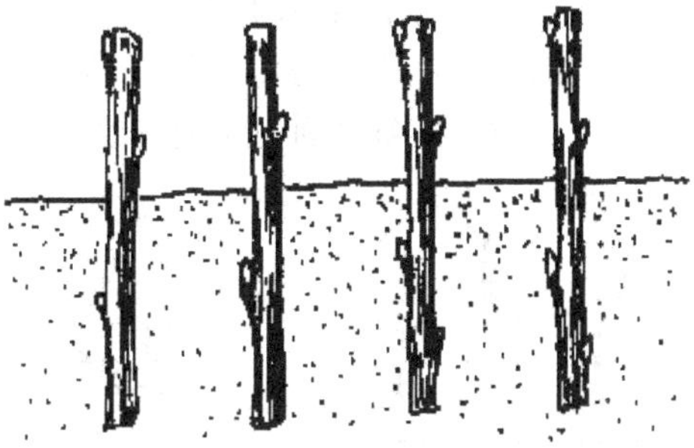
图 4-1 硬枝扦插

(1) 长穗插

① 普通插：是木本植物扦插繁殖中应用最多的一种，大多数树种都可采用这种方法。既可采用插床扦插，也可大田扦插。一般插穗长度 10～20cm，插穗上保留 2～3 个芽，将插穗插入土中或基质中，插入深度为插穗长度的 2/3。凡插穗较短的宜直插，既避免斜插造成偏根，又便于起苗。

② 踵形插：插穗基部带有一部分二年生枝条，形同踵足，这种插穗下部养分集中，容易发根，但浪费枝条，即每个枝条只能取一个插穗，适用于松、柏类、桂花等难成活的树种。

③ 槌形插：是踵形插的一种，基部所带的老枝条部分较踵形插多，一般长 2～4cm，两端斜削，成为槌状。

除以上三种扦插方法外，为了提高生根成活率，在普通插的基础上采取各种措施形成了几种插法：

④ 割插：插穗下部自中间劈开，夹以石子等。利用人为创伤的办法刺激伤口愈合组织产生，扩大插穗的生根面积。此法多用于生根困难，且以愈伤组织生根的树种，如桂花、茶花、梅花等。

⑤ 土球插：将插穗基部裹在较黏重的土壤球中，再将插穗连带土球一同插入土中，利用土球保持较高的水分。此法多用于常绿树和针叶树，如雪松、竹柏等。

⑥ 肉瘤插：此法是在枝条未剪下树之前的生长季中以割伤、环剥等办法在插穗基部形成愈伤组织突起的肉瘤状物，增大营养贮藏，然后切取进行扦插。此法程序较多，且浪费枝条。但利于生根困难的树种繁殖，因此多用于珍贵树种。

⑦ 长干插：即用长枝扦插，一般用 50cm 长，也可长达 1～2m 的一至多年生枝干作为插穗，多用于易生根的树种。用这种方法可在短期内得到有主干的大苗，或直接插于欲栽处，减少移植。

⑧ 漂水插：此法利用水作为扦插的基质，即将插条插于水中，生根后及时取出栽植。水插的根较脆，过长易断。

(2) 单芽插(短穗插) 用一个芽的枝条进行扦插。选用枝条短，一般不足 10cm，较节省材料，但插穗内营养物质少，且易失水。因此，下切口斜切，扩大枝条切口吸水面积和愈伤面，有利于生根，并需要喷水来保持较高的空气相对湿度和温度，使插穗在短时间内生根成活。此法多用于常绿树种的扦插繁殖，如扦插桂花，成活率达 70%～80%。

休眠枝扦插前要整理好插床。露地扦插要细致整地，施足基肥，使土壤疏松，水分充足。必要时要进行插壤消毒。扦插密度可根据树种生长快慢、苗木规格、土壤情况和使用的机具等确定。一般株距10～50cm，行距30～80cm。在温棚和繁殖室，一般密插，插穗生根发芽后，再进行移植。插穗扦插的角度有直插和斜插两种。一般情况下，多采用直插。斜插的扦插角度不应超过45°。插入深度应根据树种和环境而定。落叶树种插穗全插入地下，上露一芽或与地面平。露地扦插在南方温暖湿润地区，可使芽微露。在温棚和繁殖室内，插穗上端一般都要露出扦插基质。常绿树种插入地下深度应为插穗长度的1/3～1/2。

2. 生长枝扦插

在生长季中，用生长旺盛的幼嫩枝或半木质化的枝条作插穗进行扦插，也叫嫩枝扦插，见图4-2。嫩枝薄壁细胞多，细胞生命力强，分生组织能力也较强，且嫩枝中含水量高，可溶性营养物质多，酶的活性强以及新叶能生产部分光合产物，这些都是有利生根的内因。很多树种都适宜利用嫩枝扦插。插穗长度一般比硬枝插穗短，多数带1～4个节间，长约5～20cm，保留部分叶片，叶片较大的剪去一半。下切口位于叶及腋芽下，以利生根。剪口可平可斜。

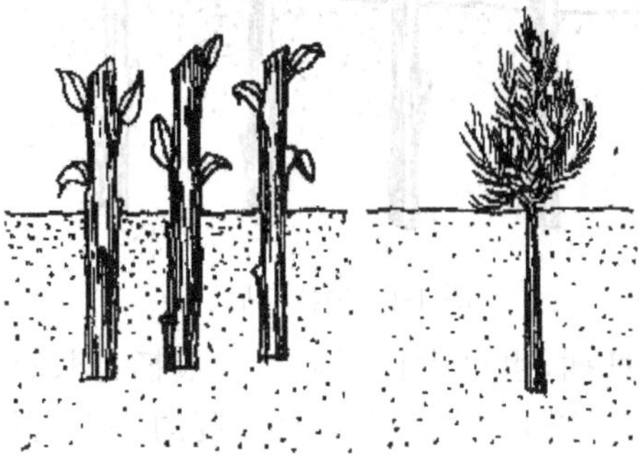
图4-2 嫩枝扦插

生长枝扦插时期，在南方，春、夏、秋三季均可进行，北方则主要在夏季进行。具体插条时间为早晚进行，随采随插，多在疏松通气、保湿效果较好的扦插床上扦插，扦插深度3cm左右，密度以两插穗之叶片互不重叠为宜，以保持足够的光合作用。一般采用直插。扦插深度一般为其插穗长度的1/2～1/3，如能人工控制环境条件，扦插深度越浅越好，可为0.5cm左右，不倒即可。此类扦插在插床上穗条密度较大，多在生根后立即移植到圃地生产。

4.1.6.2 根插

对于一些枝插生根较困难的树种，可用根插进行无性繁殖，以保持其母本的优良性状。

1. 采根

一般应选择健壮的幼龄树或生长健壮的1～2年生苗作为采根母树，根穗的年龄以一年生为好。若从单株树木上采根，一次采根不能太多，否则影响母树的生长。采根时勿伤根皮。采根一般在树木休眠期进行，采后及时埋藏处理。

2. 根穗的剪截

根据树种的不同，可剪成不同规格的根穗。一般根穗长度为15～20cm，大头粗度为0.5～2cm。为区别根穗的上，下端，可将上端剪成平口，下端剪成斜口。此外，有些树种如香椿、刺槐、泡桐等也可用细短根段，长3～5cm，粗0.2～0.5cm。

3. 扦插

在扦插前将插壤细致整平，灌足底水。将长15～20cm左右的根插穗垂直或倾斜插入土中，插时注意根的上下端，不要倒插。插后到发芽生根前最好不灌水，以免地温降低和由于水分过多引起根穗腐烂。有些树种的细短根段还可以用播种的方法进行育苗。

4.1.6.3 叶插

多数木本植物叶插苗的地上部分是由芽原基发育而成。因此,叶插穗应带芽原基,并保护其不受伤,否则不能形成地上部分。其地下部分(根)是愈伤部位诱生根原基而发育成根的。

4.1.7 扦插后的管理

扦插后的管理对提高扦插成活率以及幼苗质量具有很重要的作用。扦插后应立即灌一次透水,以后注意经常保持插壤和空气的湿度(尤其是嫩枝扦插),做好保墒及松土工作。插条上若带有花芽应及早摘除。当未生根之前地上部已展叶,应摘除部分叶片,在新苗长到15~30cm时,选留一个健壮直立的枝条,其余抹去,必要时可在行间覆草,以保持水分和防止雨水将泥土溅于嫩叶上。硬枝扦插对不易生根的树种,应注意必要时进行遮阴。嫩枝露地扦插也要搭阴棚,每天上午10点以后至下午4点以前遮阴降温,同时每天喷水,保持湿度。用塑料棚密封扦插时,可减少灌水次数,每周1~2次即可,但要及时调节棚内的温度和湿度。插条扦插成活后,要经过炼苗阶段,使其逐渐适应外界环境再移到圃地。在温室或温床中扦插时,当插条生根展叶后,要逐渐开窗流通空气,使之逐渐适应外界环境,然后再移至圃地。

在空气温度较高而且阳光充足的地区,可采用全光照间歇喷雾扦插床进行扦插。

4.1.8 扦插育苗新技术

4.1.8.1 全光照自动喷雾技术

全光照自动喷雾育苗技术是指在植物生长旺盛季节,用带叶嫩枝在自然全光照条件下,采用自动喷雾设备进行育苗的方法。

用带叶嫩枝在自然全光照条件下扦插时,插穗在长时间在重要过程中,插条能否生根成活最重要的是保持枝条不失水。若枝条失去了水分,生根就没有希望。全光照自动喷雾装置能够满足这一要求,从而大大提高了带叶嫩枝扦插的生根成活率,产生了很好的育苗效果和经济效益。

1. 全光自动喷雾装置

全光自动喷雾装置见图4-3。

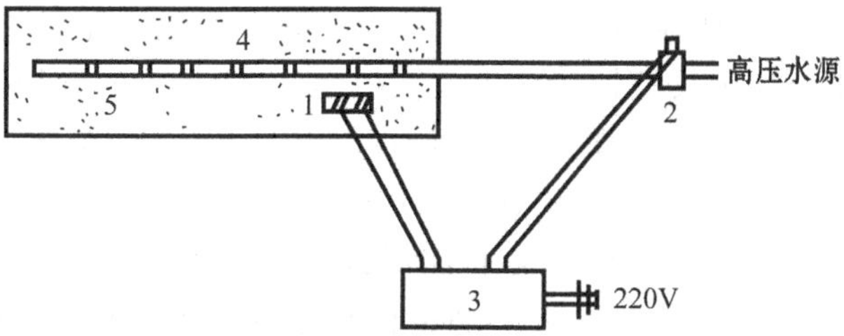

图4-3 全光自动喷雾装置图

1. 电子叶 2. 电磁阀 3. 湿度自控仪 4. 喷头 5. 扦插床

(1) 湿度自控仪　接收和放大电子叶或传感器输入的信号,控制继电器关启,继电器关启与电磁阀同步,从而控制是否喷雾。湿度自控仪内有信号放大电路和继电器。

(2) 电子叶和湿度传感器　电子叶和湿度传感器是发生信号的装置。电子叶是在一块绝缘板上安装上低压电源的两个极,两极通过导线与湿度自控仪相连,并行成闭合电路。湿度传感器是利用干湿球温差变化产生信号,输入湿度自控仪,从而控制喷雾。

(3) 电磁阀　电磁阀即电磁水阀开关,控制水的开关。当电磁阀接受了湿度自控仪的电信号时,电磁阀打开喷头喷水;当无电信号时,电磁阀关闭,不喷水。

(4) 高压水源　全光自动喷雾对水源的压力要求为1.5～3kg/cm,供水量要与喷头喷水量相匹配,供水不间断。小于该压力和流量,喷出的水不能雾化。

2. 工作原理

喷头能否喷雾,首先在于电子叶或湿度传感器输入的电信号。电子叶或湿度传感器上有两个电极,当电子叶上有水时,电子叶或湿度传感器闭合电路接通,有感应信号输入,微弱电信号通过无线电路信号逐级放大(感应电压0.5V,放大后电压20V),放大的电信号先输入小型继电器,小型继电器再带动一个大型继电器,大型继电器处于有电的情况下,吸动电磁阀开关处于关闭状态。当电子叶上水膜蒸干时,感应电路处于关闭状态,没有感应信号输入小型继电器和大型继电器。大型继电器无电,不能吸下电磁阀开关,电磁阀开关处于闭合状态,电磁阀打开,喷头喷水。水雾达到一定程度时,又使电子叶闭合电路接通,有感应信号输入,又经上述信号放大,继电器联动,吸动电磁阀开关关闭。这样周而复始地进行工作。

3. 全光自动喷雾扦插注意事项

全光自动喷雾扦插的基质必须疏松通气,排水良好,防止床内积水使枝条腐烂,但又保持插床湿润。

全光自动喷雾扦插的插穗,一般来讲,插穗所带叶片越多,插条越长,生根率就随之提高,较大的插穗成活后苗木生长健壮。但插穗太长,浪费插穗,使用上不经济,因此一般以15cm左右为宜。相反,枝条叶片少,又短小,成活率低,苗木质量差,移栽成活率低。插条下部插入基质中的叶片、小枝要剪掉。

全光自动喷雾扦插若采用生根激素处理,更能促进插穗生根,特别是难生根的树种采用激素处理能提高生根率,可提前生根,增加根量。自动喷雾扦插容易引起枝条内养分溶脱,原因是经常淋洗,使枝条内激素也被溶脱掉。

4.1.8.2　基质电热温床催根育苗技术

电热温床育苗技术是利用植物生根的温差效应,创造植物愈伤及生根的最适温度而设计的。利用电加温线增加苗床地温,促进插穗发根,是一种现代化的育苗方法。因其利用电热加温,目标温度可以通过植物生长模拟计算机人工控制,又能保持温度稳定,有利于插穗生根。先在室内或温棚内选一块比较高燥的平地,用砖作沿砌宽1.5m的苗床,底层铺一层黄沙或珍珠岩。在床的两端和中间,放置7 cm×7cm的方木条各1根,在木条上每隔6cm钉上小铁钉,钉入深度为小铁钉长度的1/2。电加温线在小铁钉间回绕,两端引出温床外,接入育苗控制器中。然后在电加温线上辅以湿沙或珍珠岩,将插穗基部向下排列在温床中,再在插穗间填铺湿沙(或珍珠岩),以盖没插穗顶部为止。苗床中要插入温度传感探头,感温头部靠近插穗基部,以正确测量发根部的温度。通电后,电加温线开始发热,当温度升到28℃时,育苗控制器即可自动调节，以使温床的温度稳定在28℃范围内。

温床每天开启弥雾系统喷水2～3次以增加湿度，使苗床中插穗基部有足够的湿度。苗床过干，插穗皮层干萎，就不会发根；水分过多，会引起皮层腐烂。一般植物插穗在苗床保温催根10～15d左右，插穗基部愈伤组织膨大，根原体露白，生长出1mm左右长的幼根突起，此时即可移入田间苗圃栽植。过早过迟移栽，都会影响插穗的成活率。

该技术具有占地面积小，高密度的特点（1m^2可排放插穗5000～10000株），特别适用于冬季落叶的乔灌木枝条。枝条处理后打捆或紧密竖插于苗床，调节最适的枝条基部温度，使伤口受损细胞的呼吸作用增强，加快酶促反应，愈伤组织或根原基尽快产生。如杨树、水杉、桑树、石榴、桃、李、葡萄、银杏、猕猴桃等植物皆可利用落叶后的光秃硬枝进行催根育苗。

4.1.8.3 雾插（空气加湿，加温育苗）技术

于冬季寒冷的季节育苗，就需开启空气加热系统。用于加热的热源有空气加热线或燃油燃气热风炉，安上热源后，再与植物生长模拟计算机连接后实现自控，使空气温度达到最适。另外用于植物快繁中的雾插（或气插）技术，为密闭的雾插室提供稳定的生长生根温度。

1. 雾插的特点

雾插是在温室或塑料棚内进行的，把当年生半木质化枝条用固定架把插穗直立固定在架上，通过喷雾、加温，使插穗保持在高湿适温和一定光照条件下，愈合生根。因为雾插插穗处于比土壤更适合的温度、湿度及一定光照环境条件下，所以愈合生根快、成苗率高、育苗时间短。如枣用雾插法5d生根就达80%；珍珠梅雾插后10d就能生根，如土插就要1个多月。雾插法节省土地，可充分利用地面和空间进行多层扦插，操作简便，管理容易，不必进行掘苗等操作，根系不受损失，移植成活率高。它不受外界环境条件限制，运用植物生长模拟计算机自动调节温度、湿度，适于苗木工厂化生产。

2. 雾插的设施与方法

(1) 雾插室（或气插室） 一般为温室或塑料棚，室内要安装喷雾装置和扦插固定架。

(2) 插床 为了充分利用室内空间，在地面用砖砌床，一般宽1～1.5m，深20～25cm，长度以温室或棚长度而定，床底铺3～5cm厚的碎石或炉渣，以利渗水，上面铺上15～20cm厚的沙或蛭石作基质。两床之间及四周留出步道，其一侧挖10cm深的水沟，以利排水。

(3) 插条固定架 在插床上设立分层扦插固定架。一种是在离床面2～3cm高处，用8号铅丝制成平行排列的支架，行距8～10cm，每号铅丝上弯成“U”字形孔口，株距6～8cm，使插条垂直卡在孔内。另一种是空中分层固定架。这种架多用三角铁制作，架上放塑料板，板两边刻挖等距的“U”形孔，插条垂直固定在孔内，孔旁设活动挡板，防止插条脱落。

(4) 喷雾加温设备 为了使气插室内有穗条生根适宜及稳定的环境，棚架上方要安装人工喷雾管道，根据喷雾距离安装好喷头，最好用弥雾，通过植物生长模拟计算机使室内相对湿度控制在90%以上，温度保持25～30℃，光照强度控制在600～800lx。

3. 雾插繁殖的管理

(1) 插前消毒 因气插室一直处于高湿和适宜温度下，有利病菌的生长和繁衍，所以必须随时注意消毒。插前要对气插室进行全面消毒，通常用0.4%～0.5%的高锰酸钾溶液进行喷

洒，插后每隔 10d 左右用 1∶100 的波尔多液进行全面喷洒，防止菌类发生。如出现真菌感染，可用 800 倍退菌特喷洒病株，防止蔓延；严重时可以拔掉销毁。

(2) 控制气插室的温、湿和光照　插穗环境要稳定适宜，如突然停电，为防止插条萎蔫导致回芽和干枯，应及时人工喷水。夏季高温季节，室内温度常超过 30℃，要及时喷水降温，临时打开窗户通风换气，调节温度。冬季，白天利用阳光增温，夜间用加热线保温，或用火道、热风炉等增温。

(3) 及时检查插穗生根情况　当新根长到 2～3cm 时就可及时移植或上盆，移植前要经过适当幼苗锻炼，一般在阴棚或温室内，待生长稳定后移到露地。

4.2　嫁接繁殖

4.2.1　嫁接概述

4.2.1.1　嫁接的概念

嫁接是指人们有目的地利用两种植物能够结合在一起的能力，将一种植物的枝或芽接到另一种植物的茎(枝)或根上，使之愈合生长在一起，形成一个独立植株的繁殖方法。供嫁接用的枝、芽称接穗或接芽；承受接穗或接芽的植株(根株、根段或枝段)叫砧木。用枝条作接穗的称枝接，用芽作接穗的称芽接。通过嫁接繁殖所得的苗木称为嫁接苗。

4.2.1.2　嫁接的作用

嫁接繁殖是园林植物育苗生产中一种很重要的方法。它除具有一般营养繁殖的优点外，还具有其他营养繁殖所无法起到的作用。

1. 保持植物品质的优良特性，提高观赏价值

园林植物嫁接繁殖所用的接穗，均来自具有优良品质的母株上，遗传性稳定，在园林绿化、美化上，观赏效果优于种子繁殖的植物。

2. 增加抗性和适应性

嫁接所用的砧木，大多采用野生种、半野生种和当地土生土长的种类。这类砧木的适应性很强，能在自然条件很差的情况下正常生长发育。它们一旦被用作砧木，就能使嫁接品种适应不良环境，提高嫁接苗的抗性，扩大栽培范围。如枫杨耐水湿，嫁接核桃，就扩大了核桃在水湿地上的栽培范围；君迁子上接柿子，可提高抗寒性；苹果嫁接在海棠上可抗棉蚜；碧桃嫁接在山桃上，长势旺盛，易形成高大植株，嫁接在寿星桃上，形成矮小植株；将柑橘无病毒的茎尖嫁接在无菌培育出来的无病毒实生砧木上可培养无病毒柑橘无性系。

3. 提早开花结果

嫁接能使观赏树木及果树提早开花结果，其原因主要是接穗采自已经进入开花结果期的成龄树，这样的接穗嫁接后，一旦愈合和恢复生长，很快就会开花结果。如柑橘实生苗需 10～15 年方能结果，嫁接苗 4～6 年即可结果；苹果实生苗 6～8 年才结果，嫁接苗仅 4～5 年。

4. 克服不易繁殖现象

园林中的一些植物品种由于培育目的，而没有种子或极少种子繁殖，扦插繁殖困难或扦插后发育不良，用嫁接繁殖可以较好地完成繁殖育苗工作，如园林树木中的重瓣品种、垂枝品种等。

5. 扩大繁殖系数

砧木多以种子繁殖，一次可获得大量砧木，这样可在只有少量植株提供接穗的情况下，在短时间内获得大量苗木，尤其是芽变的新品种。

6. 恢复树势，治救创伤，补充缺枝，更新品种

衰老树木可利用强壮砧木的优势通过桥接、寄根接等方法，促进生长，挽回树势。树冠出现偏冠、中空的，可通过嫁接调整枝条的发展方向，使树冠丰满，树形美观。品种不良的植物可用嫁接更换品种；雌雄异株的植物可用嫁接改变植株的雌雄。嫁接还可使一树多种、多头、多花，提高其观赏价值。

4.2.2　影响嫁接成活的因素

影响嫁接成活的主要因素有砧木和接穗的亲和力，砧、穗质量，外界条件及嫁接技术等。

4.2.2.1　嫁接成活的内因

1. 砧木和接穗的亲和力

亲和力就是接穗与砧木经嫁接而能愈合生长的能力。亲和力高，嫁接成活率也高；反之，嫁接成活的可能性就小。亲和力的强弱与树木亲缘关系的远近有关。一般规律是亲缘关系越近，亲和力越强。所以品种间嫁接最易成活，种间次之，不同属之间又次之，不同科之间则较困难。

2. 砧木、接穗的生活力及树种的生物学特性

一般来说，砧、穗生长健壮，营养器官发育充实，体内营养物质丰富，生长旺盛，形成层细胞分裂最活跃，嫁接就容易成活。所以砧木要选择生长健壮、发育良好的植株，接穗也要从健壮母树的树冠外围选择发育充实的枝条。如果砧木萌动比接穗稍早，可及时供应接穗所需的养分和水分，嫁接易成活；如果接穗萌动比砧木早，则可能因得不到砧木供应的水分和养分而“饿”死；如果接穗萌动太晚，砧木溢出的液体太多，又可能“淹死”接穗。有些种类，如柿树、核桃富含单宁，切面易形成单宁氧化隔离层，阻碍愈合；松类富含松脂，处理不当也会影响愈合。

接穗的含水量也会影响嫁接的成功。一般接穗含水量应在50%左右。所以接穗在运输和贮藏期间，不要过干过湿。嫁接后也要注意保湿，如低接时要培土堆，高接时要绑缚保湿物，以防水分蒸发。

此外，如果砧木和接穗的细胞结构、生长发育速度不同，嫁接则会形成“大脚”或“小脚”现象。如在黑松上嫁接五针松、在女贞上嫁接桂花，均会出现“小脚”现象。

4.2.2.2　影响嫁接成活的外因

1. 温度

在适宜的温度条件下，愈伤组织形成快且易成活，温度过高或过低，都不适宜愈伤组织的形成。一般说，在一定的温度范围内(4～30℃)，温度高比温度低愈合快。

2. 湿度

湿度对嫁接成活的影响很大。空气相对湿度接近饱和，对愈合最为适宜。在实践中多采用培土方法或套塑料袋、涂接蜡或蜡封接穗来保持接穗湿度。

3. 空气

空气是愈合组织生长的一个必要因子。砧本与接穗之间接口处的薄壁细胞增殖、愈合，需要有充足的氧气。

4. 光线

光照对愈合组织生长起着抑制作用。在黑暗条件下，接口处愈合组织生长多且嫩，颜色白，愈合效果好；在光照条件下，愈合组织生长少且硬，色深，造成砧、穗不易愈合。

4.2.2.3 嫁接技术水平

嫁接技术水平的高低对嫁接成活的影响主要表现在以下方面：

1. 齐

齐就是指砧木与接穗的形成层必须对齐。

2. 平

平是指砧木与接穗的切面要平整光滑，最好一刀削成，不能呈锯齿状，否则影响砧、穗的吻合。

3. 紧

紧是指砧木与接穗的切面必须紧密地结合在一起。

4. 快

快是指操作的动作要迅速，尽量减少砧、穗切面失水；对含单宁较多的植物，可减少单宁被空气氧化的机会。

5. 净

净是指砧、穗切面保持清洁，不要被泥土污染。

4.2.3 砧木和接穗的相互影响及砧木、接穗的选择

4.2.3.1 砧木和接穗的相互影响

1. 砧木对接穗的影响

一般砧木都具有较强和广泛的适应能力，如抗旱、抗寒、抗涝、抗盐碱、抗病虫等，因此能增加嫁接苗的抗性。如用海棠做苹果的砧木，可增加苹果的抗旱和抗涝性，同时也增加对黄叶病的抵抗能力；枫杨做核桃的砧木，能增加核桃的耐涝和耐瘠薄性。

有些砧木能控制接穗长成植株的大小，使其乔化或矮化。能使嫁接苗生长旺盛、高大的砧木称为乔化砧，如山桃、山杏是梅花、碧桃的“乔化砧”。有些砧木能使嫁接苗生长势变弱，植株矮小，称为矮化砧，如寿星桃是桃和碧桃的矮化砧。一般乔化砧能推迟嫁接苗的开花、结果期，延长植株的寿命；矮化砧则能促进嫁接苗提前开花、结实，缩短植株的寿命。

2. 接穗对砧木的影响

嫁接后砧木根系的生长是靠接穗所制造的养分，因此接穗对砧木也会有一定的影响。例如杜梨嫁接成梨后，其根系分布较浅，且易发生根蘖。

4.2.3.2 砧木、接穗的选择

1. 砧木的选择

性状优异的砧木是培育优良园林树木的重要环节。选择砧木的条件是：

(1) 与接穗亲和力强。

(2) 对接穗的生长和开花有良好的影响，并且生长健壮，丰产，花艳，寿命长。

(3) 对栽培地区的环境条件有较强的适应性。

(4) 容易繁殖。

(5) 对病虫害抵抗力强。

2. 接穗的选择

接穗应选自性状优良、生长健壮、观赏价值或经济价值高、无病虫害的成年树。

4.2.4 嫁接的准备工作

1. 嫁接用具用品的准备

(1) 劈接刀　用来劈开砧木切口。其刀刃用以劈砧木，其楔部用以撬开砧木的劈口。

(2) 手锯　用来锯较粗的砧木。

(3) 枝剪　用来剪接穗和较细的砧木。

(4) 芽接刀　芽接时用来削接芽和撬开芽接切口。芽接刀的刀柄有角质片，在用它撬开切口时，不会与树皮内的单宁发生化学变化。

(5) 铅笔刀或刀片　用来切削草本植物的砧木和接穗

(6) 水罐和湿布　用来盛放和包裹接穗。

(7) 绑缚材料　用来绑缚嫁接部位，以防止水分蒸发和使砧木、接穗密接紧贴。常用的绑缚材料有塑料条带、马蔺、蒲草、棉线、橡皮筋等。

(8) 接蜡　用来涂盖芽接的接口，以防止水分蒸发和雨水浸入接口。

2. 砧木的准备

进行一般栽培上的嫁接时，砧木需于1年或2～3年以前播种。如果想使砧木影响接穗，则需于4～5年乃至5～6年以前播种，其具体年数，因各种树木的初花年龄而异。如果想以接穗影响砧木，则砧木需要年轻，于1～2年前播种即可。

3. 接穗的准备

一般选择树冠外围中上部生长充实、芽体饱满的新梢或一年生发育枝作为接穗。然后将选择好的接穗集成小束，做好品种名称标记。夏季采集的新梢，应立即去掉叶片和生长不充实的新梢顶端，只保留叶柄，并及时用湿布包裹，以减少枝条的水分蒸发。取回的接穗不能及时使用，可将枝条下部浸入水中，放在阴凉处，每天换水1～2次，可短期保存4～5d。

春季枝接和芽接采集穗条，最好结合冬剪进行，也可在春季树木萌芽前1～2周采集。采

集的枝条包好后吊在井中或放入冷窖内沙藏，若能用冰箱或冷库在5℃左右的低温下贮藏则更好。

4.2.5 嫁接方法

4.2.5.1 枝接

枝接多用于嫁接较粗的砧木或在大树上改换品种。枝接时期一般在树木休眠期进行，特别是在春季砧木树液开始流动、接穗尚未萌芽时最好。此法的优点是接后苗木生长快，健壮整齐，当年即可成苗，但需要接穗数量大，可供嫁接时间较短。枝接常用的方法有切接、腹接、劈接和插皮接等。

1. 切接

切接法一般用于直径2cm左右的小砧木。嫁接时先将砧木距地面5cm左右处剪断、削平，选择较平滑的一面，用切接刀在砧木一侧（略带木质部，在横断面上约为直径的1/5～1/4）垂直向下切，深约2～3cm。削接穗时，接穗上要保留2～3个完整饱满的芽，将接穗从距下切口最近的芽位背面，用切接刀向内切达木质部（不要超过髓心），随即向下平行切削到底，切面长2～3cm，再于背面末端削成0.8～1cm的小斜面。将削好的接穗，长削面向里插入砧木切口，使双方形成层对准密接。接穗插入的深度以接穗削面上端露出0.2～0.3cm为宜，俗称"露白"，有利愈合成活。如果砧木切口过宽，可对准一边形成层，然后用塑料条由下向上捆扎紧密，使形成层密接和伤口保湿。嫁接后为保持接口湿度，防止失水干萎，可采用套袋、封土和涂接蜡等措施。切接见图4-4。

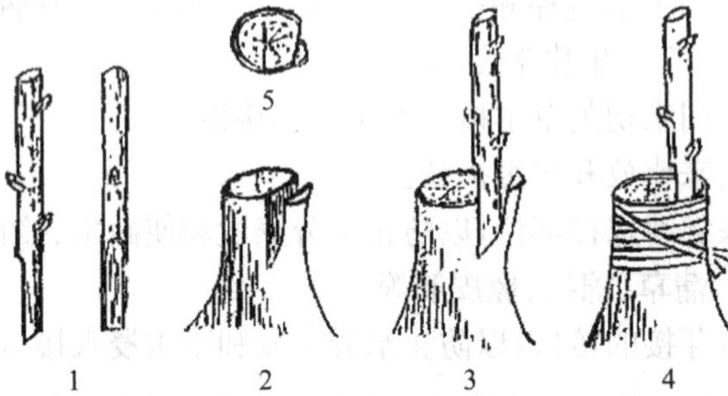

图4-4 切接

1. 削接穗 2. 纵切砧木 3. 砧穗结合 4. 绑扎 5. 结合断面

2. 劈接

适用于大部分落叶树种。通常在砧木较粗、接穗较小时使用。将砧木在离地面5～10cm处锯断，用劈接刀从其横断面的中心直向下劈，切口长约3cm，接穗削成楔形，削面长约3cm，接穗外侧要比内侧稍厚。接穗削好后，把砧木劈口撬开，将接穗厚的一侧向外、窄面向里插入劈口中，使两者的形成层对齐，接穗削面的上端应高出砧木切口0.2～0.3cm。当砧木较粗时，可同时插入2个或4个接穗。一般不必绑扎接口，但如果砧木过细，夹力不够，可用塑料薄膜条或麻绳绑扎。为防止劈口失水影响嫁接成活，接后可培土覆盖或用接蜡封口劈接见图4-5。

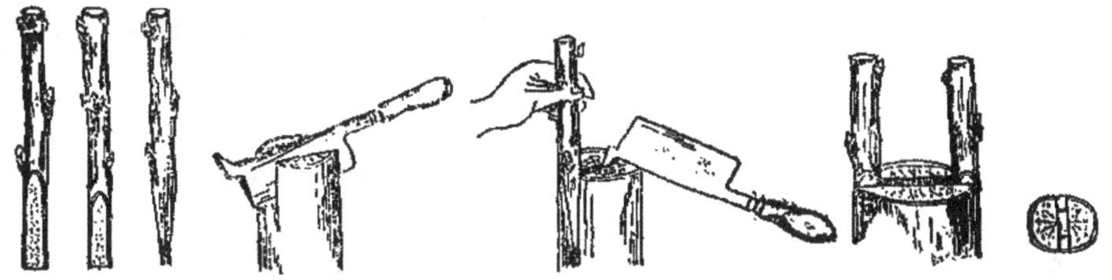

图 4-5 劈接

1. 削接穗 2. 劈砧木 3. 插入接穗 4. 双穗插入 5. 结合断面

3. 插皮接

是枝接中最易掌握、成活率最高的一种，要求在砧木较粗并易剥皮的情况下采用。一般在距地面 5～8cm 处断砧，削平断面。选平滑处，将砧木皮层划一纵切口，长度为接穗长度的 1/2～2/3。接穗削成长 3～4cm 的单斜面，削面要平直并超过髓心，厚 0.3～0.5cm，背面末端削成 0.5～0.8cm 的一小斜面，或在背面的两侧再各微微削去一刀。接时，把接穗从砧木切口沿木质部与韧皮部中间插入，长削面朝向木质部，并使接穗背面对准砧木切口正中，接穗上端注意“留白”。如果砧木较粗或皮层韧性较好，砧木也可不切口，直接将削好的接穗插入皮层即可。最后用塑料薄膜条(宽 1cm 左右)绑扎。此法也常用于高接，如龙爪槐的嫁接和花果类树木的高接换种等。如果砧木较粗可同时接上 3～4 个接穗，均匀分布，成活后即可作为新植株的骨架。插皮接见图 4-6。

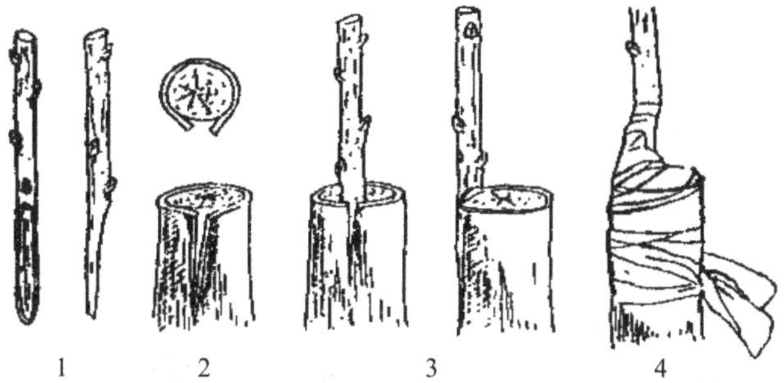

图 4-6 插皮接

1. 削接穗 2. 剪砧木 3. 插入接穗 4. 绑扎

4. 舌接

舌接适用于砧木和接穗粗 1～2cm，且大小粗细差不多的嫁接。舌接砧木，接穗间接触面积大，结合牢固，成活率高，在园林苗木生产上用此法高接和低接的都有。将砧木上端削成 3cm 长的削面，再在削面由上往下 1/3 处，顺砧干往下切 1cm 左右的纵切口，成舌状。在接穗平滑处顺势削 3cm 长的斜削面，再在斜面由下往上 1/3 处同样切 1cm 左右的纵切口，和砧木斜面部位纵切口相对应。将接穗的内舌(短舌)插入砧木的纵切口内，使彼此的舌部交叉起来，互相插紧，然后绑扎。舌接见图 4-7。

5. 插皮舌接

多用于树液流动、容易剥皮而不适于劈接的树种。将砧木在离地面 5～10cm 处锯断，选砧木平直部位，削去粗老皮，露出嫩皮(韧皮)。将接穗削成 5～7cm 长的单面马耳形，捏开削面皮层，将接穗的木质部轻轻插于砧木的木质部与韧皮部之间，插至微露接穗削面，然后绑扎。插皮舌接见图4-8。

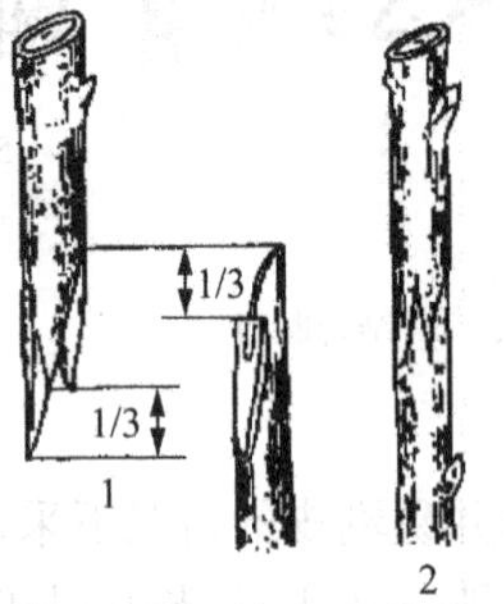

图4-7 舌接

1. 砧穗切削 2. 砧穗结合

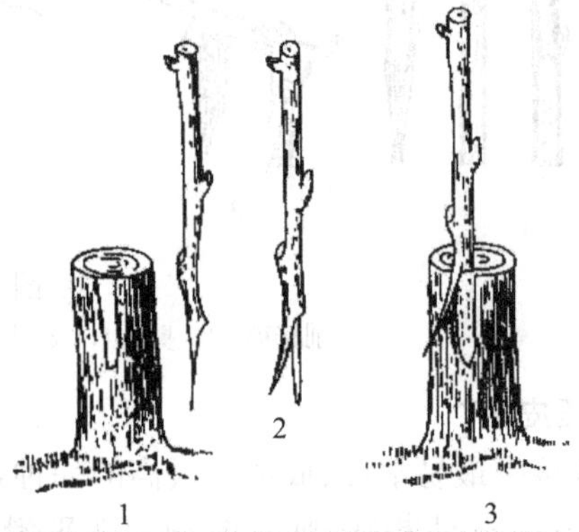

图4-8 插皮舌接

1. 剪砧木 2. 削接穗 3. 插接穗

6. 腹接

是在砧木腹部进行的枝接，又分普通腹接及皮下腹接两种。常用于针叶树的繁殖，见图4-9。砧木不去头，或仅剪去顶梢，待成活后再剪去接口以上的砧木枝干。

(1) 普通腹接 接穗削成偏楔形，长削面长3cm左右，削面要平而渐斜，背面削成长2.5cm左右的短削面。砧木切削应在适当的高度，选择平滑的一面，自上而下深切一口。切口深入木质部，但切口下端不宜超过髓心，切口长度与接穗长削面相当。将接穗长削面朝里插入切口，注意形成层对齐，接后绑扎保湿。

(2) 皮下腹接 皮下腹接即砧木切口不伤及木质部，将砧木横切一刀，再竖切一刀，呈"T"字形切口，切口不伤或微伤。接穗长削面平直斜削，背面下部两侧向尖端各削一刀，以露白为度。撬开皮层插入接穗，绑扎即可。

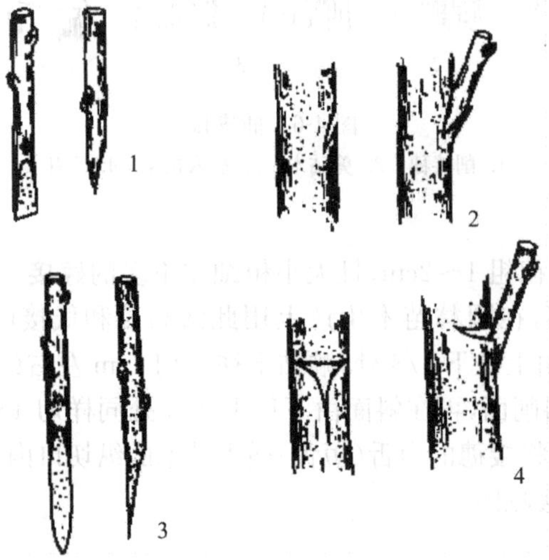

图4-9 腹接

1. 削(普通腹接)接穗 2. 普通腹接 3. 削(皮下腹接)接穗 4. 皮下腹接

7. 靠接

靠接是特殊形式的枝接。靠接成活率高，可在生长期内进行，多用于接穗与砧木亲和力较差，嫁接不易成活的观赏树和柑、橘类树木。但要求接穗和砧木都要带根系，愈合后再剪断，操作麻烦。

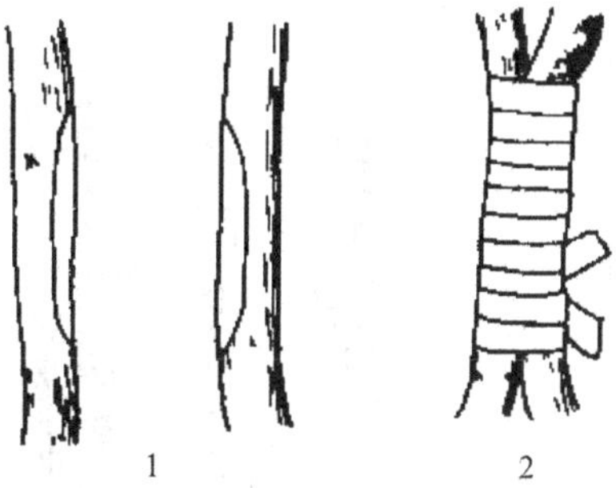

图 4-10 靠接

1. 砧穗削面 2. 绑扎

嫁接前使接穗和砧木靠近。嫁接时，按嫁接要求将两者靠拢在一起。选择粗细相当的接穗和砧木，并选择两者靠接部位。然后将接穗和砧木分别朝结合方向弯曲，各自形成“弓背”形状。用利刀在弓背上分别削 1 个长椭圆形平面，削面长 3～5cm，削切深度为其直径的三分之一。两者的削面要大小相当，以便于形成层吻合。削面削好后，将接穗、砧木靠紧，使两者的削面形成层对齐，用塑料条绑缚。靠接见图 4-10。愈合后，分别将接穗下段和砧木上段剪除，即成 1 棵独立生活的新植株。

4.2.5.2 芽接

芽接是苗木繁殖应用最广的嫁接方法。用生长充实的当年生发育枝上的饱满芽做接芽，于春、夏、秋三季皮层容易剥离时嫁接，其中秋季是主要时期。根据取芽的形状和结合方式不同，芽接的具体方法有嵌芽接、“T”字形芽接、方块芽接、环状芽接等。而园林苗圃中较常用的芽接主要为嵌芽接和丁字形芽接。

1. 嵌芽接

嵌芽接又叫带木质部芽接。此法不受树木离皮与否的季节限制，且嫁接后接合牢固，利于成活，已在生产实践中广泛应用。嵌芽接适用于大面积育苗。切削芽片时，自上而下切取，在芽的上部 1～1.5cm 处稍带木质部往下切一刀，再在芽的下部 1.5cm 处横向斜切一刀，即可取下芽片。一般芽片长 2～3cm，宽度不等，依接穗粗度而定。砧木的切法是在选好的部位自上向下稍带木质部削一与芽片长宽均相等的切面。将此切开的稍带木质部的树皮上部切去，下部留 0.5cm 左右。将芽片插入切口使两者形成层对齐，再将留下部分贴到芽片上，用塑料条带绑扎好即可。嵌芽接见图 4-11。

2. “T”字形芽接

“T”字形芽接又叫盾状芽接，是育苗中芽接最常用的方法。砧木一般选用 1～2 年生的小苗。砧木过大，不仅皮层过厚不便于操作，而且接后不易成活。采当年生新鲜枝条为接穗，立即去掉叶片，留有叶柄。削芽片时先从芽上方 0.5cm 左右横切一刀，刀口长约 0.8～1cm，深达木质部，再从芽片下方 1cm 左右连同木质部向上切削到横切口处取下芽，芽片一般不带木质部，芽居芽片正中或稍偏上一点。砧木的切法是距地面 5cm 左右，选光滑无疤部位横切一刀，深度以切断皮层为准，然后从横切口中央切一垂直口，使切口呈一“T”字形。把芽片放入切口，往下插入，使芽片上边与“T”字形切口的横切口对齐。然后用塑料带从下向上一圈压一圈地把切口包严，注意将芽和叶柄留在外面，以便检查成活与否。“T”字形芽接见图 4-12。

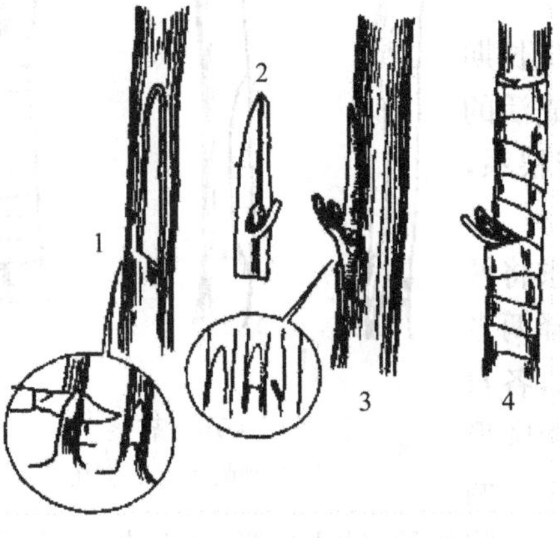

图 4-11 嵌芽接

1. 取芽片 2. 芽片形状

3. 插入芽片 4. 绑扎

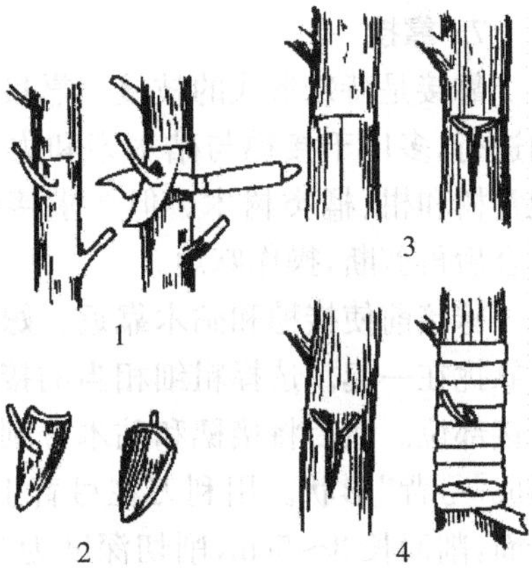

图 4-12 T 字形芽接

1. 削取芽片 2. 芽片形状

3. 切砧木 4. 插入芽片与绑扎

3. 方块芽接

方块芽接又叫块状芽接。此法芽片与砧木形成层接触面积大，成活率较高，多用于柿树、核桃等较难成活的树种。因其操作较复杂，工效较低，一般树种多不采用。具体方法是取长方形芽片，再按芽片大小在砧木上切开皮层，嵌入芽片。砧木的切法有两种，一种是切成"]"形，称"单开门"芽接；一种是切成"I"形，称"双开门"芽接。注意嵌入芽片时，使芽片四周至少有两面与砧木切口皮层密接。嵌好后用塑料薄膜条绑扎即可。方块芽接见图 4-13。

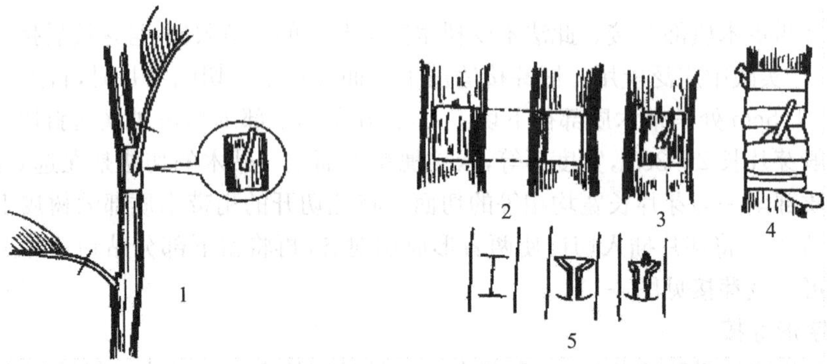

图 4-13 方块芽接

1. 接穗去叶及削芽 2. 砧木切削 3. 芽片嵌入

4. 绑扎 5. I 字形砧木切削及芽片插入

4. 套芽接

套芽接又称环状芽接。其接触面积大，易于成活，主要用于皮部易于剥离的树种，在春季树液流动后进行。具体方法是先从接穗枝条芽的上方 1cm 左右处剪断，再从芽下方 1cm 左右处用刀环切，深达木质部，然后用手轻轻扭动，使树皮与木质部脱离，抽出管状芽套。再选粗细与芽套相同的砧木，剪去上部，呈条状剥离树皮。随即把芽套套在木质部上，对齐砧木切口，再将砧木上的皮层向上包合，盖住砧木与接芽的接合部，用塑料薄膜条绑扎即可。套芽接见图 4-14。

另外，生产上也有芽苗嫁接、种胚嫁接。

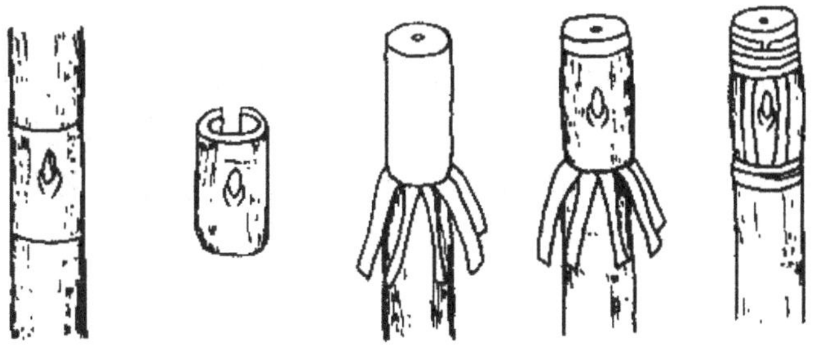

图 4-14 套芽接
1. 取芽片 2. 削砧木 3. 结合 4. 绑扎

4.2.5.3 根接

用树根作砧木，将接穗直接接在根上。各种枝接法均可采用。根据接穗与根砧的粗度不同，可以正接，即在根砧上切接口；也可倒接，即将根砧按接穗的削法切削，在接穗上进行嫁接。根接见图 4-15。

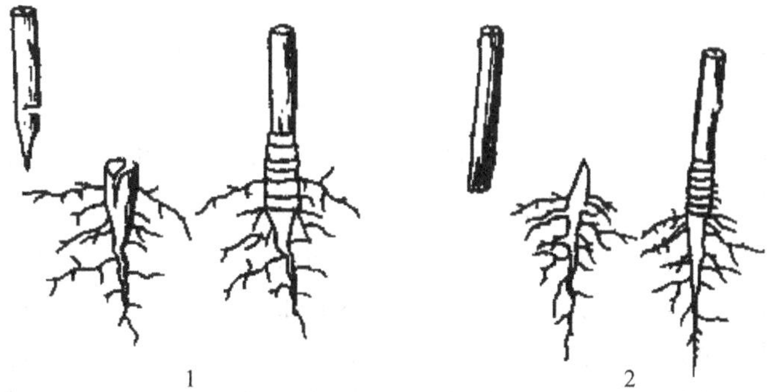

图 4-15 根接
1. 正接 2. 倒接

4.2.6 嫁接后的管理

1. 检查成活，解除绑缚物及补接

枝接和根接一般在接后 20～30d，可进行成活率的检查。成活后接穗上的芽新鲜、饱满，甚至已经萌发生长；未成活则接穗干枯或变黑腐烂。芽接一般 7～14d 即可进行成活率的检查，成活者的叶柄一触即掉，芽体与芽片呈新鲜状态；未成活则芽片干枯变黑。在检查时如发现绑缚太紧，要松绑或解除绑缚物，以免影响接穗的发育和生长。一般当新芽长至 2～3cm 时，即可全部解除绑缚物。生长快的树种，枝接最好在新梢长到 20～30cm 长时解绑。如果过早，接口仍有被风吹干的可能。嫁接未成活应在其上或其下部位及时补接。

2. 剪砧，抹芽，除蘖

嫁接成活后，凡在接口上方仍有砧木枝条的，要及时将接口上方砧木部分剪去，以促进接穗的生长。一般树种大多可采用一次剪砧，即在嫁接成活后、春季开始生长前，将砧木自接口处上方剪去。剪口要平，以利愈合。对于嫁接难成活的树种，可分两次或多次剪砧。

嫁接成活后，砧木常萌发许多蘖芽，为集中养分供给新梢生长，要及时抹除砧木上的萌芽和根蘖，一般需要去蘖 2～3 次。

3. 立支柱

嫁接苗长出新梢时，遇到大风易被吹折或吹弯，从而影响成活和正常生长。故一般在新梢长到5～8cm时，紧贴砧木立一支柱，将新梢绑于支柱上。在生产上，此项工作较为费工，通常采用降低接口、在新梢基部培土、嫁接于砧木的主风方向等其他措施来防止或减轻风折。

其他抚育管理与播种苗同。

4.3 分株繁殖

分株繁殖是将植物营养体从母株分离单栽，使之形成新植株的一种繁殖方法。分株方法安全可靠，成活率高，并且在较短的时间内可以得到大苗，但繁殖系数小，不便于大面积生产，且所得苗木规格不整齐，因此多用于少量苗木或名贵花木的繁殖。

4.3.1 树种选择

在园林苗木的培育中，分株方法适用于易生根蘖或茎蘖的园林树种，如刺槐、臭椿、枣、银杏、毛白杨、泡桐、文冠果、玫瑰、贴梗海棠等。这些树种常在根上长出不定芽，伸出地面形成一些未脱离母体的小植株，称之为根蘖。易产生根蘖的树种，根插也容易成活。为了刺激产生根蘖，早春可在树冠外围挖环形或条状的、深和宽各为30cm左右的沟，切断部分1～2cm粗的水平根，施入腐熟的基肥后覆土填平、踏实。又如珍珠梅、黄刺玫、绣线菊、迎春等灌木树种，能在茎的基部长出许多茎芽，也可形成不脱离母体的小植株，这是茎蘖。这类花木都可以形成大的灌木丛，把这些大灌木丛用刀或铣分别切成若干个小植丛，进行栽植，或把根蘖从母树上切挖下来，形成新的植株。这种从母树上分割下来而得到新植株的方法就是分株。

在分株过程中要注意根蘖苗一定要有较完好的根系，茎蘖苗除要有较好的根系外，地上部分还应有1～3个基干，这样有利于幼苗的生长。

4.3.2 分株时期

分株主要在春、秋两季进行，春天在发芽前进行，秋天在落叶后进行，具体时间依当地的气候条件而定。由于分株法多用于花灌木的繁殖，因此要考虑分株对开花的影响。一般春季开花植物宜在秋季落叶后进行，而夏秋季开花植物应在春季萌芽前进行。

4.3.3 分株方法

4.3.3.1 灌丛分株

将母株一侧或两侧土挖开，露出根系，将带有一定茎干（一般1～3个）和根系的萌株带根挖出，另行栽植。挖掘时注意不要对母株根系造成太大的损伤，以免影响母株的生长发育，减少以后的萌蘖。灌丛分株见图4-16。

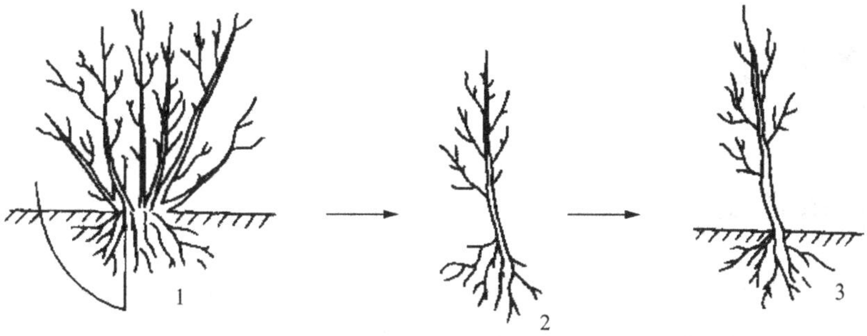

图 4-16 灌丛分株

1. 切割 2. 分离 3. 栽植

4.3.3.2 根蘖分株

将母株的根蘖挖开，露出根系，用利斧或利铲将根蘖株带根挖出，另行栽植。根蘖分株见图 4-17。

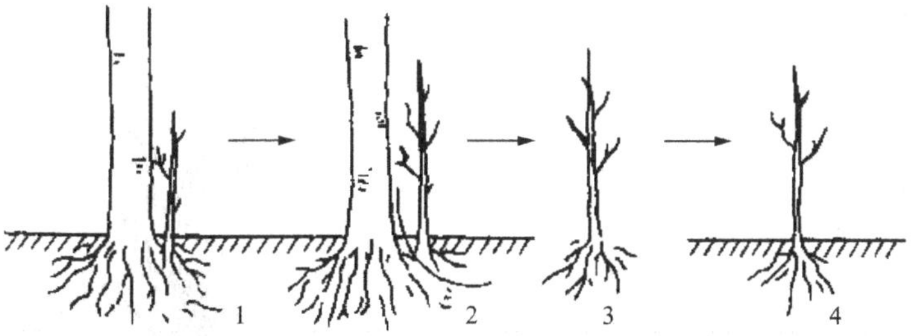

图 4-17 根蘖分株

1. 根蘖 2. 切割 3. 分离 4. 栽植

4.3.3.3 掘起分株

将母株全部带根挖起，用利斧或利刀将植株根部分成有较好根系的几份，每份地上部分均应有 1～3 个茎干，这样有利于幼苗的生长。掘起分株见图 4-18。

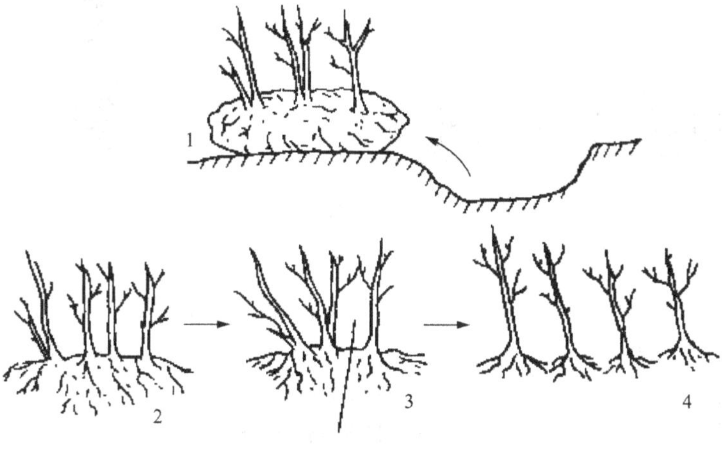

图 4-18 崛起分株

1～2. 挖取 3. 切割 4. 栽植

4.4 压条繁殖

4.4.1 压条育苗

压条繁殖是将未脱离母体的枝条压入土内或空中包以湿润物，待生根后把枝条切离母体，成为独立新植株的一种繁殖方法。此法多用于扦插繁殖不容易生根的树种，如玉兰、蔷薇、桂花、樱桃、龙眼等。

4.4.1.1 压条的种类及方法

压条的种类很多，各不相同，根据埋条的状态、位置及操作方法，可分为低压法和高压法。

1. 低压法

根据压条的状态不同可分为普通压条、水平压条、波状压条及堆土压条等方法，见图 4-19。

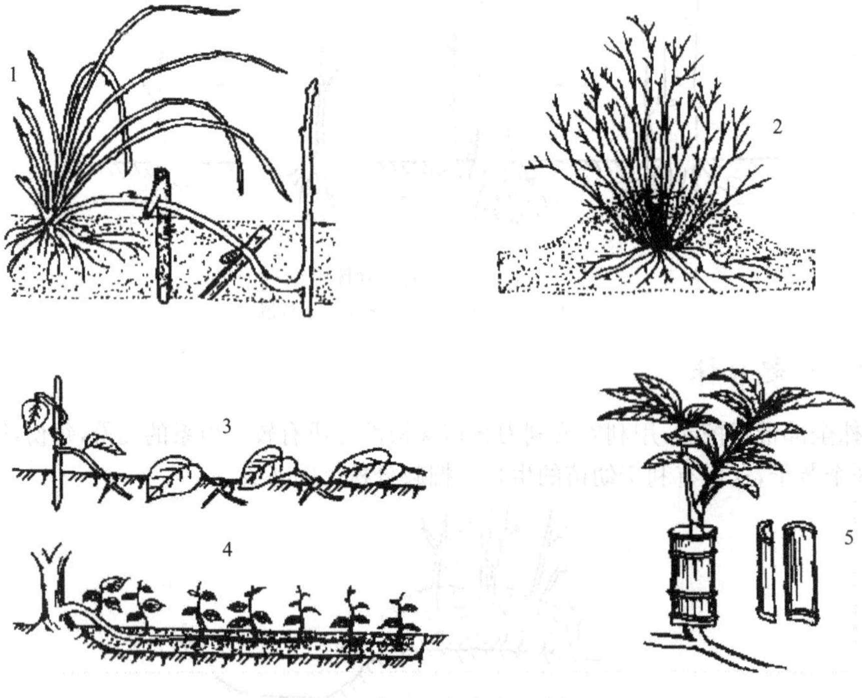

图 4-19 各种压条方法示意图

1. 普通压条 2. 推土压条 3. 波状压条 4. 水平压条 5. 空中压条

(1) 普通压条法 又称单枝压条法，适用于枝条离地面比较近而又易于弯曲的树种，如迎春、夹竹桃、木兰、无花果、大叶黄杨等。具体方法为：在秋季落叶后或早春发芽前，利用 1～2 年生的成熟枝进行压条；雨季一般用当年生的枝条进行；常绿树种以生长期为好。将母株上近地面的 1～2 年生的枝条弯到地面，在接触地面处，挖一深 10～15cm、宽 10cm 左右的沟，靠母树一侧的沟挖成斜坡状，相对壁则垂直。将枝条顺沟放置，枝梢露出地面，并在枝条向上弯曲处插一木钩固定。待枝条生根成活后，从母株上分离即可。一根枝条只能压一株苗。对于移植难成活或珍贵的树种，可将枝条压入盆中或筐中，待其生根后再切离母株。

(2) 波状压条法　适用于枝条长而柔软或为蔓性的树种，如紫藤、荔枝、铁线莲、葡萄等。将整个枝条弯曲成波浪状压入沟中，波谷压入土中，波峰露出地面，使压入地下部分产生不定根，而露出地面的芽抽生新枝，待成活后分别与母株切离成为新的植株。

(3) 水平压条法　适用于枝长且易生根的树种，如连翘、紫藤、葡萄等。通常仅在早春进行。将整个枝条水平压入沟中，使每个芽节处下方产生不定根，上方芽萌发新枝。待成活后分别切离母体栽培。一根枝条可得多株苗木。

(4) 堆土压条法　也叫直立压条法或壅土压条法，适用于丛生性和根蘖性强的树种，如杜鹃、木兰、栀子、贴梗海棠、八仙花等。于早春萌芽前，对母株进行平茬截干，灌木可从地际处抹头，乔木可于树干基部刻伤，促其萌发出多根新枝。待新枝长到 30～40cm 高时，即可进行堆土压埋。一般经雨季后就能生根成活，翌春将每个枝条从基部剪断，切离母体进行栽植。

2. 高压法

又称空中压条法。凡是枝条坚硬不易弯曲或树冠太高枝条不能弯到地面的树枝可采用高压繁殖，如山茶、木兰、桂花、印度橡皮树等。高压法一般在生长期进行。压条时先进行环状剥皮或刻伤等处理，然后用疏松、肥沃土壤或苔藓、蛭石等湿润物敷于枝条上，外面再用塑料袋或对开的竹筒等包扎好。以后注意保持袋内土壤的湿度，适时浇水，待生根成活后即可剪下定植。

4.4.1.2 促进压条生根的方法

对于不易生根或生根时间较长的树种，为了促进压条快速生根，可采用刻伤法、软化法、生长刺激法、扭枝法、缢缚法、劈开法及土壤改良法等阻滞有机营养向下运输而不影响水分和矿物质的向上运输，使养分集中于处理部位，刺激不定根的形成。

4.4.1.3 压条后的管理

压条之后应保持土壤的合理湿度，保持土壤通气和适宜的温度，适时灌水，及时中耕除草。同时要注意检查埋入土中的压条是否露出地面，若露出则需重压。留在地上的枝条如果太长，可适当剪去部分顶梢。

4.4.2 埋条繁殖

埋条繁殖就是将剪下的一年生生长健壮的发育枝或徒长枝全部横埋于土中，使其生根发芽的一种繁殖方法，实际上就是枝条脱离母体的压条法。

4.4.2.1 埋条方法

埋条时间多在春季，有以下几种方法：

1. 平埋法

在做好的苗床上，按一定行距开沟，沟深 3～4cm，宽 6cm 左右，将枝条平放沟内。放条时要根据枝条的粗细、长短、芽的情况等搭配得当，并使多数芽向上或位于枝条两侧。为了防止缺苗断垄，在枝条多的情况下，最好双条排放，并尽可能地使有芽和无芽的地方交错开，以免因芽的短缺造成出苗不均。然后用细土埋好，覆土 1cm 即可，切不可太厚，以免影响幼芽出土。

2. 点埋法

按一定行距开一深 3cm 左右的沟，种条平放沟内，然后每隔 40cm 横跨条行堆成一长 20cm、宽 8cm、高 10cm 左右的长圆形土堆。两土堆之间枝条上应有 2～3 个芽，利用外面较高的温度发芽生长，土堆处生根。土堆埋好后要踩实，以防灌水时土堆塌陷。点埋法出苗快且整齐，株距比平埋法规则，有利于定苗，且保水性能也比平埋法好，但操作效率低，较费工。

4.4.2.2 埋条后的管理

埋条后应立即灌水，以后要保持土壤湿润。一般在生根前每隔 5～6d 灌一次水。在埋条生根发芽之前，要经常检查覆土情况，扒除厚土，掩埋露出的枝条。

1. 培土与间苗

埋入的枝条一般在基部较易生根，而中部以上生根较少且易发芽长枝，因而容易造成根上无苗、苗下无根的偏根现象。因此，当幼苗长至 10～15cm 高时，结合中耕除草，于幼苗基部培土，促使幼苗新茎基部发生新根。待苗高长至 30 cm 左右时，即进行间苗。间苗一般分两次进行，第一次间去过密苗或有病虫害的弱苗，第二次按计划产苗量定苗。

2. 追肥及培垅

当幼苗长至 40cm 左右时，即可在苗行间施肥。结合培垅，将肥料埋入土中，以后每隔 20d 左右追施有机肥一次，一直持续到雨季到来之前。这样前期促进苗木快长。后期停止追肥，使其组织充实、枝条充分木质化，可安全越冬。

3. 修剪除蘖及抚育管理

当幼苗生长至 40cm 左右时，腋芽开始大量萌发。为使苗木加快生长，应该及时除蘖。一般除蘖高度为 1.2～1.5m，不可太高，以防茎干细弱。

此外，浇水、中耕除草、病虫害防治等抚育工作也要及时。

思考题

1. 苗木营养繁殖的特点有哪些？营养繁殖是利用植物的什么能力？
2. 扦插生根的类型有哪些？
3. 扦插生根的生理基础是什么？
4. 影响扦插生根的主要因素有哪些？
5. 促进插条生根的措施有哪些？
6. 嫁接成活的原理是什么？影响嫁接成活的主要因素有哪些？
7. 怎样选择砧木和接穗？
8. 嫁接的主要方法有哪些？如何选择？
9. 简述皮接法、劈接法、丁字形芽接和嵌芽接的技术要点。
10. 嫁接后的主要管理工作有哪些？
11. 常见的压条方法有哪些？

5　园林植物大苗培育

【学习重点】

了解苗木移植的作用和整形修剪的意义；掌握苗木的移植技术、苗木的整形修剪方法和各类园林植物大苗的培育技术。

在现代城镇绿化建设以及旅游区、风景区、森林公园、道路等绿化美化中选用生长健壮、冠形好、根系发达的大苗进行栽植，可以收到立竿见影的效果，很快达到绿化、防护等功能要求，起到美化环境、改善环境的作用。

大苗是指在苗圃中经过多年的培育，成为符合城市绿化要求的大规格苗木。在大苗的培育过程中，最主要的工作就是苗木的移植，同时结合苗木移植进行整形修剪、土肥水管理和病虫草害防治等工作。

5.1　苗木移植

苗木移植就是在苗圃地把生长密集的小苗木挖掘起来，按照规定的株行距在移植区进行栽植，使小苗继续更好地生长发育。

5.1.1　移植的作用

(1) 苗木移植扩大了苗木地上、地下的营养面积，改变了通风透光条件，可使苗木地上、地下生长良好。同时使根系和树冠有扩大的空间，可按园林绿化美化所要求的规格发展。

(2) 苗木移植切去了部分主、侧根，根系紧密集中，能促进须根的发展，有利于苗木生长，可提前达到苗木出圃规格，特别是有利于提高苗木移植成活率。

(3) 在苗木移植过程中对根系、树冠进行了必要的合理整形修剪，人为调节了地上与地下生长平衡。淘汰了劣质苗，提高了苗木质量。苗木分级移植，使培育的苗木规格整齐，枝叶繁茂，树姿优美。

5.1.2 移植苗的苗龄

苗木开始移栽的苗龄，视树种和苗木生长情况等确定。速生的阔叶树，播种后第二年即应移栽，如刺槐、元宝枫、国槐、香椿等。银杏由于播种苗生长缓慢，可以两年后移栽；白皮松、油松等苗期生长较慢，可第二年移栽，也可留床一年，第三年再移栽。同一苗木由于培育环境的差异，幼苗的年生长量不同，视苗木生长情况确定移栽苗龄。

5.1.3 移植的时间、次数和密度

5.1.3.1 移植时间

苗木移植的最佳时间是在苗木休眠期，即秋季苗木停止生长后至翌年春季苗木萌芽前。对于常绿树种也可在生长期移植。只要条件许可，实际上苗木在一年四季均可进行移植。

1. 春季移植

春季是大苗移植的最佳季节。特别是早春，土壤解冻、天气变暖，树液刚刚开始流动，枝芽尚未萌发，蒸腾作用很弱，此时苗木的根系生长要求温度相对较低，土壤温湿度能够满足苗木根系生长的要求，移植的苗木成活率高。

2. 秋季移植

秋季是苗木移植的第二个好季节，在秋季苗木地上部分停止生长后，根系还在生长时进行。这时地上部分停止生长，消耗养分较少，而根系还处于活动状态，移植后根系伤口愈合较快，容易长出新根，苗木成活率高。

3. 夏季移植

夏季温度较高、阳光较强，进行苗木移植时要防止曝晒和水分大量蒸发。苗木移植可在雨季初进行，起苗时带土球并包装，保护好根系，同时对树冠进行修剪，喷水喷雾保持树冠湿润，还要遮阴防晒。

4. 冬季移植

南方地区冬季较温暖、多雨，土壤湿润、不冻结，树苗生长较缓慢，可在冬季进行移植。北方冬季也可带冰坨移植，但技术要求高，移植成本相对较高。

5.1.3.2 移植的次数和密度

苗木移植的次数要根据苗木生长状况和所需苗木的规格确定。一般阔叶树种，苗龄满一年进行第一次移植，以后每隔 2～3 年移植一次，苗龄 3～4 年或 5～8 年就可出圃。针叶树种，一般苗龄满两年开始移植，以后每隔 3～5 年移植一次，苗龄 8～10 年出圃。

移植苗的密度取决于苗木生长速度、苗冠和根系的发育特性、苗木的喜光程度、培育年限、培育目的、管理措施等。一般针叶树的株行距比阔叶树小；速生树种株行距大些，慢生树种应小些；苗冠舒展，侧、须根发达，培育年限较长者，株行距应大些，反之应小些；以机械化进行苗期管理的株行距应大些，以人工进行苗期管理的株行距可小些。一般苗木的株行距可参考表 5-1。

表 5-1 苗木移植株行距

项　目	第一次移植 株距×行距/cm	第二次移植 株距×行距/cm	说　明
常绿树小苗	30×40	40×70 或 50×80	绿篱用苗 1～2 次， 白皮松类 2～3 次
落叶速生树苗	90×110 或 80×120		杨树、柳树等
落叶慢长树苗	50×80	80×120	如槐树、五角枫
花灌木树苗	80×80 或 50×80		如丁香、连翘等
攀缘类树苗	50×80 或 40×60		如紫藤、地锦

5.1.4 移植方法

5.1.4.1 穴植法

人工挖穴栽植，成活率高，生长恢复较快，但工作效率低，适用于大苗移植。在条件允许的情况下，采用机械挖坑挖穴可大大提高工作效率。移植穴直径和深度应大于苗木的根系。挖穴时应根据苗木的大小和设计好的株行距，拉线定点，然后挖穴，穴土应放在坑的一侧，以便放苗木时便于确定位置。栽植深度以略深于原来栽植地径痕迹的深度为宜，一般略深 2～5cm。覆土时混入适量的底肥，先在坑底填一部分肥土，然后将苗木放入坑内，再回填部分肥土。之后，轻轻提一下苗木，使根系伸展，再填满肥土，踩实，浇足水。较大苗木要设立支架固定。

5.1.4.2 沟植法

此法一般适用于移植小苗。先按行距开沟，土放在沟的两侧，以利回填和苗木定点，将苗木按照一定的株距，放回沟内，然后覆土，要让土渗到根系中去，踏实，要顺行浇水。

5.1.4.3 孔植法

先按行、株距画线定点，然后在点上用打孔器打孔，深度与原栽植相同，或稍深一点，把苗放入孔中，覆土。此方法工作效率高。

为提高移栽成活率，栽植时要求做到：根系舒展，严禁窝根；保持根系湿润，打泥浆沾磷肥；适当深栽；移植后要根据土壤环境的湿度，马上浇水，以保证苗木成活。由于苗木是新土定植，苗木浇水后会有所移动，等水下渗后务必要扶正苗木，回填部分土壤并踏实，对容易倒伏的苗木要采取一定措施固定。

5.2 苗木的整形修剪

整形一般针对幼树，是指对幼树实行一定的措施，使其形成一定的树体结构和形态。修剪一般针对大树(或大苗),就是去掉植物的地上部或者地下部的一部分。整形是完成树体的骨架结构。修剪是在骨架结构的基础上培养丰满的侧枝,对于结果树可以增加开花结果的数量,并使开花结果与树体营养生长达到长期平衡。可以说整形是对树体形态的大调整,修剪是局部调整,整形是通过修剪来实现的。

5.2.1 整形修剪的作用

(1) 可以培养出理想的主干,丰满的侧枝,圆满、匀称、紧凑、牢固、优美的树形。通过整形修剪可以使植物按照人们设计好的树形生长发展。

(2) 可以使植株矮化。

(3) 可以改善苗木的通风透光条件,减少病虫害,使苗木健壮、质量提高。

5.2.2 整形修剪的原则

整形修剪总的原则是:按照固有树形循序渐进地培育树体骨架,修剪影响树形的枝,促使苗木快速生长,达到预定树形发展目的。整形修剪操作时应注意以下几个方面。

(1) 修剪程度因树种而异　如不同树种修剪成同一种圆头状,修剪量就不一样。枝叶茂盛的黄杨就会小些,而石楠就会大些。一般地说,落叶树比常绿树耐修剪,如悬铃木就比香樟更耐重剪;灌木比乔木更耐修剪。

(2) 修剪程度因树龄而异　幼苗修剪要轻,老树则可重些。幼树生长势虽旺些,但树形小,重剪会影响树冠的形成。老树枯枝、弱枝多的要重剪,甚至可进行更新修剪。

(3) 修剪程度因时期而异　休眠期修剪比生长期修剪强度大,常以疏枝与短截结合;而生长期则以抹芽、摘心、扭曲、环剥、疏花、疏蕾等为主,修剪强度较小,可减轻树体的养分消耗。凡伤流严重、耐寒性又差的树种,休眠期修剪要在早春发芽前20d前进行,如葡萄、复叶槭、核桃、四照花、枫杨等。

5.2.3 整形修剪的时期和方法

5.2.3.1 修剪的时期

修剪时期分为生长期修剪和休眠期修剪,也可以称为夏季修剪和冬季修剪。夏剪是当年4月至10月,冬剪是10月至翌年4月。在南方四季不明显的都叫夏剪。不同的树种有不同的生物学特性,特别是物候期不同,因此某一树种的具体修剪时间还要根据物候、冬寒、树的伤流等因素具体情况分析确定。对伤流严重的树种如葡萄、核桃、元宝枫等不可修剪过晚;否则,修剪留下的伤口会大量流出汁液使植株受到严重伤害,或等伤流过后修剪。一般落叶树种最好是进行夏剪,夏剪做得好,可以省掉冬剪。常绿树种既适合夏剪,也适合冬剪。

5.2.3.2 常用的整形修剪方法

1. 抹芽

抹芽即去掉枝干上萌发的芽。苗木定干后或嫁接苗干上会萌发很多芽，为了节省养分和整形上的需要，需除掉多余的萌芽，使剩下的枝芽能够正常生长。

在主干上抹芽时，注意选留主枝芽的数量、相距的角度以及空间位置朝向等。一般选留3～5枝、相距相同的角度。留3主枝者，其中一枝朝向正北，另两枝分别朝东南和西南方向；留5枝者相距70°角左右即可。

在树体内部，抹芽时要注意枝条和芽的分布要有一定的距离和空间位置，抹除位置不合适的多余的芽。

2. 摘心

摘心即摘去枝条的生长点(顶芽)。苗木枝条生长不平衡，有强有弱，利用摘心的手法促生分枝，从而达到平衡枝势、控制枝条生长的目的，得到苗木的理想冠形。如在夏季对枝条摘心可促进分枝；在秋季摘心可以促使枝条停止生长，加速木质化，便于安全越冬。

3. 短截

短截即剪去一年生枝条的一部分。短截对枝条有刺激作用，能促进剪口下部的芽萌发，特别是剪口下第一芽，短截越强，促进作用越大。短截有轻短截、中短截、重短截之分。

(1) 轻短截　只剪掉枝梢顶端少部分，剪口下芽饱满时可发育成旺盛枝条；剪口下芽瘦弱，可发育成短枝。

(2) 中短截　是在枝条中部饱满芽上方短截，剪后枝条发育旺盛长势强，多用于培养延长枝。

(3) 重短截　剪去枝条的80%左右。剪口以下的芽可萌发新枝，1～2个芽生长旺盛，其余芽不发育或发育弱，用于弱枝、弱树的复壮。

4. 疏枝

疏枝即从枝条或枝组的基部将其全部剪去。疏去的是一二年生枝条，也可能是多年生枝组。疏枝后使留下的枝条生长态势增强，营养面积相对扩大，树冠的通风透光得到改善，有利于其生长发育。

留枝的原则：宁疏勿密，分布均匀，摆布合理。要注意疏去交叉枝、重叠枝、直立枝、下垂枝、病虫枝、距离近且过分拥挤的枝条或枝组；要经常疏除阻碍主干生长的竞争枝。

为了达到园林绿化对苗木枝条的要求，需要将贴近地面的老枝、弱枝疏除，使树冠层次分明、冠形美观，从而提高观赏价值。

一些萌芽力强的灌木，如玫瑰、连翘、金银木等，丛生枝过多，枝条细弱，应及时疏枝。对于乔木，可调节枝条疏密和树冠结构，但萌芽力弱的树种如玉兰，应慎用疏枝法。

5. 拉枝

拉枝即通过拉引的办法，使主干(枝条)或大枝组改变原来的方向和位置，按预定的位置、干形继续生长。拉枝一般用于盆景及各种造型植物，常用拉、扭、曲、弯、牵引等方法达到所需植物的形状(干形)。如罗汉松、榕树等树种的造型。

6. 刻伤

在枝条或枝干的某处用刀或剪子去掉部分树皮，从而影响枝条或枝干的生长势的方法叫刻伤。苗木枝干受到刻伤后，为了愈合形成愈合组织，刻伤处下方养分得到大量的积累，对伤口以下的芽或枝有促进生长的作用，但对刻伤口上面的枝或芽有抑制生长的作用。刻伤在苗木培育上主要用于缺枝部位补枝。

5.3 苗木的田间管理

苗木移栽后，要使苗木长势好、长得快、成为符合园林绿化要求的优质苗木，田间管理是重要环节之一。

5.3.1 中耕除草

5.3.1.1 中耕

中耕是苗木生长期间对土壤进行的浅层耕作。中耕的目的是疏松表层土壤，截断土壤表层毛细管，减少土壤水分的蒸发，保持土壤水分；增加土壤透气性，有利于微生物的活动，促进有机质分解，提高土壤中有效养分的利用率，促进苗木生长。中耕和除草往往结合进行，这样可以取得双重的效果。

中耕一般在苗木未完全郁闭(封垄)、能运用机械或农具进行作业时期进行。具体时间一般在灌溉或雨后，这时土壤板结，通气性差，杂草较多。中耕的次数根据土壤、气候条件和杂草情况确定。

5.3.1.2 除草

除草工作是在苗木抚育管理工作中工作量最大、时间最长、人力用得最多的一项工作。杂草是苗木的劲敌，同时也是病虫害的根源，因此要在苗圃的生产中安排好这项工作，不要因发生草害而影响苗木正常生产。除草可以用人工除草、机械除草和化学除草，本着除早、除小、除了的原则，大力消灭杂草。在使用化学除草剂来消灭杂草时，要先进行科学试验，再进行大面积推广使用。

5.3.2 灌溉与排水

5.3.2.1 灌溉

当苗圃地田间持水量低于30%、土壤干旱时要进行灌溉。灌溉有沟灌、畦灌、喷灌、滴灌和地下灌溉等多种方法，可根据圃地条件和灌溉设备选择适合的灌溉方式。喷灌灌溉均匀，省水省时，灌溉后土壤不易板结，还能冲洗苗木枝叶，提高光合作用效率，增加空气湿度，是比较好的灌溉方法。

灌溉时应注意如下事项：

(1) 灌溉时间　每年灌溉的开始时间，没有具体要求。北方地区一般都春旱，所以春季苗木萌动时要灌溉。秋季停止灌溉的时间要掌握好，停灌期过早不利于苗木生长，停灌期过晚会降低苗木抗寒抗旱性。适宜的停灌期因地因树种而异，一般而言，大约在霜冻到来之前6～8周为宜。每天灌水的时间是在早晨或傍晚，此时蒸发量小，水温与地温差异也较小，对苗木生长的影响最小。

(2) 苗木的生长时期　在苗木比较小的时期，苗木的根系少而分布较浅，抗旱力弱，宜多次灌溉，每次量要少。定植2年以后的较大苗木可逐渐减少灌溉次数，但每次必须灌透。

(3) 灌溉的连续性　育苗地的灌溉工作一旦开始，就要使土壤水分经常处于适宜的状态，该灌而不灌会使苗木处于干旱环境中，不利于苗木生长，侧根少。土壤追肥后要立即进行灌溉。

(4) 水温与水质　水温低对苗木根系生长不利，可对蓄水池加温以提高水温。不宜用水质太硬或含有害盐类的水灌溉。

5.3.2.2 排水

苗圃地积水就容易造成涝灾或引起病虫害，为了防止这些灾害的发生，必须及时排出雨季圃地的积水。核果类苗木往往在积水中1～2天即可能全部死亡，因此排水要特别及时。北方雨季降水量大而集中，特别容易造成短时期水涝灾害，因此在雨季到来之前应疏通排水系统，将各育苗区的排水口打开，做到大雨过后地表不存水。我国南方地区降雨量较多，要经常注意排水工作，尽早将排水系统和排水口打开以便排除积水。

5.3.3 施肥

5.3.3.1 基肥

苗木移栽前每667m^{2}施腐熟有机肥5000～8000kg，根据土壤状况也可施入适量磷肥。要求均匀撒在土壤表面，经犁、耙将肥混合到土壤中。穴植时可将腐熟有机肥撒入穴中，开沟植时将有机肥撒入沟中。施基肥要达到一定深度，因为较深耕作层的湿度和温度有利于肥料分解，一般以15～20cm为宜。

5.3.3.2 追肥

追肥是苗木生长期间施入的速效肥料，其作用是及时供应苗木旺盛生长时期所需的营养元素，促进苗木生长，提高苗木产量与质量。施肥深度要达到苗木根系分布范围，紧靠根系。追肥次数一般根据圃地情况、苗木生长情况来定。追肥时间一般从速生期的前期开始，最后一次追施氮肥应在苗木速生期的后期。苗木硬化期应施有利于苗木根、茎木质化的磷、钾肥，有利于苗木营养物质的积累和转化，使苗木加速硬化，以提高苗木抗寒性。

追肥一般用速效肥，可撒施、沟施和结合灌溉施入。除结合灌溉施肥外，其他方法施入追肥后应行灌溉，使肥料溶解，以利苗木充分吸收。但是硝态氮肥和尿素由于易淋失，最好在灌溉后或雨后土壤潮湿时进行。

此外，还可以进行叶面施肥(根外追肥)，就是将肥料的稀薄水溶液或专用的叶面肥喷施于苗木叶面的施肥方法。叶面施肥的优点是可避免土壤对肥料的固定和流失，施肥速度快、效率高，可以最快地供应苗木所需的养分。因苗木根系的损伤、土壤条件不好，不宜使用其他追肥方法时，叶面施肥是一种有效的追肥方法。

叶面施肥要在阴天或晴天的上午10时前、下午4时后为宜，以防高温时液肥浓缩，引起肥害。喷药时最好选用压力较大的喷雾器喷洒，并严格掌握浓度。尿素液浓度为0.2%～0.5%，过磷酸钙浓度在0.3%左右为宜。一般幼叶较老叶、叶背较叶面吸水快，吸收率也高，所以喷施时一定要注意喷到叶背和幼叶上，有利于叶面吸收。喷施时可在溶液中添加附着剂，让溶液最大限度地与叶面接触。

5.3.4 病虫害防治

参见第8章内容。

5.4 各类园林大苗培育

5.4.1 落叶乔木大苗培育

落叶乔木大苗培育的规格是：具有高大通直的主干，干高达到2.0～3.5m；胸径达到5～15cm；具有完整紧凑、匀称的树冠；具有强大的须根系。

常见落叶乔木有杨树类、柳树类、银杏、榆树、槐树、椿树、悬铃木、栾树、元宝枫、杜仲、玉兰、合欢、椴树、柿树、水杉、落叶松、七叶树、楸树、鹅掌楸等。

培育方法：第一年生长的高度一般可达1.5m左右。第二年以后可采取两种方法，一是留床养护1年，一般可长到2.5m左右。第三年时以120cm×60cm行株距移植，并定干2.5m，株距小能使苗木长得通直。第四年不动。第五年将株距扩大，隔一株移出一株，行距不变。这时的行株距为120cm×120cm。加强肥水等抚育管理，速长一年，第六年或第七年时即可长成大苗出圃。另一种是将一年生苗移植，行株距为60cm×60cm，尽量多保留地上部枝干，加强肥水管理，促进根系生长，地上部不修剪，这一年重点是养根。第三年于地面平茬剪截，只留一壮芽，当年可长到2.5cm以上、具有通直树干的苗木。第四年不动。第五年隔行去行，隔株去株，变成120cm×120cm行株距。第六年速长1年。第七年或第八年即可长成大苗。移植出的苗木还可以120cm×120cm定植，第五年、第六年速长2年，第七年或第八年也可长成大苗出圃。

对于落叶树种中干性生长不强的乔木，采用逐年养干法往往树干弯曲多节，苗木质量差，因此，可采用先养根后养干的办法，使树干通直无节痕。对于落叶树种中如银杏、柿树、水杉、落叶松、杨、柳、白蜡、青桐等乔木，在幼苗培育过程中干性比较强，又不容易弯曲，而且有的树种生长速度较慢，每年向上长一节(段)都不容易，只能采用逐年养干的方法。采用逐年养干必须注意保护好主梢的绝对生长优势，当侧梢太强超过主梢，与主梢发生竞争时，要抑制侧梢的生长，可以采用摘心、拉枝或剪截等办法。

在培育大苗期间，乔木大苗2m以下的萌芽要全部抹除，原因是这些枝芽在下部内膛，光照不良，制造养分少，消耗养分多。在修剪方法上，要以主干为中心，竞争枝粗度超过主干一半时就要进行控制，短截或疏除竞争枝。

5.4.2　落叶小乔木大苗培育

这类大苗培育的规格是：具有一定主干高度，一般主干高 60～80cm，定干部位直径 3～5cm，要求有丰满匀称的冠形和强大的须根系。

主要树种有各种碧桃、樱花、海棠、榆叶梅、梅花、樱桃、紫叶李、紫叶桃、桃、山杏、杏苹果、梨、枣、石榴、山楂等。

培育方法：在第一年培育过程中，在苗木长到 80～100cm 时摘心定干，留 20cm 整形带，促生分枝，增加干粗。整形带中多余的萌芽和整形带以下的萌芽全部清除，或进行摘心控制其生长。第二年可按 60cm×50cm 行株距定植，移植后注意除去多余萌芽并加强肥水管理。注意选留第一层主枝，一般留主枝 3～5 个，相互成 120°角，其余枝条要多次摘心控制其生长。第三年速长 1 年。第四年可隔行去行，隔株去株，变成 120cm×100cm 行株距。移出的苗木也以同样的行株距定植。再培养 1～2 年即可养成定干直径 3～5cm 的大苗。在大苗培养期间要注意第二层和第三层主枝的培养。

落叶小乔木大苗树冠冠形常有两种：一种是开心形树冠，定干后只留整形带内向外生长的 3～4 个主枝，交错选留，与主干呈 60°～70°开心角。各主枝长至 50cm 时摘心促生分枝，培养二级主枝，即培养成开心形树形。另一种是疏散分层形树冠，有中央主干，主枝分层分布在中干上，一般一层主枝 3～4 个，二层主枝 2～3 个，三层主枝 1～2 个。层与层之间主枝错落着生，夹角角度相同，层间距 80～100cm。要注意培养二级主枝。层间辅养枝要保持弱或中等生长势，不能影响主枝生长，多余辅养枝全部清除。也要注意修剪掉交叉枝、徒长枝、直立枝等。主枝角度过小要采用拉枝的办法开角。

5.4.3　落叶灌木大苗培育

5.4.3.1　落叶丛生灌木大苗培育

这类大苗的规格要求为每丛分枝 3～5 枝，每枝粗 1.5cm 以上，具有丰满的树冠丛和强大的须根系。

主要树种有丁香、杜鹃、连翘、紫荆、紫薇、迎春、珍珠梅、棣棠、玫瑰、黄刺梅、贴梗海棠、锦带花、蔷薇、木槿、金银本、太平花、蜡梅、牡丹及竹类等。这些树种主要以播种、扦插、分株、压条等方法进行繁殖。一年生苗大小也不均匀，特别是分株繁殖的苗木差异更大，在定植时注意分级定植。播种和扦插苗，一般第二年应留床保养一年，第三年以 60cm×60cm 行株距移植，培育 1～2 年即成大苗。分株苗直接以 60cm×60cm 行株距移植，直至出圃。

在培育过程中，注意每丛所留主枝数量，不可留得太多，否则易造成主枝过细，达不到应有的粗度。多余的丛生枝要从基部全部清除。丛生灌木不能太高，一般 1.2～1.5m 即可。

5.4.3.2　丛生灌木单干苗的培育

丛生灌木在一定的栽培管理和整形修剪措施下，可培养成单干苗，观赏价值和经济价值都大大提高。如单干紫薇、丁香、木槿、连翘、金银木、太平花等。

培育方法是选健壮最粗的一枝作为主干，主干要直立，若有的主枝易弯曲下垂，可设立柱支撑，将枝干绑在支柱上，将其基部萌生的芽或其他枝条全部剪除。培养单干苗要在整个生长季经常剪除萌生的芽或多余枝条，以便集中养分供给单干或单枝生长发育。

5.4.4 落叶垂枝类大苗培育

垂枝类大苗的规格为：具有圆满匀称的馒头形树冠，主干胸径 5～10cm，树干通直，有强大的须根系。这类树种主要有龙爪槐、垂枝红碧桃、垂枝杏、垂枝榆等，均为高接繁殖的苗木，枝条全部下垂。

5.4.4.1 繁殖砧木与嫁接

垂枝类树种都是原树种的变种，要繁殖这些苗木，首先是繁殖嫁接的砧木，即原树种。原树种采用播种繁殖，用实生苗做砧木，也可用扦插苗做砧木，一般 1～3 年生幼苗不能嫁接，因砧木粗度不够，嫁接成活后，由于砧木较细弱，接穗生长很慢，树冠形成也慢，特别是树干增粗就更慢。所以先把砧木培养到一定粗度，然后才开始嫁接。接口粗度达到 3cm 以上直径最为适宜，这样操作起来比较容易，嫁接成活率高。由于砧木较粗，接穗生长势很强，接穗生长快，树冠形成迅速，嫁接后 2～3 年即可开始出圃。

嫁接接口高度有 220cm、250cm、280cm 等，现有许多采用低接的，在 80cm 或 100cm 处。如垂枝杏、垂枝碧桃嫁接的高度一般是在 100cm 左右。有的盆景嫁接位置更低。嫁接的方法可用插皮接、劈接，插皮接操作方便、快捷、成活率高。培养多层冠形的可采用腹接和插皮腹接。

5.4.4.2 嫁接成活养冠

要培养圆满匀称的树冠，必须对所有下垂枝进行修剪整形。原因是枝条下垂，生长势很快变弱，若不加以生长刺激，很快就会变弱死亡。垂枝类一般夏剪较少，夏剪培养的冠枝往往过于细弱，不能形成牢固树冠。生长季主要是积累养分阶段。培养树冠主要在冬季进行修剪。枝条的修剪方法是在接口位置画一水平面，沿水平面剪截各枝条，或有的枝条可向上向下有所移动，一般都采用重短截，几乎剪掉枝条的 90%。剪口芽要选留向外向上生长的芽，以便芽长出后向外向斜上方生长，逐渐扩大树冠。树冠内直径小于 0.5cm 的细弱枝条全部剪除，个别有空间的可留 2～3 个枝条。短截后所剩枝条都要呈向外放射状生长，交叉比较严重的枝条也要从基部剪掉，直立枝、下垂枝、病虫枝、细弱小枝要清除掉。经 2～3 年培育即可形成圆头形树冠。

5.4.5 常绿乔木大苗培育

常绿乔木苗培育的规格为：具有该树种本来的冠形特征，如尖塔形、胖塔形、圆头形等；树高 3～6m，若有枝下高，应为 2m 以上；不缺分枝，冠形匀称。

5.4.5.1　轮生枝明显的常绿乔木大苗培育

轮生枝明显主要是指轮生枝节间不再生有分枝，只是节上有分枝，树种主要有油松、华山松、白皮松、红松、樟子松、黑松、云杉、辽东冷杉等。这类树种有明显的中心主梢和主干，主梢每年向上长一节，同时分生一轮分枝，幼苗期生长速度慢，每节有几厘米、十几厘米，随着苗龄渐大，生长速度逐渐加快，每年每节生长达 40～50cm 左右。培育一株高 3～6m 的大苗，需 15～20 年甚至更长。这类树种具有明显的主梢，而主梢一旦遭到损坏，整株苗木将失去培养价值。因此要特别注意在培养过程中保护主梢。

一般一年生播种苗再留床保养 1 年。第三年开始移植，苗高 15～20cm，行株距为 50cm×50cm。第四年、第五年、第六年速长 3 年不移植。第六年时苗的高度 50～80cm。第七年行株距已显小，以 120cm×120cm 行株距进行移植。第八年、第九年、第十年又速长 3 年，这时的苗木高度 1.5～2.0m。第 11 年以 4m×3m 行株距进行第三次移植。第十二年、第十三年、第十四年、第十五年速长 4 年不移植。这时的苗木高度可达 3.5～4m。注意从第十一年开始，每年从树干基部剪除一轮分枝，以促进高度生长。

5.4.5.2　轮生枝不明显的常绿乔木大苗培育

主要树种有雪松、桧柏、侧柏、龙柏、铅笔柏、杜松等。这些树种幼苗期的生长速度比轮生枝明显的常绿树种稍快，因此在培育大苗时有所不同。一年生播种苗或扦插苗可留床保养 1 年（侧柏等生长快的也可不留床）。第三年移植时苗高约为 20cm 左右，行株距可为 60cm×60cm。第四年、第五年速长 2 年，第五年时苗高 1.5～2.0m。第六年进行第二次移植，即生长速度较快的常绿树种可 3 年进行一次移植，行株距为 150cm×130cm。第七年、第八年速长 2 年，长成苗木高度可达 3.5～4m 的大苗。在培育的过程中要注意剪除与主干竞争的枝梢，或摘去竞争枝的生长点，培育单干苗。

5.4.6　常绿灌木大苗培育

常绿灌木类树种很多，主要有大叶黄杨、小叶黄杨、冬青、火棘、女贞、沙地柏、铺地柏、千头柏、花柏、桧柏、侧柏、龙柏等。这类树种的大苗规格为株高 1.5m 以下，冠径 50～100cm，具有一定造型、冠型或冠丛的大苗，主要用作绿篱、孤植、组形、造型、色带、色块等。这类苗木以扦插和播种繁殖为主。一年生苗高为 10cm 左右。第二年即可移植，行株距为 50cm×30cm。第三年、第四年速长 2 年不移植。这时苗高和冠径可达 25cm。这期间要注意短截促生多分枝，一般每年修剪 3～5 次，生长快的南方可修剪 5 次，北方可修剪 3 次。第五年以 100cm×100cm 行株距进行第二次移植。第六年、第七年养冠 2 年或造型。注意生长季剪截冠枝，增加分枝数量。这时株高和冠径均可在 60cm 以上。

在培养柏树造型植物时，播种幼苗往往出现形态分离现象，有的苗木枝叶浓密，有的枝叶稀疏。要选择枝叶浓密者作为造型植物，稀疏苗不能使用。采用优良品种进行无性繁殖，苗木质量高，容易造型。

单株造型树冠形成比较慢，现多采用多株合植在一起造型的方法。如黄杨一般可 3～4 株合植，桧柏球可 3 株合植。合植一开始冠径就比较大，因此行株距不能与单株栽植相同，要适当加大,定植初期行株距 60cm×60cm,第二次定植为 120cm×120cm。

5.4.7 攀缘植物大苗培育

攀缘植物有紫藤、地锦、凌霄、葡萄、猕猴桃、铁线莲、蔷薇、常春藤等。这类树种的大苗要求规格是地径大于 1.5cm,有强大的须根系。

培育的方法是先做立架,按 80cm 行距栽水泥柱,栽深 60cm,上露 150cm,桩距 300cm。桩之间横拉 3 道铁丝连接各水泥桩,每行两端用粗铁丝斜拉固定,把一年生苗栽于立架之下,株距 15～20cm。当爬蔓能上架时,全部上架,随枝蔓生长,再向上放一层,直至第三层为止。培养 3 年即成大苗。利用建筑物四周或围墙栽植小苗来培养大苗,即节省架材,又不占好地。现有许多利用平床来养大苗的,由于枝蔓顺地表爬生,节间易生根,苗木根基增粗很慢,需用很长时间才能养成大苗。

思考题

1. 苗木移栽的方法有哪些?
2. 树冠整形修剪的方法有哪些?
3. 通过哪些措施可保证苗木移栽成活?
4. 简述常绿乔木养干养冠的方法。
5. 采取什么培育方法来培养落叶乔木大苗?

6　苗木出圃

【学习重点】

了解苗木调查方法、出圃苗木的质量标准与分级标准；熟悉苗木检疫与消毒以及苗木包装和运输的方法；掌握苗木起苗和假植的技术操作规程。

苗木出圃是将在苗圃中培育至一定规格的苗木挖起，运往城乡绿化场所进行栽植。苗木质量的优劣直接关系到园林绿化的效果，为了保证苗木出圃质量及栽植后的观赏效果，对出圃苗木质量进行评价十分重要。苗木出圃的工作包括苗木调查、起苗、分级、检疫、消毒、包装、运输和贮藏等。

6.1　苗木出圃前的调查

苗木调查就是对苗圃地里所培育的园林植物苗木进行数量和质量的调查。

6.1.1　调查目的和时间

通过调查，了解全圃园林植物的数量和质量，以便做出苗木的出圃计划和翌年的生产计划，进一步掌握各种苗木的生长发育状况，科学地总结育苗经验，为今后的生产提供科学依据。

苗木调查的时间一般在苗木出圃前，多数时间在秋季苗木停止生长以后。

6.1.2　调查方法

在苗木调查前，首先查阅育苗技术档案中记载的技术措施，并深入各生产区，以便划分调查区和确定调查方法。凡是树种、苗龄、育苗方式方法及主要育苗技术措施等都相同的苗木，可划分为一个调查区。根据调查区的面积确定抽样面积(一般为调查区总面积的3%左右)，在样地上统计苗木数量，逐株调查苗木的各项质量指标，最后根据样地面积和调查区面积，计算出调查区的总产苗量，进而统计出全圃各类园林植物苗木的产量与质量。

常用的苗木调查方法有：

6.1.2.1 记数法

对于珍贵苗木、针叶树苗木和数量比较少的苗木，为了数据准确，常按垄或畦逐株点数，并抽样测量苗高、地径或胸径、冠幅等，计算出平均值，以掌握苗木的数量和质量。有些苗圃还对准备出圃的苗木进行单独清点测量，并在树上做好规格标志，方便出圃。

6.1.2.2 标准行法

适用于移植区、部分大苗区以及扦插苗区等。在要调查的苗木生产区中，每隔一定的行数（如5的倍数），选一行或一垄作为标准行，再在标准行上选出有代表性的一定长度的地段，在选定的地段上进行苗木质量指标和数量的调查，然后计算出调查地段苗行的总长度和单位长度的产苗量，并以此推算出单位面积的产苗量和质量，进而推算出全生产区的产苗量和质量。

6.1.2.3 标准地法

适用于苗床育苗和播种的小苗。在调查区内随机抽取 $1m^2$ 的标准地若干，在标准地上调查苗木的数量和质量，并计算出每平方米苗木的平均数量和质量，进而推算出全生产区苗木的数量和质量。

在调查中需按不同树种、不同育苗方法、不同苗木的种类和苗龄分别进行调查、记载和计算统计，将合格苗与不合格苗分别统计归纳，最后汇总填写苗木调查统计表（表6-1），以此作为苗木出圃依据。

表6-1 苗木调查统计表

年 月 日

生产区	类别	树种	苗龄	面积	质量			株树	备注
					高度	地径	冠幅		

6.2 苗木出圃的质量标准

出圃的苗木多数是直接用于城市园林绿化，其质量关系到城市绿化的效果。高质量的苗木对不良环境抵抗能力强，栽后成活率高，在城市绿化中能充分发挥其观赏价值和绿化效果，满足各层次绿化的需要。因此，必须把握好出圃苗木的质量关，对出圃苗木制定一定的质量标准，确保出圃苗木为优质壮苗。例如，北京市园林局非常重视苗木的质量，根据多年来的经验，制订了“五不出”的要求，即不够规格的不出、树形不好的不出、根系不完整的不出、有严重病虫害的不出、有机械损伤的不出。

6.2.1 苗木出圃的质量要求

苗木质量的指标有生理指标、形态指标和艺术指标等，根据生理、形态和观赏价值的整体水平来评价苗木的质量。一般把根系发达、生长茁壮、无病虫害、规格及形态符合设计要求的苗木作为优质苗木。优质苗木的具体形态特征要求如下：

(1) 苗木生长健壮，树形完整，骨架基础良好。

(2) 苗木根系发育良好，主根短而直，侧根、须根多且有一定长度，起苗时不受机械损伤。

(3) 苗木的茎根比小，高径比适宜，重量大。茎根比是指苗木地上部分鲜重与根系鲜重之比。茎根比小，反映出根系较大，一般表明苗木生长强壮。高径比是苗高与地际直径之比，它反映了苗木高度与粗度之间的关系，高径比适宜的苗木，生长匀称，干形好，质量高。另外，同一种苗木，在相同的条件下栽培，重量大的苗木一般生长健壮，根系发达，品质优良。

(4) 苗木无病虫害和机械损伤。

(5) 对于萌芽力弱的针叶树种，要有饱满的顶芽，且顶芽无二次生长现象。

(6) 一般使用的苗木应经过移植培育。五年生以下的苗木移植培育次数至少1次；五年生以上(含五年生)的苗木移植培育次数至少2次。

评定苗木质量的指标有很多，要根据苗木的质量进行全面分析。目前国外还从苗木的含水量、苗木根系的再生能力、苗木的抗逆性等生理指标来评定苗木质量的优劣。

6.2.2 出圃苗木的规格要求

出圃苗木的规格，需根据绿化任务的不同要求来确定，如用作行道树、庭荫树或者重点绿化的地区的苗木，规格要求较大，而一般绿地用苗规格要求可小些。但随着城市建设的发展，人们对绿化美化效益的急切追求，对苗木的规格要求有逐渐加大的趋势。表6-2为北京市园林局执行的苗木出圃规格标准(2003年)，以供参考。

6.2.2.1 大中型落叶乔木

如国槐、毛白杨、合欢、元宝枫等树种，要求树干直立，树型良好，胸径在3cm以上(行道树苗在4cm以上)，分枝点在2～3m为出圃苗木的最低标准。干径每增加0.5cm，提高一个规格级。

6.2.2.2 有主干的果树、单干式的灌木和小型落叶乔木

如榆叶梅、柿树、西府海棠、苹果、碧桃、垂丝海棠、紫叶李等，要求树冠丰满，枝条分布匀称，地径在2～3cm以上为出圃苗木的最低标准。地径每提高0.5cm，提高一个规格级。

6.2.2.3 多干式灌木

要求地径分枝处有3个以上分布均匀的主枝。但由于灌木种类繁多，树型各异，又可分为大、中、小型，各型规格要求如下：

1. 大型灌木类

如金银木、黄刺玫、珍珠梅、丁香等，出圃高度在80cm以上。高度每增加30cm，提高一个规格级。

2. 中型灌木类

如木香、紫荆、紫薇、棣棠等，出圃高度在50cm以上。高度每增加20cm，提高一个规

格级。

3. 小型灌木类

如小檗、郁李、月季等，出圃高度在30cm以上。高度每增加10cm，提高一个规格级。

6.2.2.4 常绿乔木

要求苗木树型丰满，主枝顶芽茁壮、明显，保持各树种特有的冠形，苗干下部枝叶无脱落现象。苗木高度在1.5m以上，胸径在5cm以上为最低出圃标准。高度每增加50cm，提高一个规格级。

6.2.2.5 绿篱苗木

如小叶黄杨、侧柏等，要求苗木树势旺盛，基部枝叶丰满，全株成丛。冠丛直径20cm以上，高50cm以上为出圃苗木的最低标准。苗木高度每增加20cm，提高一个规格级。

6.2.2.6 攀缘类苗木

如葡萄、地锦、凌霄等，要求生长旺盛，根系发达，枝蔓发育充实，腋芽饱满，每株苗木必须带2～3个主蔓。此类苗木以苗龄确定出圃规格，每增加一年提高一级。

6.2.2.7 人工造型苗木

如黄杨、龙柏等植物球，培育年限较长，出圃规格各异，可按不同要求和不同使用目的而定，但球体必须完整、丰满。游龙式的龙柏，各个侧枝顶部必须向同一个方向扭曲。树状月季要具有1m以上的枝下高，4～5个分布均匀的枝条。

表6-2 绿化用苗出圃规格

树 种	出圃规格		出圃年龄/年	质量要求
	高度/m	干径/cm		
油松、雪松、龙柏	>3		15	树冠丰满、有主枝
白皮松、华山松	>3		20	
圆柏、杜松、侧柏（绿篱用苗）	>0.8		4～5	枝条丰满、培育期抹头一次，独干有主尖、树冠丰满或露干不超过60cm
圆柏、杜松	>4		15	
黄杨、沙地柏	>0.5	30（冠丛）	绿篱用苗	
		5～6		
女贞	>1		3	
竹子	>2		>5	有主尖，无透翅蛾和根癌病
毛白杨	>4	>3	4～5	树冠丰满
新疆杨	>4	>3	4～5	树冠丰满
加杨、北京杨	>4	>3	4～5	树冠丰满

（续表）

树　种	出圃规格		出圃年龄/年	质量要求
	高度/m	干径/cm		
旱柳	>4	>3	3～4	树冠丰满
垂柳	>3.5	>3	4～5	树冠丰满
刺槐	>4	>3	4～5	树冠丰满
国槐	>4	>4	5～7	分枝点 2～2.5m
臭椿	>4	>4	有小分枝	

6.3 出圃苗木起苗与分级

6.3.1 起苗

起苗又叫掘苗，就是把已达到出圃规格或需移植扩大株行距的苗木从苗圃地上挖起来。这一工作是苗木生产的重要环节之一，直接影响苗木的质量和移植成活率、苗圃的经济效益以及城市绿化效果。因此，起苗工作必须认真细致，办法得当，严格掌握技术要求，保证苗木质量。

6.3.1.1 起苗时间

起苗的时间主要由苗木的生长特征决定。适宜的起苗时间是苗木的休眠期。落叶树种起苗时间原则上应在苗木秋季落叶后或春季萌芽前的休眠期进行，但有些树种也可在雨季进行。常绿树种的起苗，北方一般都在雨季或春季进行，南方则在秋后 10 月份或春季转暖后的 3～4 月及梅雨季节进行。

1. 秋季起苗

秋季起苗时间始于秋季落叶、地上部停止生长，止于地面封冻之前。这个阶段，树上部营养物质大量回输根部，地下部温度较高，根系仍在生长，起苗后及时栽种，有利于根系伤口愈合。萌芽早的一些植物，如水杉等春季发芽早的树种，应在秋季起苗。另外，秋季起苗可利用休闲的劳动力，以减轻春季劳动力紧缺的矛盾，并结合秋耕改良土壤，消灭病虫害。

2. 春季起苗

在园林苗圃中，春季出圃苗木是一年中的高峰，各类苗木均适宜在春季萌动前起苗移栽，萌动后起苗影响苗木的成活率。不宜冬季假植的常绿树种和不便进行假植的大规格落叶乔木主要在春季起苗，最好随起随栽。不同植物起苗、栽植的顺序是：萌芽早的植物早起苗早栽植，萌芽晚的植物晚起苗晚栽植。根据植物特性，有些裸根起苗，有些则要带土球起苗。

3. 夏季起苗

在夏季雨水多时起苗南北方均可进行，多用于针叶常绿树种，如：樟子松、油松、云杉等。起苗时间一般在傍晚、凌晨或者夜间其他时间进行，并随起随栽。对于有些阔叶树种此时起苗，要进行必要的修剪，以减少蒸腾。

4. 冬季起苗

北方地区较少采用，主要原因是环境温度较低，影响苗木成活。但也有冬季起苗的，主要用于大苗破冻土，需带土球起苗。南方相对温度较高，宜于冬季起苗，起苗后栽植成活率高。

6.3.1.2 起苗方法

1. 人工起苗

(1) 裸根起苗　多数落叶树种和容易成活的针叶树小苗均可裸根起苗。

起小苗时，沿苗行方向距苗木规定距离 20cm 左右(视根系大小而定，要在主要根系分布区外)处挖一条沟，在沟壁下侧挖出斜槽，根据根系要求的深度切断苗根，再从苗的另一侧垂直下铁锹，切断侧根，把苗木推在沟中即可取苗。取苗时注意把根系全部切断再拣苗，不可硬拔，否则易损伤根系。

大苗裸根起苗方法与上述方法基本相同，但由于根系较大，宜单株挖掘，挖沟的距离和深度均要加大。先在距离苗木约其地径 7～10 倍(视根大小而定)以外的周围切断全部侧根，再于一侧向内深挖，将主根切断，然后将苗木轻轻放倒在地，再敲击打碎根部泥土，尽量保留须根。苗木起后，应做好苗木的保湿；有的起后应立即打浆，用湿草帘包起，防止风干，如果不立即栽植，应假植。

(2) 带土球起苗　一般常绿树、少数阔叶树、名贵树木和较大的花灌木的根系不发达，或须根较少，或发须根的能力很弱，而蒸腾量却很大，裸根栽植较难成活，常采用带土球挖苗。土球的大小因苗木大小、树种成活难易、根系分布情况、土壤质地以及交通运输等条件而定。根系分布广、成活难的土球应大一些。土球的大小应适宜，过大易造成散失，过小伤根过多，都不利于苗木成活。一般土球直径约为苗木地径的 7～10 倍，土球高度约为其直径的 2/3，灌木的土球大小以其冠幅的 1/4～1/2 为标准。

起苗时先用草绳将树冠捆好，再将苗干周围无根生长的表面土壤铲去，以减轻土球重量，然后以苗木基部为圆心，在规定带土球大小的外围挖一条操作沟，沟深同土球高度，沟壁垂直。达到所需深度后，就向内斜削，将土球表面及周围修平，使土球上大下小呈坛子形。起掘时，遇到细根用铁锹斩断，3cm 以上粗根用枝剪剪断。土球修好后，用锹从土球底部斜着向内切断主根，使土球与地底分开，最后用稻草、草绳等将土球包扎好。

2. 机械起苗

用机械起苗可以大大提高工作效率，减轻工作强度，而且起苗的质量好。目前很多规模大的苗圃均用起苗犁起苗。

6.3.1.3 起苗注意事项

(1) 控制好起苗深度及范围。为保证起苗质量，应注意苗根的长度和数量，尽量保证苗根的完整。一般针叶、阔叶树实生苗起苗深度为 20～30cm，扦插苗为 25～30cm。

(2) 不要在刮大风天气起苗，否则失水过多，降低成活率。

(3) 若起苗前遇干旱、土壤干燥，应在起苗前2～3天灌水，使土壤湿润、松软，减少对根系的损伤。

(4) 为提高栽植成活率，应随起随运随栽。对不能及时出圃的要进行覆盖或给根系蘸泥浆或假植，以防土球或根系干燥，同时减少苗木水分蒸发。针叶树在起苗时应特别注意保护顶芽和根系。

(5) 起苗时操作要细致，工具要锋利，保证起苗质量。

6.3.2 苗木分级与统计

苗木分级又叫选苗，即按苗木质量标准把苗木分成不同等级。

由于苗木等级反映苗木质量，因而苗木分级应根据苗木级别规格进行，这样可以提高苗木栽植的成活率，并使栽植后生长整齐一致，更好地满足设计和施工的要求，同时也便于苗木包装运输和出售标准的统一。出圃的苗木规格因树种、地区和用途不同而有差异，除一些特别整形的观赏苗木外，一般优良乔木苗的要求是：

(1) 根系发达，主根不弯曲，侧根、须根多。

(2) 苗干粗壮、通直、圆满、均匀，并有一定高度，枝梢充分木质化，顶芽完整健壮。

(3) 根颈较粗。

(4) 没有病虫害和机械损伤。

除上述要求外，不同种类的苗木还有不同规格的要求，如行道树特别要求分枝点有一定的高度；果苗要求骨架牢固，主枝分枝角度大，接口愈合牢靠，品种优良纯正等。园林苗木种类繁多，规格要求复杂，目前各地尚无统一标准，一般说来，都根据苗龄、高度、根颈直径(或冠径)来进行分级。

在苗木分级时应剔除不合格的苗木，这些苗木有的可以继续留在苗圃培养，质量太差者应淘汰。

苗木的分级工作应在背阴避风处进行，并做到随起随分级随假植，以防风吹日晒或损伤根系。

苗木的统计一般与分级同时进行。统计时为了提高工作效率，对于小苗可以采用称重的方法，由苗木的重量折算出其总株数。统计数量简便易行的办法是计数法。统计好后，按50株或100株捆成捆。

6.4 苗木检疫与消毒

6.4.1 苗木检疫

为了防止危险性病虫害随着苗木的调运传播蔓延，对病虫害进行有效控制，输出输入苗木的检疫工作十分必要。近年来，国际间或国内地区间苗木交换日益频繁，因而病虫害传播的危险性也越来越大、范围越来越大，所以在苗木出圃前，要做好出圃苗木的病虫害检疫工作。苗木外运或进行国际交换时，按照《植物检疫条例》的有关规定，需专门检疫机关检验。对于未发现检疫对象的苗木，发给检疫证书，方可调运。如发现检疫对象应立即停止调运，及时划出疫区，封销苗木，并采取措施就地消毒、熏蒸、灭菌，以扑灭检验对象。

6.4.2 苗木消毒

带有"检疫对象"的苗木出圃前必须消毒外，严重的苗木应烧毁。此外，有条件的最好对出圃苗木都进行消毒，以便控制病虫害的传播。常用的苗木消毒方法如下：

1. 硫酸铜水消毒

用0.1%～1.0%的硫酸铜溶液处理5min，然后再将其浸在清水中洗净。此药主要用于休眠期苗木根系的消毒，不宜用作全株苗木消毒。

2. 升汞水消毒

用0.1%浓度的升汞水溶液浸20min，再用清水冲洗1～2次。在升汞水中加入醋酸盐酸，杀菌的效力更大。同时，加酸可以减低升汞在每次浸渍中的消耗。

3. 波尔多液消毒

用1∶1∶100式波尔多液浸10～20min，再用清水冲洗根部一次。对李属植物要慎重应用，尤其是早春萌芽季节更应慎重，以防药害。

4. 石硫合剂消毒

用4～5波美度石灰硫磺合剂水溶液浸10～20min，再用清水冲洗根部一次。

5. 药剂熏蒸

药剂熏蒸的方法有常压熏蒸和减压（真空）熏蒸。常压熏蒸适用于除治苗木表面害虫，减压熏蒸用于除治植物内部取食的害虫，某些娇嫩的植物材料不能采用减压熏蒸。熏蒸剂的种类有很多，常用于苗木消毒的有溴甲烷和氢氰酸。药剂熏蒸是一项技术性很强的工作，使用的熏蒸剂对人体有很强的毒性，工作人员必须认真遵守操作规程，特别注意安全。熏蒸的时间依树种的不同而异，见表6-3。

表6-3 氢氰酸熏蒸苗木的药剂用量及时间（熏蒸面积100m²）

药剂处理 / 树种	硫酸/g	氰酸钾/g	水/ml	熏蒸时间/min
常绿树	450	250	700	45
落叶树	450	300	900	60

6.5 苗木包装和运输

6.5.1 苗木包装

对出圃苗木进行包装是为了保护根系、控制树冠水分蒸发和维持断根后苗木水分代谢平衡，以提高栽植成活率。

苗木长途运输时，必须对苗根进行保水处理，并包装苗木，这样可以防止苗木失水，避免机械损伤，同时也便于搬运、装卸。常用的包装材料有草绳、草包、麻袋、聚乙烯袋、聚乙烯编织袋等。苗木保鲜袋是目前较为理想的苗木包装材料，它由三层薄膜复合而成，外层为高反射层，光反射率达50%以上；中层为遮光层，能吸收外层透过的光线达98%；内层为保鲜层，能缓释出抑制病菌生长的物质，防止病害发生，而且这种袋可重复多次使用。

包装可用包装机包装或手工包装。现代化苗圃大多有一个温度低、相对湿度较高的苗木包装车间。在传送带上去除废苗，将合格苗按重量经验系数计数包装。手工包装，先将湿润物放在包装材料上，然后将苗木根对根放在上面，并在根间加些苔藓、湿稻草等湿润物，再将一定数量的苗木卷成捆，用绳子等捆扎。

短距离运输时，苗木可散放在篓筐中，在筐底放一层湿润物，再将苗木根对根地分层放在湿铺垫物上，并在根间填充湿润物。筐装满后，最后在苗木上放一层湿润物即可。

对于带土球的大苗应单株包装，常采用草绳和蒲包包装。传统的包装方法有橘子包、井字包、五角包等。为增加包装材料的韧性和拉力，打包之前可将草绳用水浸湿。

苗木包装容器外要系上固定的标签，注明树种、苗龄、苗木数量、等级、生产苗圃名称、包装日期等资料。

6.5.2 苗木运输

6.5.2.1 裸根苗的装车运输

装车不宜过高过重，以免压伤树枝和树根；树梢不宜拖地，必要时用绳子围拴吊拢起来；绳子与树身有接触的部分，要用蒲包垫好，以防损伤干皮。卡车后厢板上应铺垫草袋、蒲包等物，以免擦伤树皮，碰坏树根。裸根乔木应树根朝前，树梢向后，顺序码放。长途运苗最好用苫布将树根盖严捆好，这样可以减少树根失水。将遮阳网覆盖在码放好的苗木上可明显改善因风吹引起的水分蒸腾。

6.5.2.2 带土球苗装车运输

树高2m以下的苗木，可以直立装车；2m以上的树苗，应斜放或平放在车厢板上，土球朝前、树梢向后，立支架将树冠支稳，以免在行车时因树冠晃摇造成散坨。如果土球规格较大、直径超过60cm的苗木只能码一层；小土球则可码放2～3层。土球之间要码紧，也可使用木头或砖头支垫以防土球晃动。土球上不准站人或压放重物。

6.5.2.3 苗木运输应注意的问题

(1) 苗木运输时间不超过一天者，可直接用大车散装运输，车底垫以湿草或苔藓即可。苗木要根对根放置，并与湿润稻草分层堆积，覆盖草席或毡布。

(2) 苗木运输时间超过一天的长途运输，需将苗木妥善包装。常绿树种包住根部和主干，露出苗冠，以利通气。运输中时常检查苗木包的温湿度，注意喷水保湿和透气。

(3) 装卸苗木要轻拿轻放，避免人为损伤。车装好后，避免绑扎绳物磨损树皮。大苗运输时土球朝车头倒放，树冠要用草绳捆住，防止树梢拖地。

(4) 尽量缩短运输时间。苗木到达目的地后，要立即打开苗包，随后进行假植或栽植处理。

6.6 苗木假植和贮藏

苗木运输到施工现场后，有时会因劳动力或气候等因素不能立即栽植，这时就要进行苗木贮藏。苗木贮藏的目的是为了减少苗木失水干枯、防止发霉和根系腐烂，最大限度地保持园林植物的活力。园林苗木贮藏方法有假植和低温贮藏等。

6.6.1 苗木假植

将园林植物的根系用湿润的土壤暂时培埋起来的操作称为假植。根据假植时间的长短，可分为临时假植和长期假植两种。在起苗后或栽植前进行的假植叫做临时假植，也称为短期假植。当秋季起苗后，苗木要通过假植越冬时叫做越冬假植，也称为长期假植。

6.6.1.1 越冬假植

1. 假植地点

选择地势较高、排水良好、背风、便于管理和不影响翌春作业的地方。切忌选在低洼地或土壤过于干燥的地方假植，以防苗根霉烂或干燥。

2. 假植时间

北方地区大约在10月下旬到11月上旬立冬前后为宜。假植过早因地温高苗木容易发热霉烂，造成损失；但也要避免因假植过晚而使苗木冻在地里。

3. 假植顺序

一般是先阔叶树苗，后针叶树苗。由于刺槐、槐树、锦鸡儿等豆科树种苗木耐寒力较弱，根部水分较多，又有根瘤，既怕冻又怕地温高，因此假植不宜过早，可以在最后结冻前一两天假植。

4. 假植方法

假植苗木数量不多时，可以采取人工挖假植沟假植。即在选定的假植地点，用铁锹挖一条与主风方向垂直的假植沟。沟的规格因苗木的规格不同而异，播种苗一般深宽各30～35cm。将沟内挖出的土放于沟的一侧，堆成45°的斜坡，迎风面的沟壁也做成45°的斜壁。然后，将苗木单株均匀地摆放在斜壁上，使苗木根部在沟内舒展开，苗木根径略低于地表。最后，用下一条沟中挖出的湿土将苗根及苗径的下半部盖严，踩实，使根系与土壤密接。

假植时要做到单摆(或小束)、深埋、踩实，使根与土密接。苗木假植要分区、分树种、定数量(每几百株或几千株做一标记)，在地头上插标牌，注明树种、苗龄、种类、数量、假植时间等，并绘出平面示意图便于管理。

假植期间要经常检查，发现覆土下沉要及时培土。春季化冻前要清除积雪，以防雪化浸苗。如早春苗木不能及时出圃栽植时，为了抑制苗木的发芽，可用席子或稻草、秸秆等覆盖遮阴，降低温度，适当推迟苗木的萌发。

6.6.1.2 临时假植

临时假植与长期假植基本要求相同，只是在假植的方向、长度、集中等方面不那样要求严格。由于假植时间短，对较小的苗木允许成束地排列，不强调单摆，但也要做到根系舒展、深埋、踏实。

6.6.1.3 假植的注意事项

(1) 假植地要选排水良好、背风的地方。

(2) 根系的覆土既不能太厚，也不能太薄。一般覆土厚度在 20cm 左右。

(3) 覆盖根系的土壤中不能夹杂草、落叶等易发热的物质，以免根系上热发霉，影响苗木的生活力。

(4) 沟内的土壤湿度以其最大持水量的 60％为宜，即手握成团，松开即散。过干时，可适量浇水，但切忌过多，以防苗根腐烂。

(5) 临时假植的时间不宜过长，一般在半月以内。

6.6.2 低温贮藏

为了更好地保护苗木在贮藏过程中质量不下降，推迟苗木萌发期，以达到延长栽植时间的目的，可利用室内低温贮藏苗木，称为低温贮藏。

低温贮藏苗木的关键是要控制温度、湿度和通气条件。温度以 1～5℃最为适宜，北方树种可更低(－3～3℃)，南方树种可稍高(1～8℃)。低温可以减低苗木在贮藏过程中的呼吸消耗，但过低会冻伤苗木。相对湿度以 85％～100％为宜，高湿可减少苗木失水。贮藏室内要注意适当通风。同时也可以利用地窖、冰窖、冷藏库、地下室等进行贮藏。

思考题

1. 简述苗木在出苗前的调查方法。
2. 一般优质苗木的要求是什么？
3. 试述带土球起苗技术。
4. 出圃苗木怎样分级？
5. 苗木包装的方法有哪些？
6. 苗木运输应注意哪些问题？
7. 简述大规格苗木假植技术。

7 育苗新技术

【学习重点】

了解组培育苗、无土栽培育苗和容器育苗的优缺点；掌握组培育苗、无土栽培育苗和容器育苗技术。

育苗新技术是指在育苗方式、方法和规模上，应用先进的科学技术、现代的设施和经营理念进行园林苗木繁育，以满足城镇园林绿化市场的需求。

随着科技技术的发展，在生产实践中，组织培养育苗、无土栽培育苗和容器育苗等先进的繁殖技术可以增加园林苗木的繁育速度和提高苗木质量，同时可以使园林植物新品种得到快速应用，为城镇园林绿化提供了充足的苗木资源。与传统的育苗技术（嫁接、扦插、压条等）相比，其特点是育苗技术科学化，育苗操作管理省力化、机械化和自动化，苗木生产标准化。

7.1 组织培养育苗

植物的组织培养是指在无菌条件下将离体的植物器官（如根、茎、叶、茎尖、花、果实等）、组织（如形成层、表皮、皮层、髓部细胞、胚乳等）、细胞（如大孢子、小孢子、体细胞等）、胚胎、原生质体等接种在人工配制的培养基上，在适宜的培养条件进行培养，诱导出愈伤组织、不定芽、不定根，最后形成完整的植株的技术。由于是在试管内培养，而且培养的是脱离植物母体的培养物，因此也称离体培养和试管培养。

7.1.1 植物组织培养概况

植物组织培养与细胞培养开始于 19 世纪后半叶，当时植物细胞全能性的概念还没有完全确定，但基于对自然状态下某些植物可以通过无性繁殖产生后代的观察，人们便产生了这样一种想法即能否将植物体的一部分在适当的条件下培养成一个完整的植物体，为此许多植物科学工作者开始了培养植物组织的尝试。

1839 年德国植物学家施莱登（ Schleiden ）和德国动物学家施旺（Schwann）提出细胞学说，指出细胞是生物有机体的基本结构单位；细胞（特别是植物细胞）又是在生理上、发育上具有潜在全能性的功能单位。在此理论基础上，1902 年德国植物生理学家 Haberlandt 提出了高等植物的器官和组织可以不断分割，直至单个细胞的观点，并指出每个细胞都具有进一步分裂、分化、发育的能力。他用组织培养方法，培养植物的叶肉细胞，试图培养出完整的植株，来证实这一观点。但由于当时实验条件等限制，未获成功。不过这一观点却吸引和指导了很多科学工作者继续进行探索和研究。

在此后的50多年中，关于植物组织培养中的器官的形成和个体发育方面的研究进展很快。1958年，英国学者Steward在美国将胡萝卜髓细胞培养成为一个完整的植株。这是人类第一次实现了人工体细胞胚，使Haberlandt的愿望得以实现，也证明了植物细胞的全能性，对以后的植物组织和细胞的培养产生了深远的影响。随后有许多科学工作者用植物的幼胚、植物的器官，通过组织培养获得了完整的植株。随着对组织培养条件的不断研究，培养技术的不断改善，以及由于植物激素种类的增加和广泛应用，使人们能更好地控制植物细胞的生长和分化，大大促进了植物组织培养技术的发展。

我国植物组织培养的研究工作开展也较早。1931年李继侗培养银杏的胚。1935～1942年罗宗洛进行了玉米根尖的离体培养。其后罗士伟进行了植物幼胚、根尖、茎尖和愈伤组织的培养。20世纪70年代以后我国开展植物花药培养单倍体育种，在园林植物方面对杉木、北美红杉、银杉、樟子松、柳杉、白皮松、欧洲赤松、油松、雪松、银杏、中山柏等进行了组织培养，其中大多数已诱导出不定芽，有些还生了根。特别是2005年的全国科学大会以来，我国植物组织培养方面进行了大量研究，取得了一系列举世瞩目的成就，不少研究成果已走在世界的前列。

进入21世纪，植物组培技术日趋成熟和完善，对组织培养中，细胞的生长、分化的规律有了新的认识，研究目的明确。同时由于近代的分子生物学、细胞遗传学等有关学科的新成就，各学科之间的相互渗透和促进，以及PCR（聚合酶链式反应）和原位杂交等新技术的迅速发展，都对植物组织培养的研究有着深刻的影响，促进了植物组培技术的发展，并开始应用于实践，取得了很大发展。

7.1.2　植物组织培养的特点与种类

7.1.2.1　植物组织培养的特点

1. 植物组织培养的优点

(1) 保持原有品种的优良性状，形成整齐一致的无性系。

(2) 培育脱毒苗，加速发展脱毒植株，减轻园林苗圃病害的危害程度。

(3) 节省土地，培养条件可以人为控制，组培苗生长周期短，繁殖率高。

(4) 繁殖材料需要量少，可以扩大濒危植物的繁殖系数。

(5) 管理方便，利于工厂化生产和自动化控制。

(6) 保存种质资源。

2. 组织培养育苗的缺点

(1) 操作技术繁杂。

(2) 要求有一定设备条件及试验基础，试验阶段的成本较高。

7.1.2.2 植物组织培养的分类

1. 根据用做外植物体的植物材料不同来划分

(1) 器官培养　以很少的植物器官(如根尖和根切段,茎尖、茎节和茎切段,叶片、叶柄、叶鞘、子叶,花瓣、花药、花丝,果实,种子等)为材料进行无菌培养形成新植株。

(2) 组织培养　以分离出的植物各部位的组织(如分生组织、形成层、木质部、韧皮部、表皮层、胚乳组织、薄壁组织、髓等)或诱导出的愈伤组织为外植体材料进行无菌培养形成新植株。

(3) 胚胎培养　通过对幼胚、子房等的培养使发育不完全的胚胎部分形成完整植株的过程。胚胎培养又分为胚乳培养、原胚培养、种胚培养等。胚胎培养在某种程度上可以克服远缘杂交胚的败育障碍。采用胚乳进行培养,为三倍体植物育种开辟了新的途径。

(4) 细胞培养　指对单个体细胞或较小细胞团的培养。

(5) 原生质体培养　指对去掉细胞壁后所获得的原生质体的离体培养。通常分为非融合培养、融合培养等类型。可进行植物体细胞杂交,形成新个体,为品种改良开辟新途径。

2. 根据所用的培养基不同来划分

(1) 固体培养　使用固体培养基进行组织培养。

(2) 液体培养　使用液体培养基进行组织培养,又可细分为静止培养、旋转培养、震荡培养等。

7.1.2.3 植物组织培养的应用

1. 快速繁殖苗木

对于不能用普通繁殖法或用普通繁殖法繁殖太慢的植物,如兰科植物和许多观叶植物,组织培养技术是实现商品化生产的最佳途径。

对于某些稀有植物或有较大经济价值的植物,由于受到地理环境和季节的限制,依靠自然条件在短时期内需要达到一定数量是很困难的,而通过组织培养的方法能够满足这一要求。

2. 培育脱毒苗

有很多植物都带有病毒,严重影响植物的生长,给农业、林业等带来灾害。特别是无性繁殖植物,如康乃馨、马铃薯等,由于病毒是通过维管束传导的,因此利用这些植物营养器官繁殖,就会把病毒带到新的植物个体上而发生病害。但是感病植株并不是每个部位都带有病毒,如茎尖生长点尚未分化成维管束的部分可能不带病毒。若利用组织培养法进行茎尖培养,再生的植株有可能不带病毒,从而获得脱毒苗。

3. 保存植物种质资源,挽救濒于灭绝的植物

长期以来人们想了很多方法来保存植物,如储存果实,储存种子,储存块根、块茎、种球、鳞茎;用常温、低温、变温、低氧、充惰性气体等,这些方法在一定程度上收到了好的或比较好的效果,但仍存在许多问题。主要问题是付出的代价高、占的空间大、保存时间短,而且易受环境条件的限制。植物组织培养结合超低温保存技术,可以给植物种质保存带来一次大的飞跃。因为保存一个细胞所占的空间仅为原来的几万分之一,而且在-193°液氮中可以长时间保存,不像种子那样需要年年更新或经常更新。

环境的不断变化使许多种类的植物面临灭绝的危险,而且许多种植物已经灭绝,留给人类的只是一种遗憾。实践证明，通过组织培养的方法可以使一部分濒危的植物种类得到延续和保存；如果再结合超低温保存技术，就可以使这些植物得到较为永久性的保存。

4. 新品种培育

通过花药和花粉组织培养可以获得单倍体植物，然后通过染色体加倍，就培育出了纯系的植物新品种，而且使新品种的培育过程简化，大大缩短了育种时间。

在远缘杂交中，杂交后形成的胚珠往往在未成熟状态时，就停止生长，不能形成有生活力的种子，因而杂交不孕，这给远缘杂交造成极大困难。利用组织培养技术进行胚胎培养，可以把多数植物的成熟或未成熟胚培养完整植株，克服了远缘杂交不亲和的障碍。

通过胚乳培养可获得三倍体植株，为诱导形成三倍体植物开辟了一条新途径。三倍体加倍后得到六倍体，可育成多倍体品种，其中植物组织培养技术是不可缺少的。

通过原生质体融合，可部分克服有性杂交不亲和性，而获得体细胞杂种，从而创造新种或育成优良品种。

5. 植物产品的工厂化生产

植物细胞在代谢过程中，能够产生一些有机化合物，如人参皂甙(人参)、奎宁(金鸡纳)、除虫菊酯(除虫菊)、茉莉花油(茉莉)、番红素(番红花)等，它们可以用做药物、杀虫剂、香料、色素等。以前，人们都是利用植物体来提取或合成这些有机化合物的。20 世纪 50 年代，生物学家发现，植物细胞在液体培养基上的分裂速度，比在固体培养基上的要快得多。经过 30 多年的努力，人们终于能够大规模培养植物细胞，并从中提取所需的物质了。

总之，现在的植物组织培养仍然处于发展阶段，远远没有达到它的高峰期，很多机理人们还没有搞清楚，它的潜力还远远没有发挥出来。相信在今后的几十年内，组织培养将会有更大的发展，在农业、林业、制药业、加工业等方面将会发挥更大的作用，创造出更大的经济效益。

7.1.3 组织培养的基本条件

7.1.3.1 生产设施

1. 实验室

(1) 化学实验室　植物组织培养时所需器具的洗涤、干燥、保存；药品的称量、溶解、配制；培养基的配制和分装；高压灭菌；植物材料的预处理以及生理生化分析等各种操作，都在化学实验室进行。其要求与一般化学实验室要求相同。

(2) 接种室(无菌室)　进行各种无菌操作的工作室，用以植物材料的分离、接种、培养物的转移等。要求室内光滑平整，地面平坦无缝，避免灰尘积累，便于清洗和消毒。室内应定期用甲醛或高锰酸钾熏蒸消毒灭菌，也可以用紫外灯照射 20min 以上。室内设有超净工作台或接种箱，用于无菌接种。

(3) 培养室　为人工条件下培养接种物及试管苗的场所。要求室内整洁，有控温和照明设备。室内温度要求恒温，均匀一致，有自动调节温度的设备，一般要求温度为 25～27℃，或依所培养的植物而定。光源以白色荧光灯为好，还应有培养架等装置。

(4) 洗涤室　如果工作内容少，洗涤的器皿不多，可在化学实验室进行。若育苗量大，需要一间装有水槽的洗涤室用于清洗各种用具。地面要耐湿并能排水。灭菌锅、蒸馏水器、干燥箱等可从化学实验室移入洗涤室,以便操作。

除以上必备实验室外,有条件的还可设观察室、贮存室、细胞学实验室及摄影室。

2. 主要仪器设备及器材

(1) 天平　感量0.1～0.01g天平,用于称量大量元素、琼脂和蔗糖等;感量0.001～0.0001g天平用于称量植物激素、微量元素、维生素等。

(2) 酸度计　配置培养基时用来测定培养基的pH值。

(3) 蒸馏水器　用来制取蒸馏水。去离子水是用离子交换器制备的,但不能除去水中的有机物。

(4) 冰箱　用于存放培养基母液、生物试剂、植物材料等。

(5) 烘箱　用于烘干玻璃器皿。

(6) 高压灭菌锅　用于培养基、无菌水、接种器械的灭菌消毒。

(7) 超净工作台　用于无菌接种。

(8) 双目实体解剖镜　在解剖较小的植物体时,如茎尖生长点的剥离,用来观测材料。

(9) 细菌过滤器、细菌滤膜　用来进行溶液的常温除菌。

(10) 空调　通过升温及降温来保持培养室温度的相对恒定。

(11) 光照培养箱　供光照培养用,多用于外植体分化培养和试管苗生长。

(12) 摇床或旋转床　液体培养用,其中摇床多用于细胞悬浮液培养。

(13) 增湿机和除湿机　用于改善培养室湿度。

(14) 日光灯　通常在培养架每层上方配置两支功率为30W的日光灯以补充光照。

除上述大件仪器设备外,还需必备的玻璃器皿和用具有培养皿、烧杯、试管、量筒、三角瓶、刻度吸管、滴管、漏斗、洗瓶、滴瓶、酒精灯、解剖刀、解剖针、剪子、镊子、纱布、棉花、牛角匙、牛皮纸、牛皮筋、特种铅笔、电炉、pH值试纸等。

7.1.3.2 常用药品和试剂

组织培养所需药品和试剂主要用于培养基的配置,也有部分用于外植体消毒。主要有以下几类:

1. 消毒药品

主要有次氯酸钠(钙)、氯化汞、过氧化氢、漂白精片、溴水、硝酸银等。

2. 无机盐类

包括大量元素(C、H、O、N、P、K、Ca、Mg、S等)和微量元素(Fe、Cu、Mo、Na、Zn、Mn、B、Co等)两类。

3. 有机化合物

主要有蔗糖、维生素类(维生素B_1、B_3、B_6、生物素、叶酸等)、氨基酸(甘氨酸、丙氨酸、丝氨酸、谷氨酰胺等)、肌醇、螯合剂等。

4. 植物生长调节剂

主要有生长素、细胞分裂素及赤霉素三大类。

(1) 生长素　主要有IAA(吲哚乙酸)、NAA(萘乙酸)、2,4-D(2,4-二氯苯氧乙酸)和IBA(吲哚丁酸)。

(2) 细胞分裂素 主要有KT(激动素)、6-BA(6-苄基腺嘌呤)、ZT(玉米素)等。

(3) 赤毒素 以赤霉素GA_3运用最广泛。

5. 有机附加物

包括人工合成和天然的有机物,常用的有酵母提取物、椰乳、果汁等及相应的植物组织提取液。此外,琼脂在组培中作为凝固剂,是外植体的支持体;活性炭、抗坏血酸、谷胱甘肽等对防止褐变有较为明显的效果。

6. 水

培养基用水原则上使用蒸馏水、去离子水等。

7.1.3.3 环境条件

1. 光照

初代培养和继代培养阶段光照强度为1000～3000lx,生根和小植株阶段以3000～10000lx为宜。每日光照时间12～16h,黑白交替。目前多用40W日光灯,在灯管下15～20cm左右培养,不可离得太远。

2. 温度

通常培养物温度控制在25±2℃。温度过低,幼苗生长缓慢;温度高,容易发生褐变。特别在夏季高温时要注意降温。

3. 气体

培养物产生的乙烯、二氧化碳、乙醇等气体会影响其生长和分化。采用能透气的封口膜为培养瓶封口,利于瓶内气体与外界交换。

4. 清洁卫生

注意保持培养基室的清洁、干燥、卫生,不要与外界空气交流太多,这样可以避免培养瓶的再污染。

7.1.4 植物组织培养技术

1. 玻璃器皿的洗涤

新购置的玻璃器皿都会有游离的碱性物质。使用前,先用1%的稀盐酸浸泡一夜,然后用肥皂水洗尽,清水冲洗,最后用蒸馏水冲一遍,干后备用。已用过的各种玻璃器皿尤其是分装培养基的大批三角瓶等,均应先用洗衣粉洗净后,清水冲洗干净,再放入洗液中浸24h后用清水(最好为流水)冲洗干净,再经蒸馏水冲洗2～3次,然后放入烘箱中烘干备用。

洗液的配制:一般采用重铬酸钾50g,加入蒸馏水1L,加温溶化,冷却后再缓缓注入90ml工业硫酸。

2. 培养基的制备

(1) 培养基成分 组织培养的培养基种类较多,但基本成分是类似的,都包括无机盐类、有机化合物、植物生长调节剂、琼脂、水等。一般可大致分为两个部分,即培养基主要成分(包括各种无机盐、有机化合物等)和附加成分(包括植物生长调节剂和有机附加物等)。几种培养基主要成分和附加成分详见表7-1和表7-2。

表 7-1 几种培养基主要成分(单位:mg/L)

组成成分	MS	B_5	Nitsh	N_6	改良 MS
NH_4NO_3	1650				
KNO_3	1900	2500	125	2.3	1900
$CaCl_2 \cdot 2H_2O$	440	150		166	440
$MgSO_4 \cdot 7H_2O$	370	250	125	185	370
KH_2PO_4	170		125	400	170
$(NH_4)_2SO_4$		134		463	
$NaH_2PO_4 \cdot H_2O$			150		
KI	0.83	0.75		0.8	0.83
H_3BO_3	6.2	3.0	0.5	1.6	6.2
$MnSO_4 \cdot 4H_2O$	22.3	10	3	4.4	16.9
$ZnSO_4 \cdot 7H_2O$	8.6	2.0	0.5	1.5	8.6
$Na_2MoO_4 \cdot 2H_2O$	0.25	0.25	0.025		0.25
$CoCl_2 \cdot 6H_2O$	0.025	0.025			0.025
Na_2-EDTA	37.3	37.3		37.3	37.3
$FeSO_4 \cdot 7H_2O$	27.8	27.8		27.8	27.8
$Ca(NO_3)_2 \cdot 4H_2O$			500		
柠檬酸铁			10		
$CuSO_4 \cdot 5H_2O$	0.025	0.025	0.025		0.025
蔗糖/g	30	40	20	50	50
pH	5.8	5.5	6.0	5.8	5.7

表 7-2 几种培养基附加成分(单位:mg/L)

组成成分	MS	B_5	Nitsh	N_6	改良 MS
肌醇	100.0	100			100
烟酸	0.5	1.0		0.5	0.5
盐酸吡哆醇	0.5	1.0		0.5	0.5
甘氨素	2.0		2.0	2.0	
激动素		0.1		0.04～10.0	
2,4-D		0.1～1.0			
盐酸硫胺等	0.4	10		1.0	0.1
吲哚乙酸					1.0～30.0

（2）培养基的配制

① 母液的配制与保存：培养不同植物，需要配制不同的培养基。为了减少工作量，可先把药品配成母液（即浓缩液），再稀释 10～100 倍，其中大量元素倍数略低，一般为 10～20 倍，微量元素和有机成分及铁盐等可扩大 50～100 倍。

母液一般在 2～4℃的冰箱内保存，但保存时间不宜过长，一般几个月左右。

② 培养基的配制程序：首先根据培养基配方按需要量和顺序吸取各种母液及其他药液，混合在一起，并加入蒸馏水定容至所需体积。将蔗糖放入熔化的琼脂中溶解，然后注入混合液中，搅拌均匀后用 1mol 的 HCl 或 NaOH 调整 pH 值。配制好的培养基要趁热分注，倒入试管、三角瓶等培养器皿中，一般占容器 1/4～1/3 为宜，最后加塞或封口，准备灭菌。

（3）培养基的灭菌　由于培养基内有丰富的营养物质，极利细菌和真菌繁殖，造成污染，影响组培的成功，因此培养基灭菌是必不可少的一个环节。培养基灭菌一般采用高温高压灭菌。把培养基放入高压灭菌锅中，压力为 78.5～107.9kPa，温度为 121℃，灭菌时间 15～20min。

3. 外植体的获取与消毒

（1）外植体的获取　从田间采回的准备接种用的材料称为外植体。一般常用作组织培养的材料有鳞茎、球茎、茎段、茎尖、花柄、花瓣、叶柄、叶尖、叶片等，它们的生理状态对培养时器官的分化有很大影响。一般来讲，年幼的实生苗比年龄老的成年树容易分化，顶芽比腋芽容易分化，萌动的芽比休眠的芽容易分化。此外可以用未成熟的种子、子房、胚珠及成熟的种子为材料。

（2）外植体的消毒　将接种材料用自来水冲洗干净，擦干，然后在超净台上或接种箱内将接种材料浸在饱和漂白粉溶液里进行表面灭菌 15～30min，也可用 2%的次氯酸钠浸 15～30min 进行灭菌，还可用 0.1%的升汞溶液加适量吐温，进行表面灭菌 8～2min。灭菌时间快到时倒去灭菌溶液，用无菌水刷洗多次，然后用无菌纱布吸干接种材料外部的水分。

4. 接种

接种是组织培养过程中易于污染的一个环节，操作过程必须在无菌条件下进行。

（1）接种前的准备工作

① 每次接种前，应提前 30min 打开接种室和超净工作台上的紫外线灯进行消毒，然后打开超净工作台的风机，吹风 10min。

② 操作人员进入接种室前，用肥皂把手洗干净，换上经过消毒的工作服和拖鞋，并戴上工作帽和口罩。

③ 开始接种前，用 70%的酒精棉球仔细擦拭手和超净工作台面。

④ 准备一个灭过菌的培养皿或不锈钢盘，内放经过高温消毒的滤纸片。解剖刀、医用剪刀、镊子、解剖针等用具应预先浸在 95%的酒精溶液内，置于超净工作台的右侧。每个台位至少备 2 把解剖刀和 2 把镊子，轮流使用。

⑤ 接种前先点燃酒精灯，然后将解剖刀、镊子、剪子等在火焰上方灼烧后，晾干备用。

（2）接种技术

① 用镊子将植物材料夹到已高压消毒、盛有滤纸的培养皿中，在超净工作台上将外植物体切成 3～5mm 的小段；在双筒解剖镜下剥离的茎尖分生组织大小约为 0.2～0.3mm；经过热处理的材料可带 2～4 个叶原基，切生长点长约 0.5mm。

② 将培养瓶倾斜拿住，打开瓶塞前，先在酒精灯火焰上方烤一下瓶口，然后打开瓶塞，并尽快将外植体接种到培养基上。注意，材料一定要嵌入培养基，而不是放在培养基上面或全部埋入培养基内。将瓶塞在火焰上旋转灼烧数秒钟，塞回瓶口，包好包头纸，做好标记即可。

③ 每切一次材料，解剖刀、镊子等都要放回酒精内浸泡，再灼烧。

5. 培养

(1) 初代培养　也称诱导培养。培养基由于植物种类的不同而不同，通常是 MS 基本培养基加入适量的植物生长调节剂及其他成分。首先在一定温度(22～28℃)下进行暗培养，待长出愈伤组织后转入光培养。此阶段主要诱导芽体解除休眠，恢复生长。

(2) 继代培养　也称增殖培养。将见光变绿的芽体组织从诱导培养基转接到芽丛培养基上，在每天光照 12～16h、光照强度 1000～3000lx 条件下培养，不久即产生绿色丛生芽。将芽丛切割分离，进行继代培养，扩大繁殖，平均每月增殖一代，每代增殖 5～10 倍。为了防止变异或突变，通常只继代培养 10～12 次。根据需要，一部分进行生根培养，一部分仍继代培养。

(3) 生根培养　培养基通常为 1/2MS 培养基加入适量的植物生长调节剂，如 1/2MS+NAA(或 IBA)0.1mg/L。切取增殖培养瓶中的无根苗，接种到生根培养基上进行诱根培养。有些易生根的植物在继代培养中通常会产生不定根，可以直接将生根苗移出进行驯化培养。或者将未生根的试管苗长到 3～4cm 长时切下来，直接栽到蛭石为基质苗床中进行瓶外生根，效果也非常好，省时省工，降低成本。这个阶段可筛选淘汰生长不良和感病的试管苗。

(4) 炼苗与移栽　组培苗一般长至高 5～80cm，有 3～5 条根后即可移栽出培养瓶。移出前要加强培养室的光照强度和延长光照时间，进行光照锻炼，一般进行 7～10d。然后将瓶盖全部打开或打开一半，让试管苗暴露在空气中锻炼 1～2d，以适应外界环境。但打开的时间不要太久，以免引起培养基发霉。从培养瓶中取出的幼苗要用水轻轻将附着在根上的琼脂洗掉，然后移栽到基质中。

组培苗对基质的要求较高，基质必须严格消毒。基质一般以黄心土、碧糠灰、炭化稻壳、河沙、泥炭、珍珠岩或蛭石等为材料。根据不同的园林苗木材料运用以上不同的基质材料进行配比，制成无菌的基质。

移栽组培苗必须特别小心，因为组培苗十分脆弱，很容易受伤。使组培苗根系处于伸展状态。浇透水后，用塑料薄膜覆盖，保持空气的相对湿度在 90%以上，温度在 25℃左右(±2℃)，勿使阳光直晒。一星期后，注意逐渐通气及浇灌适量的水，幼苗即能成活。试管苗成活后，再移至苗圃的幼苗池中进行培养，待壮苗后移至大田栽培。

7.2 无土栽培育苗

无土栽培育苗是指不用天然土壤，而利用蛭石、泥炭、珍珠岩、岩棉等天然或人工合成材料作基质和营养液进行的育苗，或者利用水培及雾培进行育苗的方法，有时也称营养液育苗。

7.2.1 无土栽培的概况

早在几个世纪以前，不论国内或国外都有用水来培养和研究植物的记载，但是这种方法只是一种原始的、不完全的无土栽培形式。到 20 世纪 40 年代，无土栽培才被作为一种新的栽培形式，开始大面积地用于农业生产。20 世纪 50 年代后，这种技术在世界许多国家得到了应用，如意大利、荷兰、联邦德国、瑞典、丹麦、西班牙、苏联、美国、日本、印度、斯里兰卡、科威特等国家都先后建立了无土栽培基地和水培场。目前，无土栽培的面积不断扩大，在新西兰，50%的番茄靠无土栽培生产；在意大利的园艺生产中，无土栽培占有 20%的比重；在日本，无土栽培生产的草莓占总产量的 66%、青椒占 52%、黄瓜占 37%、番茄占 27%、总面积已达 2000hm^2。荷兰是无土栽培面积最大的国家，2000 年统计已超过 1 万 hm^2。目前无土栽培技术已在全世界 100 多个国家应用发展。

我国无土栽培技术在研究应用起步较晚，而较原始的无土栽培技术却有悠久历史。我国的无土栽培在生产上的应用始于 1941 年，当时上海一个华侨农场进行了营养液栽培，由于生产成本太高而只得放弃。后来很长一段时间我国没有商业性的无土栽培。20 世纪 70 年代后期，山东农业大学首先开始无土栽培生产试验，并取得了成功；80 年代，进口的温室及无土栽培设施相继投产，主要应用在蔬菜生产中。近几十年来，我的无土栽培发展异常迅猛。1985 年全国无土栽培的面积只有 0.7hm^2，2002 年发展到 865hm^2。目前我国无土栽培绝大部分用于蔬菜生产和花卉生产，无土栽培的发展为我国园林、花卉、园艺、农业、林业等生产实现工厂化、自动化和清洁卫生开辟了广阔的前景。

7.2.2 无土栽培育苗的特点与种类

7.2.2.1 无土栽培育苗的特点

1. 无土栽培育苗的优点

(1) 产量高、品质好、商品率高。

(2) 省水、省肥。

(3) 无毒、无臭、无菌，清洁卫生，不污染周围环境。

(4) 节省劳力，降低劳动强度。

(5) 病虫害少，无连作障碍，生产过程可实现无公害化。

(6) 充分利用土地资源，不受场地和空间限制。

2. 无土栽培育苗的缺点

尽管无土栽培具有上述的优点，但无土栽培的应用还受到一定条件的限制，它本身也具有一些缺点。

(1) 最初一次性投资大，耗能较多，生产苗木成本较高。

(2) 生产管理过程较为复杂，技术要求较高。

(3) 如果管理不当，易造成某些病害的大范围传播。

7.2.2.2 无土栽培育苗的分类

1. 根据是否使用固体基质来划分

(1) 无固体基质栽培　指作物根系不用固体基质固定，根系直接与营养液接触。按照根系与营养液接触的状态不同，无固体基质栽培又可分为水培和喷雾栽培两种类型。

① 水培：将营养液以液体状态接触根系。水培方法有营养液膜法(NFT)、深液流法

(DFT)、动态浮板法、浮板毛管法等。

② 喷雾:喷雾又称气培,将营养液用喷雾状态接触根系。

(2) 固体基质栽培　用固体基质固定根系,使作物根系通过基质吸收营养液和氧。固体基质栽培的类型和方法繁多,大体上可分为有机固体基质和无机固体基质两类。目前,世界各国大多采用无机固体基质。

① 有机固体基质:采用草炭、锯末、树皮、稻草和稻壳等物质作基质。这些基质或来自有机物,或本身就是有机物。在各种有机基质中,以草炭的应用最广,其次是锯末。这些有机物在使用前要进行发酵处理。

② 无机固体基质:采用岩棉、蛭石、砾石、砂、陶粒、珍珠岩、聚乙烯和尿醛泡沫塑料等无机物质作基质。在各种无机基质中,以岩棉使用最多。

2. 根据营养液利用情况来划分

(1) 开路系统式　营养液不能循环利用。最好选用阳离子代换量高的有机基质,以减少营养液中的矿质流失。

(2) 闭路系统式　营养液可流回贮液池,能循环利用。

7.2.3 无土栽培育苗的基本条件

7.2.3.1 生产设施

1. 生产设备

(1) 容器　育苗钵、育苗板、育苗箱、塑料盆、陶瓷盆、水族箱等。

(2) 育苗床　主要的作用是培养幼苗。常用的育苗床有:

① 简易式育苗床:主要用于小规模的无土栽培。将塑料盆装上无土栽培基质,并置于临时性的床体中。

② 现代化育苗床:建立在保护地中,其空气湿度、环境温度等周边环境状况由计算机控制。

(3) 栽培床　用于种苗定植到成品出圃阶段。常用的栽培床有:

① 水泥床:一般床宽 20～30cm,深 12～20cm,长 1～10cm,通常涂以沥青或其他材料防止渗水。为了使营养液能够很好地循环,在建造时应保持 1/200～1/100 的坡度。

② 塑料床:由塑料制成的专用无土栽培槽,通常宽 60～80cm,深 15～20cm,长 150～200cm。

2. 供液系统

(1) 人工浇灌　主要是人工用喷壶等器具将配置好的营养液对所栽培的植物逐株浇灌,此法对小规模的无土栽培十分实用。

(2) 滴灌系统　这是一个开路系统,它通过一个高于栽培床 1m 以上的营养液槽,在重力的作用下,将营养液输送到 30～40m 远的地方。通常每 1000m^2 栽培面积可用一个容积为 2.5m^3 营养液槽来供液。营养液先要经过过滤器,再进入直径为 35～40mm 的管道,然后通过直径为 20mm 的细管道进入栽培植物附近,最后通过发丝滴管将营养液滴到植物根系周围。

这种供液系统通常会因为管道堵塞造成植株缺液,因此在配制营养液时必须考虑在使用过程中是否有沉淀析出，并需对营养液进行严格过滤。当堵塞发生时，可用磷酸清洗发丝滴管等部位。该供液系统用于袋栽的效果很好。

(3) 喷雾系统　它是一个闭路系统，将营养液以雾状保持一定的间隔喷洒在植物的根系上，适于很多植物的栽培。

(4) 液膜系统　这是一个闭路系统。其装置一般由栽培床、贮液罐、电泵与管道等组成。在操作时，先将稀释好的营养液用水泵抽到高处，然后使其在栽培床上由较高一端向较低一端流动。一般栽培床每隔 10m 要设置一个倾斜度为 1%～2%的回液管，使营养液回流到设置在地下的营养液槽中。通常 $1000m^2$ 栽培面积可安装一个 $4～5m^3$ 的营养液槽。营养液膜系统主要采用间歇供液法，通常每小时供液 10～20min。

7.2.3.2 基质

1. 基质应具备的特点

(1) 理化性质稳定，且具有良好的通气、保水和排水性能。

(2) 能支撑植物直立生长。

(3) 具有保温、调温作用。

(4) 有一定强度，能长期使用。

2. 常用基质

一般常用基质主要蛭石、珍珠岩、鹅卵石、石砾、岩棉、泥炭、陶粒、炉渣、沙、稻壳等。

3. 混合基质

无土栽培也常使用混合基质。混合基质容量低，孔隙度较大，通常是 2～3 种基质相混合。如：泥炭∶蛭石＝1∶1；泥炭∶河沙＝3∶1；泥炭∶锯末＝1∶1；泥炭∶蛭石∶锯末＝1∶1∶1；泥炭∶蛭石∶珍珠岩＝1∶1∶1；泥炭∶蛭石∶河沙＝2∶1∶1；泥炭∶珍珠岩∶河沙＝2∶2∶1；炉渣∶泥炭＝6∶4 等，均在我国无土栽培生产商获得了较好的应用效果。

育苗和盆栽基质混合时，常加入一些矿质养分，如：

(1) 康乃馨混合基质　$0.5m^3$ 粉碎泥炭，$0.5m^3$ 蛭石或珍珠岩，3kg 石灰石(最好是白云石)，1.2kg 过磷酸钙(20%五氧化二磷)，3kg 复合肥(氮、磷、钾含量分别为 5%、10%、5%)。

(2) 中国农业科学院蔬菜花卉研究所无土栽培盆栽基质　$0.75m^3$ 泥炭，$0.13m^3$ 蛭石，$0.12m^3$ 珍珠岩，3kg 石灰石，1kg 过磷酸钙(20%五氧化二磷)，1.5kg 复合肥(15∶15∶15)，10kg 消毒干鸡粪。

4. 栽培基质处理

无土栽培基质使用一个阶段后，会吸附较多的盐类和其他物质，必须经适当的处理才能继续使用。

(1) 清洗盐分　用清水冲洗基质，监控处理液的电导率确定清洗效果。

(2) 消灭病菌　可采用高温灭菌，即将高压水蒸气通入微潮的基质中，或将基质装入黑色塑料袋置于日光下暴晒，适时翻动。也可采用药剂灭菌法，即每立方米基质均匀喷洒甲醛50～100ml，覆膜 2～3d 后，打开薄膜，摊开基质，使剩余甲醛散发到空气中。

(3) 离子导入　定期给基质浇灌高浓度的营养液。

(4) 氧化处理　如沙、砾石等在使用一段时间后表面变黑，这是由于环境中缺氧而生成了硫化物的结果。可将基质置于空气中，游离氧与硫化物反应，从而使基质恢复原色。也可用不会对环境造成污染的过氧化氢来进行处理。

7.2.3.3 营养液

1. 营养液的基本要求

营养盐溶于水即成为营养液。营养液中包含植物生长所必需的元素，如 N、P、K、S、Ca、Mg、Fe、Mn、Cu、B、Zn、Mo 等。营养液的浓度对植物生长来说是非常重要的，一般营养液的浓度为 0.5/1000～5/1000，但个别植物能忍受较高的浓度。苗木的发育阶段不同，使用浓度不同，幼苗期浓度宜低，成苗期可逐渐增高。

在无土栽培的过程中，植物根系不断向营养液分泌有机酸等物质，故要经常调节营养液的 pH 值，通常用磷酸、碳酸钾调节，保持营养液的 pH 值为 5.5～6.5。根据植物种类调节，每周测试一次。营养液的温度控制在 8～30℃。同时注意保持营养液中溶解氧的含量，以利于根系的生理活动。

2. 配置营养液的原料

(1) 水　水是营养盐的溶剂，水的性质与无土栽培有紧密的关系。水源有很多，有雨水、井水、泉水、自来水、河水、海水等。它们的性质有很大差异，其中主要是含盐量的不同，有“硬水”及“软水”之分。“硬水”的硬度较大，即含盐量较大，会影响营养液的浓度，水的硬度(营养盐)超过每升 100mg 就不可作为无土栽培用水，要进行软化处理后方可使用。水的软化处理可以使用硫酸。10ml 浓硫酸可使每立方米的硬水降低 1 度(1 度为 10mg)。也可使用草酸来处理，要使水的硬度降低 1 度，每立方米要用 22.5g 的工业草酸。

(2) 化合物　常见的有硝酸钾、硝酸铵、硝酸钙、磷酸二氢钾、磷酸二氢铵、硫酸钾、硫酸镁、硫酸铜、硫酸锌、硫酸锰、硼砂、络合铁等。

(3) 络合剂(螯合剂)　常见的有 EDTA、DTPA、CDTA 等，常用于配置铁盐。

3. 常用营养液配方

几种常见营养液的配方见表 7-3、表 7-4、表 7-5、表 7-6、表 7-7，以供参考。

表 7-3　希勒尔(Hiller)营养液配方(单位:mg/L)

$NH_4H_2PO_4$	800	$FeSO_4$	15
KNO_3	1800	$NaB_4O_7 \cdot 10H_2O$	2
NH_4NO_3	150	$MnSO_4 \cdot 4H_2O$	2
$Ca(H_2PO_4)_2$	200	$CuSO_4$	1
$CaSO_4$	2	$ZnSO_4$	1
$MgSO_4 \cdot 7H_2O$	120		

表 7-4　特鲁法特与汉普营养液配方(单位:mg/L)

KNO_3	568	$MgSO_4$	284	$ZnSO_4$	0.56
$Ca(NO_3)_2$	710	KI	2.84	$MnSO_4$	0.56
$NH_4H_2PO_4$	142	H_3PO_3	0.56	$FeCl_2$	112

表 7-5 观叶花卉营养液配方(单位:mg/L)

KNO_3	505	H_3BO_3	1.240
NH_4NO_3	80	$MnSO_4 \cdot 4H_2O$	2.230
KH_2PO_4	136	$ZnSO_4 \cdot 7H_2O$	0.864
$MgSO_4 \cdot 7H_2O$	246	$CuSO_4 \cdot 5H_2O$	0.125
$CaCl_2$	333	$H_2MoO_4 \cdot 4H_2O$	0.117
EDTA 二钠铁($Na_2FeEDTA$)	24	pH 值 5.5～5.6	

表 7-6 兰花常用的营养液配方(单位:mg/L)

$Ca(NO_3)_2 \cdot 4H_2O$	142	$MgSO_4 \cdot 7H_2O$	222
KNO_3	222	KH_2PO_4	136
$FeSO_4 \cdot 7H_2O$	2.224	$ZnSO_4 \cdot 7H_2O$	0.545
$MnSO_4 \cdot 4H_2O$	4.462	H_3BO_3	1.237
NH_4NO_3	80	$CuSO_4 \cdot 5H_2O$	0.100
$CaSO_4 \cdot 2H_2O$	241	$H_2MoO_4 \cdot 4H_2O$	0.094

表 7-7 非洲菊营养液配方(单位:mg/L)

$Ca(NO_3)_2 \cdot 4H_2O$	531	$MnSO_4 \cdot 4H_2O$	2.23
KNO_3	480	$ZnSO_4 \cdot 7H_2O$	0.836
KH_2PO_4	204	H_3BO_3	1.24
$MgSO_4 \cdot 7H_2O$	185	$CuSO_4 \cdot 5H_2O$	0.125
K_2SO_4	44	$H_2MoO_4 \cdot 4H_2O$	0.117
$FeSO_4 \cdot 7H_2O$	5.56		

7.2.4 无土栽培育苗技术

7.2.4.1 营养液制备

配置、贮存和使用营养液时特别注意不能产生难溶的沉淀。营养液的配置一般包括浓缩贮备液(母液)配置和工作营养液配置两部分。生产上一般用母液稀释工作营养液。

1. 母液的配制

把配方中不会产生沉淀的化合物放在一起溶解，通常分为三部分，分别称为 A 母液、B 母液、C 母液。A 母液一般包括 $Ca(NO_3)_2$、KNO_3(100～200 倍)。B 母液一般包括 $NH_4H_2PO_4$、$MgSO_4$(100～200 倍)。C 母液包括铁元素和微量元素(1000～3000 倍)。

根据要配置的母液量和浓缩倍数计算出配方中各成分用量，准确称取 A、B 母液中的各成分，分别在各自的贮存容器中依次充分溶解后加水至所需体积，搅拌均匀即可。配置 C 母液时，先称取 $FeSO_4 \cdot 7H_2O$ 的溶液缓慢倒入溶有 EDTA-Na_2 的溶液中制成(络合)铁盐溶液；再称取C母液所需的其他微量元素化合物，分别溶解后缓慢加入铁盐溶液中，并加水至所需体积，搅拌均匀。

2. 工作营养液的配置

在贮存池内放入约需配体积1/2～2/3的清水，量取所需A母液的用量倒入并搅匀，再量取B母液的用量，开启水阀，随清水加入贮液池，搅匀。最后量取C母液。C母液的加入方法同B母液。定容并调整pH值。

7.2.4.2 营养液的控制与补充

由于植物不断吸收营养液中的水分及营养物质，因此必须对消耗的水分及营养物质进行补充。在营养液盆或容器内做一个标记，可以把营养液的最高水位及最低水位表示出来，水的高度应介于两个标记之间，若营养液使用较长，可以完全更新该营养液；若营养液使用较短，水和营养液可交替补充。夏季每周补充一次营养液，冬季每两周补充一次，4周完全更新一次。水的消耗是经常的，而营养盐相对消耗时间较长。当测出营养物质含量不缺少时，只需补充水。如果营养物质含量很低，则需对营养液进行完全更新。夏天8个星期、冬天12个星期就应全部更换营养液。

营养液浓度的调节应注意以下问题：

(1) 植物生长表现正常的情况下，当营养液量减少时，只加水而不补充营养液。

(2) 在向贮液槽和大面积的无土基质补充营养液时，要多部位注入，注液点之间的距离不超过3m。

(3) 生长迅速的一、二年生草花、宿根花卉、球根花卉，在生长高峰阶段均可使用原液，以后可酌情使用1∶1或其他比例的稀释液。

7.2.4.3 营养液的增氧措施

增氧措施主要是利用机械和物理的方法来增加营养液与空气的接触机会，增加氧气在营养液中的扩散能力，从而提高营养液中氧气的含量。常用的加氧方法有落差、喷雾、搅拌、压缩空气4种。

夏天将营养液池建在地下，通过降低营养液的温度增加溶氧量，也可通过降低营养液的浓度来增加溶氧量。

7.2.4.4 无土栽培方式

1. 水培

(1) 营养液膜技术(NFT)　营养液膜栽培的基本装置包括供液池、供液管道、供液水泵和栽培床，如图7-1所示。供液池用于贮存和循环回流的营养液，一般设在地下，可用砖头、水泥砌成，里外涂以防水物质，也可用塑料制品、水缸等容器。其容积大小应根据供应的面积和栽植株数确定。栽培床用以种植作物，是在1/100坡降的平整地面铺一层黑色或黑白双面聚乙烯薄膜，以适当方式使其成槽状供定植与固定作物根系，并供应营养液，营养液在床面呈薄层(0.5～1.0cm厚)循环液流。供液装置由供应水泵(小型潜水泵或离心泵)和供液管道〔自来水管或塑料管)将经水泵提取的营养液分流输入各栽培床中。回水管是用于栽培床循环后回流的营养液再退回贮液池中，以供再次使用，一般用塑料管。控制系统主要控制营养液的供应

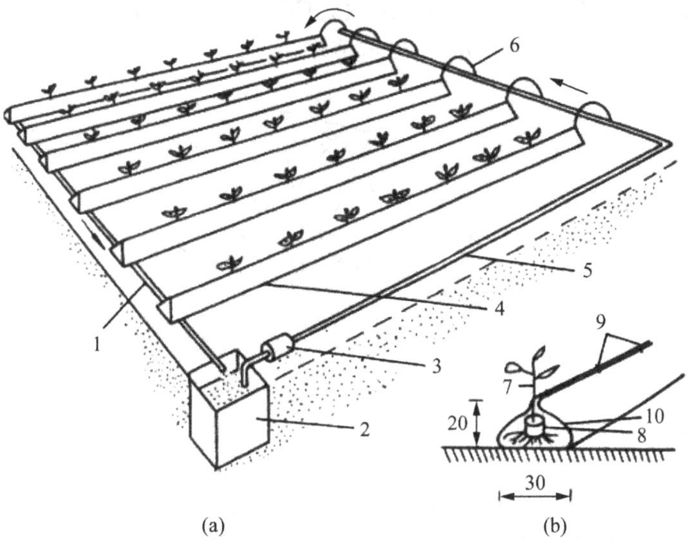

图 7-1 营养液膜设施组成示意图

(a) 全系统示意图 (b) 大株型植株适用的种植槽

1. 回流管道 2. 贮液池 3. 水泵 4. 种植槽 5. 供液主管

6. 供液毛管 7. 带有培育钵的幼苗 8. 育苗钵 9. 夹子 10. 塑料薄膜

时间流量、电导度、pH 值和液温等。

(2) 深液流技术(DFT) 深液流水培与营养液膜栽培差不多,不同之处是流动的营养液较深(5～10cm),植物大部分根系浸泡在营养液中,其根系的通气靠向营养液中加氧来解决。这种系统的主要优点是解决了在停电期间营养液膜栽培系统不能正常运转的困难。该系统的基本设施由种植槽、定植网或定植板、贮液池、水泵、营养液循环系统等部分组成。

2. 喷雾培(气培)

将营养液用喷雾的方式,直接喷在植物的根系上。喷雾培的栽培床可用硬质塑料板、泡沫塑料板、木板或水泥混凝土等制成,形状多种多样,如图 7-2、图 7-3、图 7-4 所示。根系在容器中的内部空间悬浮,植株固定在塑料板上。栽培床要求能够盛装营养液,并能够将喷雾后的营养液回流到营养液池中。栽培床的形状和大小要考虑植株的根系伸入到床内之后,安装在床内的喷头要有充分的空间将营养液均匀喷射到各株的根系上。

图 7-2 为梯形、图 7-3 为 A 形栽培床,床的底部可用混凝土制成深约 10cm 左右的槽,用于

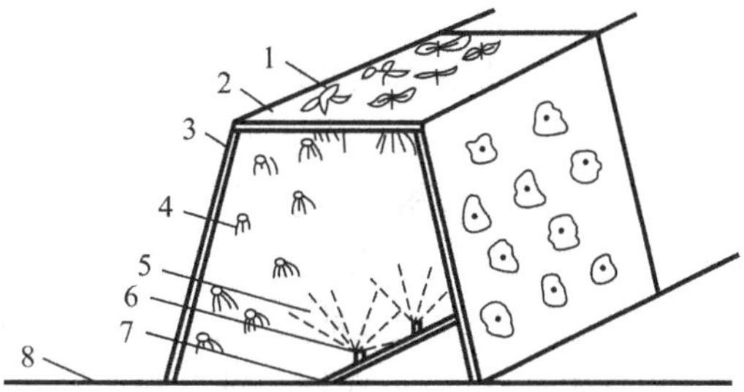

图 7-2 梯形喷雾培种植槽示意图

1. 植株 2、3. 泡沫塑料板 4. 根系 5. 雾状营养液 6. 喷头 7. 供液管 8. 地面

盛接多余的营养液。而在槽的上部可用铁条做成梯形或A形的框架，然后将已开了定植孔的泡沫塑料定植杯放置在这个框架上方，即可定植作物了。

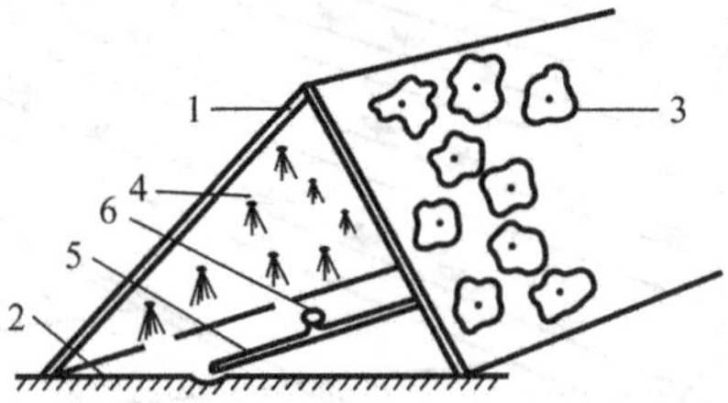

图7-3 A形喷雾培种植槽示意图

1. 泡沫塑板 2. 塑料薄膜 3. 植株地上部分 4. 根系 5. 供液管 6. 喷头

图7-4的种植槽与深液流水培的类似，但槽的深度要比深液流水培深，可达25～40cm。在槽的上部放置泡沫定植板，栽培作物时营养液从槽的近上部安装的管道上的喷头中喷出，而槽底可盛装2～3cm深的营养液层（即半喷雾培），也可以不保留此营养液层，让多余的营养液随时流回到贮液池中。

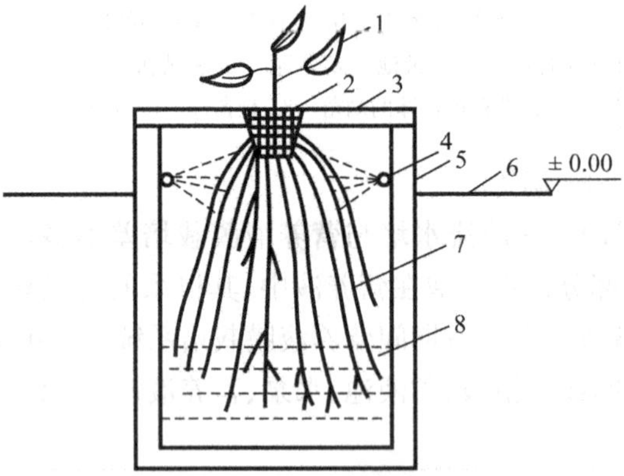

图7-4 半喷雾培种植槽示意图

1. 植株 2. 定性杯 3. 定位板 4. 喷头 5. 种植槽 6. 地面 7. 根系 8. 营养液

3. 基质栽培

基质系统可以是开放式的，也可以使封闭式的。由于封闭式系统的设施投资较高，而且营养液管理比较复杂，因而在我国目前的条件下，基质栽培以开放式系统为宜。下面介绍几种主要的基质栽培方式。

(1) 钵培 在花盆、穴盘等栽培容器中添充基质，栽培植物。从容器的上部供应营养液，下部设排液管，将排出的营养液回收于贮液灌中供循环利用，也可人工浇灌。

(2) 槽培 将基质装入栽培槽，然后种植植物。目前多在温室地面上直接用砖（木条、竹竿等）筑栽培槽。为了防止渗漏并使基质与土壤隔离，通常在槽的基部铺1～2层塑料薄膜。槽面一般宽0.48m，深15～20cm，长度根据灌溉能力、温室结构以及田间操作所需步道等因素来决定，槽的坡度至少为0.4%。如有条件，可在槽底铺一根多孔排水管，由水泵或利用重力把营养液供给植株。

(3) 袋培 用塑料薄膜袋填装基质栽培植物，用滴灌供液，营养液不循环使用。

① 枕式袋培:按株距在基质袋上设置直径为 8～10cm 的种植孔,按行距呈枕式摆放在地面或泡沫板上,安装滴灌供应营养液。通常采用混合基质,每袋装基质 20～30L。袋底或两侧开 2～3 个直径为 0.5～1.0cm 的小孔,使多余营养液流出,防止沤根。

② 立式袋培:将直径 15cm、长 2m 的柱状基质袋直立悬挂,从上端供应管供液,在下端设置排液口,在基质袋周围栽培植物。

(4) 岩棉培　生产上,一般把岩棉切成不同规格的方块,如制成边长为 7～10cm 的小块,或制作长 90～120cm、宽 20～30cm、厚 7～10cm 的岩板,在岩棉块的中央或在岩棉板上按一定的株距打孔,在孔内栽培植物。岩棉块除了上下两面外都要用黑色塑料薄膜包裹,以防止水分蒸发和盐类在岩棉块周围积累,还可提高岩棉块温度。当幼苗第一片真叶出现时,可把小岩棉块套到更大的岩棉块中,用滴灌管供营养液。

7.3 容器育苗

容器又称营养器(营养钵)。利用各种容器装入培养基质培育苗木,称容器育苗。

7.3.1 容器育苗概况

在国外,20 世纪 50 年代后期开始用容器培育造林用苗木。20 世纪 60 年代,塑料工业的发展为容器育苗提供了更好的容器材料,加速了容器育苗的发展。20 世纪 70 年代,世界各国应用容器育苗达到了高潮,并且大规模应用于生产中,如巴西的容器育苗占其造林育苗总量的 92%,泰国为 90%,挪威为 50%,瑞典为 11%,芬兰为 30%,加拿大为 24%。我国容器育苗开始于 20 世纪 50 年代末期,70 年代有较快的发展。

容器育苗已经被广泛应用于蔬菜、花卉、苗木、观赏植物等的栽培,成为集约化设施栽培的重要组成部分之一。在园林事业方面,我国各地也开始大力发展容器育苗,不仅节省种子,而且可以提高苗木质量和成活率。在园林植物的繁殖方面既可以用容器播种育苗,又可以用容器进行扦插繁殖。例如,北京西南郊苗圃,利用容器进行雪松和其他松柏类树种的播种繁殖以及迎春、木槿等花木类的扦插繁殖,均获得了良好的效果。

近年来,国内外容器育苗技术与塑料棚、温室等技术相结合,控制育苗的环境条件方面发展很快。国外已从小型的、简易的塑料温室(棚)发展到以人为控制温度、湿度和光照等全部自动控制,并有报警设备的大型的、永久性的现代化温室,而且通过电子计算机检测系统,能自动监测气温、空气相对湿度、土壤温度和湿度以及通风效率等。

7.3.2 容器育苗的特点

1. 容器育苗的优点

(1) 发芽率高,节省种子。

(2) 有利于培育优质壮苗。

(3) 可缩短育苗年限,育苗工序少。

(4) 可提高苗木移植成活率,移植后没有缓苗期,生长快,质量好。

(5) 延长绿化植树的时间，不受植树季节的限制，便于劳动力的调配。

(6) 培育时可以不占用肥力较好的土地，不受土壤条件限制。

(7) 苗木均匀整齐，适合于机械化作业，有效地提高了劳动生产率。

2. 容器育苗的缺点

(1) 容器育苗单位面积产苗量低。

(2) 容器育苗成本较高。

(3) 容器育苗操作技术比一般育苗复杂。

7.3.3 容器育苗的基本条件

7.3.3.1 生产设施

1. 育苗容器

育苗容器应具备下列条件：有利于苗木生长，制作材料来源广，加工容易，成本低廉，操作使用方便，保水性能好，浇水、搬运不易破碎等。

(1) 育苗容器种类

① 根据栽植特点分类：可分为不可回收的容器（在土壤中不能被微生物分解，造林时要将苗木从容器中取出，如多孔聚苯乙烯泡沫塑料营养杯、转孔硬质聚苯乙烯营养杯及其他用聚苯乙烯、聚乙烯做成的容器）和可回收的容器（在土壤中可以被土壤分散或被微生物分解，造林时不必将苗木从容器中取出，连同苗木一起栽入造林地，如泥炭容器、黏土营养杯、蜂窝式纸杯、细毡纸营养杯、纸质容器以及蜂窝状地膜制成的容器）。

② 根据形状分类：可分为圆形、圆锥形、正方形、六角形、棱柱形、书本形、蜂窝形等，其中以无底六棱柱形容器为最好。其内壁有6个突起的棱状结构，根系可以沿内夹角向下延伸，避免形成根团。

③ 根据制作容器的材料分类：可分为纸质容器、（软质、硬质、生物降解）塑料容器、泥炭容器、轻型基质网袋容器、营养杯、营养篮等。容器内部常设有2～6条纵向棱状突起，苗木根系沿棱线向下伸展，防止根系在容器中盘旋。

(2) 容器的规格　育苗容器的规格与树种、育苗期限、苗木规格和育苗地立地条件有关，容器规格影响到育苗的产量和育苗成本，规格的选择受到苗木大小和费用开支的限制。在保证栽植效果的前提下，尽量采用小规格容器。一般常规容器高10～25cm，直径5～15cm。

2. 常用育苗容器简介

(1) 塑料薄膜袋　用聚乙烯、聚氯乙烯、聚苯乙烯等制成的一种农用薄膜容器。这种容器耐腐期限长，使用范围也较广，规格可根据育苗的需要而定，多种培养基质均可装填，育苗可达1年，适于较多的树种育苗。薄膜袋不宜栽入种植穴，造林时应先将容器袋除去再行栽植，以免限制幼苗根系生长和污染土壤。

(2) 营养砖　是一种外表不带容器的砖块，一般由泥炭、木屑、腐熟树皮等制成，造林时带砖块栽植。这种容器在我国南方应用较广泛，适宜于生长快、根系发达的桉树等树种的育苗。

(3) 草泥杯　用秸秆混以泥浆制作成的杯状容器。这种容器的优点是可以就地取材，容易制作，但用工较多，搬运也不方便，在大面积的育苗造林中，一般不宜采用。

(4) 泥炭杯　用泥炭土做成的容器，肥力较高，适用于我国北方有泥炭分布的地区。

(5) 纸杯　用牛皮纸或旧报纸黏合而成的育苗容器。可做成双层，底部不粘合，容器呈筒状，可重复使用2～3次，成本低。带纸杯栽植便于机械化作业。

(6) 蜂窝塑料薄膜容器　是近年新研制和推广的蜂窝状容器，具有携带方便、装填基质省工以及利于工业规模化、标准化生产等优点，是一种很有发展前景的容器，可广泛应用于林木育苗。起苗造林时，蜂窝状成群体结构的容器自动分离成单株带薄膜土团。

(7) 草炭容器　草炭容器与其他种类容器的主要区别是制作原料比较特殊。该容器选用腐殖质类经多年腐熟的草纤维原料(草炭、添加草类浆料经过特殊工艺处理按一定比例合成浆料)，再经工厂化系列合成、制作工艺而制成的一种容器。它是一种可回收容器，造林时不用撤掉容器，可随苗木一起植入地下，是一种无公害容器。容器适用于干旱和半干旱地区育苗与造林，也适用于农业、蔬菜、花卉等领域育苗。与其他容器相比，草炭容器具有通气性好、直立性强、质地较轻并含有一定量肥料、无公害、易分解等优点。

(8) 穴盘容器　用聚乙烯、聚氯乙烯、聚苯乙烯等制成，有各种规格的板块，穴盘上孔穴数量有50、72、100、128、200、288、392等，外形尺寸一般为54.4cm×27.9cm×(3.5～5.5)cm。

3. 工厂化育苗设施

工厂化育苗是利用轻基质材料，采用机械化精量播种技术，一次成苗。要求装备自动控温、调湿、通风、滴灌、喷水、喷药设备及进行基质消毒、搅拌、播种等作业的机械。

(1) 基质消毒机　是一种小型蒸汽锅炉，将蒸汽引入基质后覆盖薄膜熏蒸一定时间，达到消毒效果。

(2) 基质搅拌机　将基质中各种成分混合均匀。

(3) 自动精量播种生产线　由主传送带、填料机、滚压筒、刷子、滚筒打孔器、播种机、覆盖斗、浇水通道、真空泵空压机(产生压缩空气供播种器用)、控制箱等组成，可自动完成穴盘疏松→向穴盘内填料→刮平→在每穴中央打一个孔→点播一粒种子→覆盖并压实→喷淋水的工序。

(4) 恒温催芽室　保持高温高湿，温度为25～30℃，相对湿度为95%以上。2/3幼芽露头，即可移入育苗室。

(5) 育苗室　温度不低于12～15℃，相对湿度70%～80%，透光率75%，穴盘内基质含水量为60%～70%。

7.3.3.2　培养基质

培养基质又叫营养土，是容器育苗的重要条件。培养基质质量的高低直接影响到容器育苗的质量。培养基质常由几种材料按一定比例混合而成，其配制是容器育苗的关键环节之一。配制培养基质要因地制宜，既要考虑所培育苗木的生物学特性，又要考虑营养土来源是否方便。

1. 培养基质应具备的条件

(1) 能就地取材或价格便宜。

(2) 不会因温度或水分的变化发生变化、变质或板结，理化性质稳定。

(3) 保水、排水、保肥性能良好，通气性好。

(4) 重量轻，便于搬运。

(5) 具有一定的肥力，含盐低，能长期供应种子发芽和幼苗生长所需要的各种营养物质，酸碱度适中。

(6) 使用前应进行高温或熏蒸消毒，要求不带草种、害虫、病原体等。

2. 培养基质原材料的选择

配置培养基质的材料一般应遵照就地取材的原则选择，主要有黄心土、火烧土、山坡土、塘泥、腐殖质土、园土、菌根土、厩肥、蛭石、珍珠岩等。

3. 培养基质配制的比例

不同国家、不同地区由于科学技术水平不同，当地资源条件不同，自然环境也千差万别，所以采用的营养土配制的比例也没有统一的模式和规定。可以在满足营养土必备条件的基础上将几种材料按一定的比例混合。当然，不同树种的营养土配制比例有所不同。表 7-8 是我国一些地区营养土配方，以供参考。

表 7-8　我国部分地区营养土配方

营养土配方	树　种	试验单位
草炭土 50%，蛭石 30%，珍珠 20%	油松、侧柏、落叶松、华山松	中国林业科学研究院
黑土 50%，草炭 25%，马粪 25%（80～90℃　处理 2～3h）	兴安落叶松	东北林学院
泥炭 50%，腐殖土 50%，适量过磷酸钙	长白落叶松、大粒赤松、云杉、红松	牡丹江林管局
草炭土 50%，腐殖质土 50%	红松	黑龙江带岭林业
塘泥 50%，草皮灰泥 47%，磷肥 3%（堆沤一个月后使用）	油茶	广西林业科学研究所
火烧土 65%，黄泥菌根土 32%，过磷酸钙 3%	湿地松	广东高州县林科所
塘泥 50%，河沙 30%，火烧土 20%	杉木、水杉、湿地松、火炬松、马尾松、建柏	湖北崇阳县林科所
森林土 95.5%，过磷酸钙 3%，磷酸钾 1%，硫酸亚铁 0.5%	油松、侧柏、文冠果、白榆、臭椿、侧槐	甘肃林业科学研究所
黄土 65%，腐殖质土 24%，沙 11%（1∶80 甲醛溶液消毒）	油松	陕西林业科学研究所
沙土 65%，马、羊粪（腐熟）35%。或草炭土 50%，腐殖质土 50%	油松、赤松、樟子松	沈阳林业土壤研究所

（续表）

营养土配方	树　种	试验单位
森林腐殖质土和黄土 60%，火烧土 40%，每 50kg 营养土加尿素 0.5kg、六六六粉 0.5kg、赛力散 25g。或草炭土 50%，腐殖质土 50%	华北落叶松	陕西宁陕县林业局
肥沃表土 60%，羊粪 20%，珍珠岩 20%	油松	青海农林科学院
木屑或蔗渣 50%，煤渣 20%，黄心土 30%	桉树	程庆荣

4. 培养基质的处理

（1）培养基质的酸碱度调节　营养土的酸碱度应根据培育树种的特性而定。针叶树育苗 pH 值以 5.5～7.0 为宜，阔叶树以 6.0～8.0 为宜。采用施酸、碱性肥料的办法对酸碱度进行调节。如果 pH 值偏小，可随基肥一起加入 $Ca(NO_3)_2$、$NaNO_3$ 等碱性肥料。在 pH 值为 3.5～7.0 的情况下，在 1kg 干泥炭中加入 30g 很细的石灰石，可把 pH 值改变一个单位。如果 pH 偏大，可加入 $(NH_4)_2SO_4$、NH_4Cl 等酸性肥料。

生长期间对培养基质酸碱度的调节可通过测定容器底部渗透出液（通过容器基质的水）调整。育苗容器需浇足够的水，使其能有水渗透出容器。每次收集的渗出液应为最初渗出的液体，每次收集 5ml，以测定 pH 值。

（2）营养土的消毒　由于营养土材料来源比较广泛，土内常存有对苗木生长有害的病毒、病菌或虫卵等物质，因而必须进行消毒。常用消毒方法有高温消毒法和药物消毒法。高温消毒法包括日光消毒法、蒸汽消毒法、灼烧消毒法；药物消毒法包括甲醛（甲醛）消毒法、硫磺粉消毒法（北方应用较多）、石灰粉消毒法（南方应用较多）、硫酸亚铁消毒法、代森锌消毒法等。

（3）营养土接种菌根　接种有益微生物能增加根部吸收养分和水分的表面积和范围，增加苗木对干旱、土壤高温和不适宜的土壤酸碱度的适应能力，增加植物对磷素和其他元素的吸收和利用。松类受菌根影响最为显著，例如雪松育苗中，没有菌根会导致生长不良，生长量下降；油松对外生菌有极强的依赖性，在育苗过程中加强外生菌根的应用显得更为重要。例如，中国林科院和晋中苗圃在山西省寿阳县进行的油松育苗外生菌根菌大面积应用试验，所用的菌根菌为彩色亚马勃和厚环乳牛肝菌，与基质混合后装入塑膜容器内，苗木生长 100d 后，测量幼苗生长情况，并进行造林。试验表明，接种菌根菌后，苗木质量和造林保存率均有明显提高。

7.3.4 容器育苗技术

7.3.4.1 容器的装土和排列

1. 装土

装土前，营养土必须充分混匀，再堆沤一周，目的是使营养土中的有机肥充分腐熟，以防烧伤幼苗。装土时不要装得过满，一般比容器口约低 1～2cm 即可，留出浇灌营养液或水的余地。边装边将营养土压紧。装土可人工操作或机械化操作。

2. 排列

容器排列一般宽1m左右，长度不限。容器的下面要垫水泥板或砖块，塑料板也可以，主要为了防止植物的根系穿透容器长入土地中，从而影响根系的生长和形成不完整的根系。若在容器架上育苗，上下层间距应在1m以上，以不影响光照为原则。

7.3.4.2 容器播种育苗

种子应播种在容器中央，发芽率高的播种1～2粒，经催芽处理的好种子可播1粒，发芽率低的播种2～3粒。播后覆土，覆土厚度视种粒大小而定，一般为种子直径的1～3倍，覆土以不见种子为度。在室外育苗时，由于天气干旱，容器暴露在空气中，水分蒸发很快，营养土很快就会干燥，影响种子的发芽。为防止水分过度蒸发，可用锯末、细草、稻草覆盖在容器营养土表面，以减少水分蒸腾。不可盖塑料膜，因为会造成短时间高温灼伤幼苗。可人工播种或机械化播种。

7.3.4.3 容器扦插育苗

一些珍贵树种可用营养钵等容器进行扦插育苗。先用细棍在基质上插3～5cm深的小孔，再将处理过的枝条插入小孔中，用手轻轻压实，浇透水。保持基质湿润，至生根后再逐渐减少灌水次数。

7.3.4.4 容器苗的管理

1. 浇水

播种后要立即浇水，并且要浇透。对微粒种子要先浇足底水后再播种、覆土，最后用细嘴壶浇少量水湿润种子，以防冲掉种子。出苗和幼苗期要少量勤浇，保持基质湿润；速生期要量多次少，做到基质干湿交替；生长后期要控制浇水；出圃前要停止浇水。

2. 控制温湿度

容器育苗能否成功，关键是能否有效控制温湿度。温度太高或太低，会造成苗木灼伤和长势差；湿度不适宜，会引起根系缺氧而导致发霉、烂根或枯萎、死亡。适宜苗木生长的最佳棚内温度为18～28℃，最佳空气相对湿度为80%～95%，土壤水分宜保持在田间持水量的80%左右。控制温度的方法有遮阳网遮阳、喷水、通风和棚内加热等措施。控制湿度的方法有浇水、通风等措施。

3. 施肥

不同发育时期要施以不同的肥料。速生期以施氮肥为主，促进苗木快速生长。速生后期施钾肥，促使苗木木质化。施肥只能施液肥，浓度为200～300倍液，不能干施。施肥后要立即用清水冲洗叶片。根据需要，可叶面喷施0.2%～0.3%磷酸二氢钾液或尿素液。

4. 间苗和补苗

在容器育苗生产中，往往因为播种量偏大或撒种不均匀而出现密度过大或疏密不均的现象，必须及时间苗和补苗。一般在出苗后20 d左右、小苗长出2～4片叶子时进行间苗和补苗。每个容器内保留1株健壮苗，其余苗要拔除。

5. 防治病虫害

容器育苗易发生灰霉病，松、杉类苗木还易发生猝倒病。防治方法是及时通风，适当降低空气湿度，使用甲基托布津、退菌特、百菌清、多菌灵等进行防治。对松、杉的苗木立枯病可用敌克松拌种处理。

思考题

1. 组培育苗有何优缺点？
2. 组织培养的基本条件有哪些？
3. 组培育苗的技术要点是什么？
4. 无土栽培的基质有哪些？
5. 常见无土栽培的方式有哪些？
6. 容器育苗营养土怎样配制？
7. 容器育苗管理应注意哪些事项？

8 园林苗圃病、虫、草害防治

【学习重点】

了解园林苗圃地常见病害、虫害、草害的种类，能够正确识别危害症状，熟悉园林苗圃地常见虫害的生活习性、常见病害和草害的发生规律；掌握正确的防治方法和措施对其进行有效的综合控制。

建立园林苗圃进行苗木培育，不可避免地会发生病、虫、草害。做好园林苗圃病、虫、草害的防治工作，是培育健壮、优良苗木的重要保证。病、虫、草害的防治工作应以预防为主，使病、虫、草害不发生或少发生。若一旦发生要及时采取措施，开展综合防治，把危害降至最低程度。

8.1 园林苗圃主要虫害及防治

园林苗圃的虫害主要有地下害虫和地上害虫两类。地下害虫主要有地老虎类、蝼蛄类、蛴螬类等，它们生活在土壤中，主要咬食根和幼苗，造成大量缺苗、死苗，严重影响苗木生产。地上害虫主要有天牛类、蚜虫类、介壳虫类、粉虱类、螨类等，它们钻蛀枝干、蚕食树叶、刺吸汁液，破坏输导组织、叶片和新梢顶芽，影响苗木生长。

8.1.1 地下害虫

8.1.1.1 地老虎类

属鳞翅目夜蛾科，俗称切根虫、地蚕、土蚕等。以幼虫危害，傍晚和夜间咬食未出土的幼苗，使整株死亡，亦能啃食叶片成孔洞或缺刻。发生数量大时，常造成缺苗断行，是一类危害严重的地下害虫。危害园林苗木地老虎主要有小地老虎、黄地老虎、大地老虎等。

1. 重要种类介绍

小 地 老 虎

(1) 分布与危害　分布比较普遍，严重危害地区为长江流域、东南沿海各省，在北方分布在地势低洼、地下水位较高的地区。小地老虎食性很杂，幼虫危害寄主的幼苗，从地面截断植株或咬食未出土幼苗，亦能咬食植物生长点，严重影响植株的正常生长。

(2) 识别特征　见图8-1。成虫体长18～24mm，前翅暗褐色，肾状纹外有1尖长楔形斑，亚缘线上也有2个尖端向里的楔形斑；后翅灰白色，翅脉及边缘黑褐色，缘毛灰白色。卵0.50～0.55mm，半圆球形。幼虫体长37～50mm，灰褐色，各节背板上有2对毛片；臀板黄褐色，有深色纵线2条。蛹长约20mm，赤褐色，有光泽，末端有刺2个。

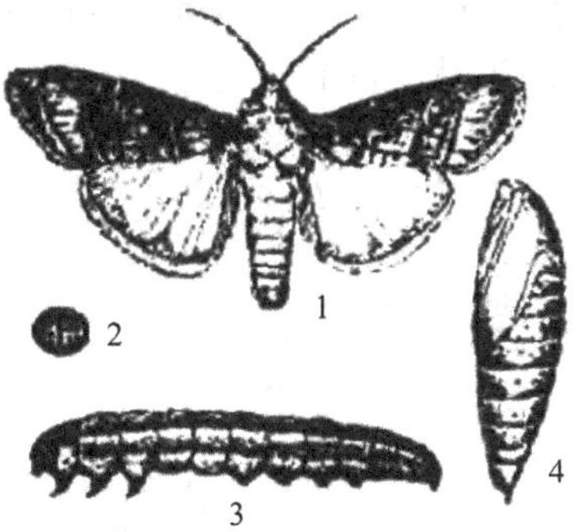

图8-1　小地老虎

1. 成虫　2. 卵　3. 幼虫　4. 蛹

(3) 生活习性　小地老虎在全国各地1年发生2～7代。一般以蛹或老熟幼虫越冬。发生期依地区及年度不同而异，1年中常以第1代幼虫在春季发生数量最多，造成危害最重。

小地老虎成虫对黑光灯有强烈趋性，特别嗜好糖、醋、蜜、酒等香甜物质，故可放置糖醋液诱杀。成虫补充营养后3～4d交配产卵，卵散产于杂草或土块上。白天潜伏于杂草或幼苗根部附近的表土干湿层之间，夜出咬断苗茎，尤以黎明前露水未干时更烈，把咬断的幼苗嫩茎拖入土穴内供食。当苗木木质化后，则改食嫩芽和叶片，也可把茎干端部咬断。老熟后在土表5～6cm深处做土室化蛹。

对小地老虎发生影响的主要是土壤湿度，长江流域因雨量充沛，常年土壤湿度大而发生严重。沙土地、重黏土地发生少，沙壤土、壤土、黏壤土发生多。圃地周围杂草多亦有利其发生。

2. 防治措施

(1) 苗地管理　及时清除苗床及圃地杂草，减少虫源；用大水漫灌可杀死地面杂草上的卵和大量初龄幼虫。

(2) 人工捕杀幼虫　清晨巡视圃地，发现断苗时刨土捕杀幼虫。

(3) 诱杀成虫　在危害盛期用黑光灯或糖醋酒液诱杀。

(4) 药剂防治幼虫

① 用90%敌百虫晶体1000倍液，或50%敌敌畏乳油1000液喷洒于幼苗或田边杂草上。

② 将饼肥碾细磨碎，炒香，用50%辛硫磷乳油，加水5～10kg稀释，喷洒在25kg的饼肥上。用量为75kg/ha，撒在圃地上。

③ 将5%辛硫磷颗粒剂33kg/ha加上筛过的细土200kg，拌匀后施入幼苗周围，按穴施入。

8.1.1.2　蝼蛄类

属直翅目蝼蛄科，俗名拉拉蛄、土狗等。喜居于温暖、潮湿、腐殖质含量多的壤土或砂土内，常以成虫和若虫在土中咬食刚播下的种子，特别是刚发芽的种子；取食苗木根部，受害部位呈乱麻状。土壤湿度较大时，还在土表穿行，形成许多地表隆起的隧道，使幼苗和土壤分离，失水干枯而死。主要有华北蝼蛄和东方蝼蛄等。

1. 重要种类介绍

东方蝼蛄和华北蝼蛄

(1) 分布与危害　东方蝼蛄分布几乎遍及全国，但以南方为多。华北蝼蛄分布于北方。

蝼蛄食性很杂，主要以成虫、若虫危害植物幼苗的根部和靠近地面的幼茎。同时成虫、若虫常在表土层活动，钻筑坑道，造成播种苗根土分离，干枯死亡，清晨在苗圃床面上可见大量不规则隧道，虚土隆起。

(2) 识别特征　华北蝼蛄与东方蝼蛄形态比较见表 8-1 和图 8-2、图 8-3。

表 8-1　华北蝼蛄与东方蝼蛄形态比较

虫态	特　征	华 北 蝼 蛄	东 方 蝼 蛄
成虫	体长	39～45mm	29～31mm
	腹部	近圆筒形	近纺锤形
	后足	胫节背侧内缘有棘 1 个或消失	有棘 3～4 个
若虫	后足	5～6 龄以上同成虫	2～3 龄以上同成虫
	体色	黄褐	灰黑
	腹部	近圆筒形	近纺锤形
卵		卵色较浅，卵化前呈暗灰色	卵色较深，孵化前呈暗褐色或暗紫色

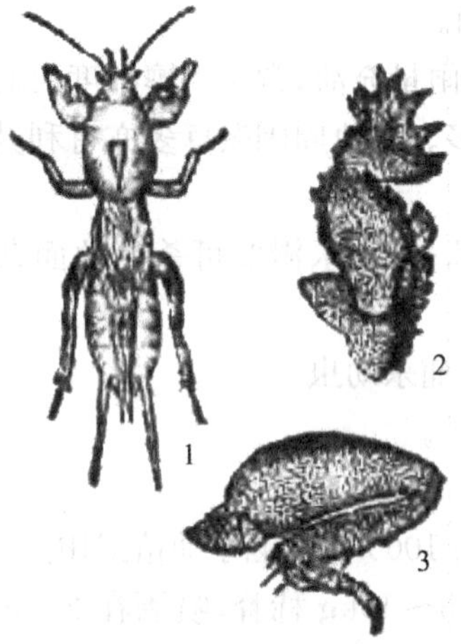

图 8-2　华北蝼蛄
1. 成虫　2. 前足　3. 后足

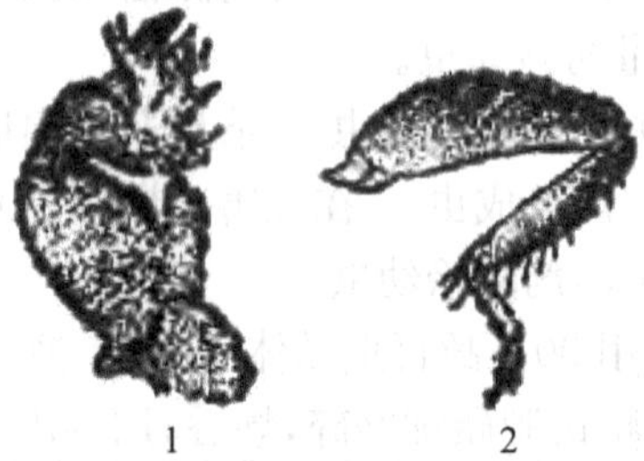

图 8-3　东方蝼蛄
1. 前足　2. 后足

(3) 生活习性　东方蝼蛄在南方 1 年完成 1 代，在北方 2 年完成 1 代，以成虫或 6 龄若虫越冬。来年 3 月下旬开始上升至土表活动，4、5 月为活动危害盛期，5 月中旬开始产卵，5 月下旬至 6 月上旬为产卵盛期。产卵前先在腐殖质较多或未腐熟的厩肥土下筑土室产卵其中，每只雌虫可产卵 60～80 粒。5～7d 孵化，6 月中旬为孵化盛期，10 月下旬以后开始越冬。东方蝼蛄昼伏夜出，具有趋光性，往往在灯下能诱到大量蝼蛄；还有趋湿性和趋厩肥习性，喜在潮湿和较黏的土中产卵；此外，嗜食香甜食物。

华北蝼蛄 3 年完成 1 代，若虫达 13 龄，于 11 月上旬以成虫及若虫越冬。翌年，越冬成虫 3～4 月开始活动，6 月上旬开始产卵，6 月下旬～7 月中旬为产卵盛期，8 月为产卵末期。卵多产在轻盐碱地，而黏土、壤土及重盐碱地较少。

蝼蛄活动与土壤温湿度关系很大，土温 16～20℃，含水量在 22%～27%为最适宜，所以春秋两季较活跃，雨后或灌溉后危害较重。土中大量施未腐熟的厩肥、堆肥，易导致蝼蛄发生。

2. 防治措施

(1) 农业措施　苗地施用充分腐熟厩肥、堆肥等有机肥料，深耕、中耕可减轻蝼蛄危害。

(2) 鸟类天敌　在苗圃周围栽植刺槐等防风林，招引红脚 、戴胜、喜鹊、黑枕黄鹂和红尾伯劳等食虫鸟来控制害虫。

(3) 人工捕杀　成虫羽化期间，晚上 7～10 时用灯光诱杀。在苗圃的步道间每隔 20cm 左右挖一小土坑，将马粪、鲜草放入坑诱集，次日清晨可到坑内集中捕杀。

(4) 药剂防治　用 40%乐果乳油 0.5kg 加水 5kg，拌饵料 50kg。傍晚将毒饵均匀撒在苗床上诱杀。饵料可用多汁的鲜菜、鲜草以及蝼蛄喜食的块根和块茎，或炒香的麦麸、豆饼和煮熟的谷子等制成，同时要注意防止家畜、家禽误食中毒。

(5) 药剂拌种　用 50%对硫磷 0.5kg 加水 50L，搅拌均匀后，再与 500kg 种子混合搅拌，堆闷 4h 后摊开晾干播种。

8.1.1.3　蛴螬类

蛴螬是鞘翅目金龟甲总科幼虫的总称，静止时常呈“C”字形，别名“白土蚕”，其成虫通称金龟子或金龟甲。蛴螬食性很杂，可危害多种植物的地下部分，还可食害萌发的种子，咬断幼苗的根茎，造成花木幼苗枯死。此外，许多种类的成虫还危害园林植物的叶、花等器官，影响苗木的生长和观赏价值。蛴螬种类很多，主要有铜绿丽金龟、华北大黑鳃金龟、小青花金龟、红脚异丽金龟等。

1. 重要种类介绍

铜绿丽金龟

(1) 分布与危害　分布全国各省区。危害杨、柳、榆、松、杉、栎、油桐、油茶、乌桕、板栗、核桃、柏、枫杨等多种植物，尤其对小树幼林危害严重。被害叶呈孔洞缺刻状或被食光。

(2) 识别特征　见图 8-4。成虫体长 15～18mm，宽 8～10mm，背面铜绿色，有光泽。头部较大，深铜绿色，前胸背板为闪光绿色，密布刻点，两侧边缘有黄边，鞘翅为黄铜绿色，有光泽。卵白色，初产时为长椭圆形，以后逐渐膨大至近球形。幼虫中型，体长 30mm 左右，头部暗黄色，近圆形。蛹椭圆形，长约 18mm，略扁，土黄色。

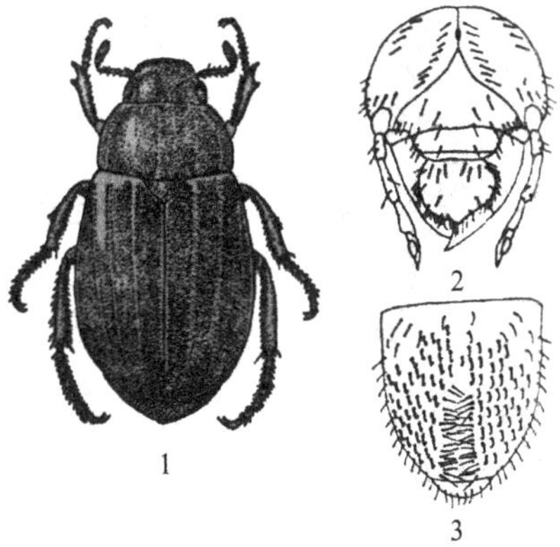

图 8-4　铜绿丽金龟
1. 成虫　2. 幼虫头部正面　3. 幼虫肛腹板

(3) 生活习性　一年发生 1 代，以 3 龄幼虫在土中越冬。次年 5 月开始化蛹，成虫一般在 6～7 月出现。5、6 月份雨量充沛时，成虫羽化出土较早，盛发期提前。成虫昼伏夜出，闷热无雨的夜晚活动最盛。成虫有假死性和趋光性，食性杂，食量大，被害叶呈孔洞缺刻状。卵散产，多产于 5～6cm 深土壤中。幼虫主要危害植物的根系。1、2 龄幼虫多出现在 7、8 月份，食量较小；9 月份后大部分变为 3 龄，食量猛增；11 月份进入越冬状态；越冬后又继续危害到 5 月。幼虫一般在清晨和黄昏由深处爬到表层，咬食苗木近地面的基部、主根和侧根。

2. 防治措施

(1) 消灭成虫

① 成虫初盛期，在日落后或日出前，在苗圃地施放烟雾剂，用量 1kg/667m^2。

② 成虫盛发期可喷洒 40.7%乐斯本乳油 1500 倍液或 40%乐果乳油 1000 倍液。

③ 利用金龟子的趋光性，用黑光灯诱杀。

④ 利用金龟子的假死性，可振落捕杀。

(2) 防治蛴螬

① 苗木生长期发现蛴螬危害，可用 75%辛硫磷乳油或 90%敌百虫原药等兑水 1000 倍稀释，灌注根际。

② 在 11 月前后冬灌和 5 月上中旬生长期适时浇灌大水，可减轻危害。

③ 加强苗圃管理，中耕锄草，破坏蛴螬生长环境和借机械将其杀死。

8.1.1.4 金针虫类

金针虫是鞘翅目叩头甲科幼虫的通称，俗称"铁丝棍虫"。可危害种子刚发出的芽、幼苗的根部和嫩茎，造成成片的缺苗现象。受害幼苗主根一般很少被咬断，被害部不整齐或形成与体形适应的细小孔洞。园林植物上常见的种类有细胸金针虫、沟金针虫、褐纹金针虫和宽背金针虫等。

1. 重要种类介绍

细胸金针虫

(1) 分布与危害 国内分布于华北、东北、江苏、山东、河南、湖北、甘肃、陕西、宁夏等地。幼虫在土中食播下的种子、萌发的小芽、苗木的根部，致使苗木枯萎死亡。

(2) 识别特征 见图 8-5。成虫体长 8～9mm，暗褐色，密被灰色短毛。触角红褐色，第 2 节球形。前胸背板略呈圆形，长大于宽。鞘翅长约为头胸部的 2 倍，上有 9 条纵列的刻点。足赤褐色。卵乳白色，近圆形，直径 0.5～1.0mm。幼虫体长 23 mm，圆筒形，淡黄色，有光泽。臀节的末端不分叉，呈圆锥形，背面有 4 条褐色纵纹，近基部的两侧各有 1 个褐色圆斑，顶端有 1 圆形突起。

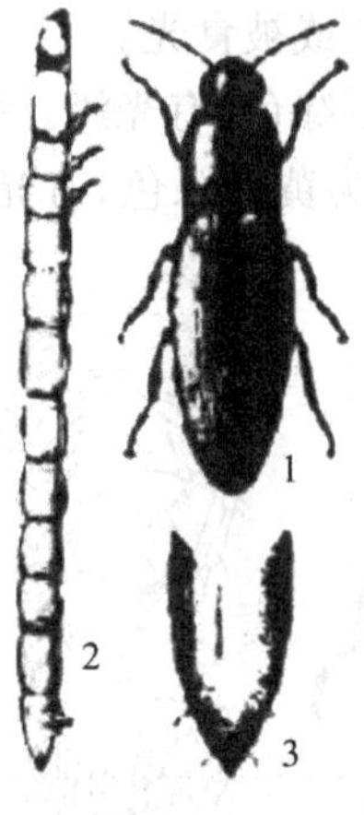

图 8-5 细胸金针虫
1. 成虫 2. 幼虫 3. 幼虫尾部

(3) 生活习性 北方 2～3 年 1 代，以幼虫和成虫在土中越冬。翌年 5～6 月成虫出土。成虫活动力强，昼伏夜出，对刚腐烂的禾草有趋性。6 月下旬～7 月下旬为产卵期，卵产在 3～9cm 深的表土内。卵期 15～18d。幼虫成熟后，一般于6～8 月化蛹，蛹期 10d。适应湿度较大的土壤环境。

2. 防治措施

(1) 食物诱杀 利用金针虫喜食甘薯、土豆、萝卜等习性，在发生较多的地方，每隔一段挖一小坑，将上述食物切成细丝放入坑中，上面覆盖草屑，可以大量诱集，然后每日或隔日检查捕杀效果。

(2) 翻耕土地 结合翻耕，检出成虫或幼虫。

(3) 药物防治 用 50%辛硫磷乳油 1000 倍液喷浇苗间及根际附近的土壤。

(4) 毒饵诱杀　用豆饼碎渣、麦麸等16份，拌和90%晶体敌百虫1份，制成毒饵，具体用量为15～25 kg/hm²。

8.1.2 地上害虫

8.1.2.1 天牛类

属鞘翅目天牛科。是重要的危害苗木蛀茎、蛀干害虫，几乎所有针叶树和阔叶树都不同程度地受害，能引起苗木枯死。主要以幼虫钻蛀植株树干、枝条及根部，常在韧皮部和木质部形成蛀道，在树干上可见产卵刻痕、侵入孔和羽化孔，有的种类还有排粪孔；成虫取食植物的嫩枝、叶片、花或树皮，从而造成次要危害。主要种类有星天牛、光肩星天牛、桑天牛、双条杉天牛、桃红颈天牛等。

1. 重要种类介绍

星天牛

(1) 分布与危害　又名白星天牛、柑橘星天牛。分布很广，几乎遍及全国。食性杂，危害杨、柳、榆、刺槐、乌桕、相思树、樱花、海棠等。成虫啃食枝干嫩皮，幼虫钻蛀枝干，破坏输导组织，影响苗木正常生长及观赏价值，严重时被害树易风折枯死。

(2) 识别特征　见图8-6。成虫体长20～41mm，体黑色有光泽。前胸背板两侧有尖锐粗大的刺突。每个鞘翅上有大小不规则的白斑约20个，鞘翅基部有黑色颗粒。卵长5～6mm，长椭圆形，黄白色。老熟幼虫体长38～60mm，乳白色至淡黄色，头部褐色，前胸背板黄褐色，有“凸”字斑，“凸”字斑上有2个飞鸟形纹，足略退化。蛹纺锤形，长30～38mm，黄褐色，裸蛹。

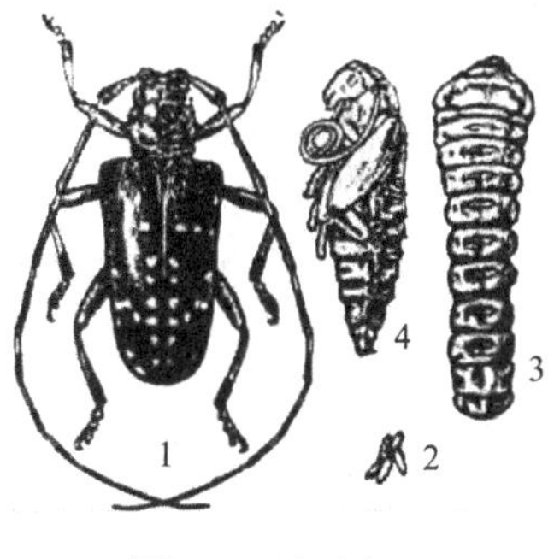

图8-6　星天牛

1. 成虫　2. 卵　3. 幼虫　4. 蛹

(3) 生活习性　南方1年1代，北方2～3年1代，以幼虫在被害枝干内越冬，翌年3月以后开始活动。成虫5～7月羽化飞出，6月中旬为盛期，成虫咬食枝条嫩皮补充营养。产卵时先咬一“T”形或“八”字形刻槽。卵多产于树干基部和主侧枝下部，以树干基部向上10cm以内为多。每一刻槽产一粒，产卵后分泌一种胶状物质封口。每个雌虫可产卵23～32粒。卵期9～15d，初孵幼虫先取食表皮，1～2个月以后蛀入木质部，11月初开始越冬。

2. 防治措施

(1) 加强检疫　天牛类害虫大部分时间生活在树干里，易被人携带传播，所以在苗木、繁殖材料等调运时，要加强检疫、检查。

(2) 栽培管理措施　在天牛发生严重的苗圃地，应针对天牛取食树种种类，选择抗性树种，避免其严重危害；加强管理，增强树势；及时清除园内枯立木、风折木等，以减少虫源；定期检查及时剪除受害枝梢。

(3) 物理防治　利用成虫飞翔力不强和具有假死性的特点，人工捕杀成虫；寻找产卵刻槽，可用锤击、手剥等方法消灭其中的卵；用铁丝钩杀幼虫，特别是当年新孵化后不久的小幼虫，此法更易操作；多数天牛成虫具有趋光性，可设置黑光灯诱杀。

(4) 树干涂白　用石灰10kg＋硫磺1kg＋盐10g＋水20～40kg制成白涂剂，涂于枝干，可预防天牛产卵。

(5) 保护利用天敌　如人工招引啄木鸟，利用天牛肿腿蜂、啮小蜂等。

(6) 药剂防治　在幼虫危害期，先用镊子或嫁接刀将有新鲜虫粪排出的排粪孔清理干净，然后塞入磷化铝片剂或磷化锌毒签，并用黏泥堵死其他排粪孔，或用注射器注射80%敌敌畏。在成虫危害期，用2.5%溴氰菊酯乳油500倍液喷干进行防治。

8.1.2.2　粉虱类

属同翅目粉虱科，是苗圃地和设施园艺的重要害虫类群之一。主要以若虫群集在叶背吸汁危害，使被害叶片发黄，严重时导致叶片凋萎、干枯。成虫、若虫能分泌蜜露，诱发煤污病。有的种类还能传播植物病毒病。常见的有白粉虱、橘刺粉虱、烟粉虱等。

1. 重要种类介绍

白粉虱

(1) 分布与危害　又名温室粉虱，分布广，是世界性的检疫对象。危害茉莉、兰花、一串红、月季、牡丹、菊花、五色梅、扶桑、一品红等多种花卉和苗木。主要以成虫和幼虫群集在寄主植物叶背，刺吸汁液危害，使叶片卷曲、褪绿发黄，甚至干枯。此外，成虫和幼虫还分泌蜜露，诱发煤污病。

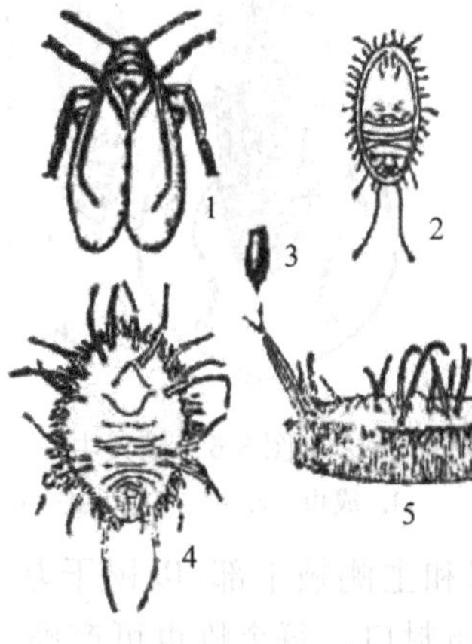

图8-7　白粉虱
1. 成虫　2. 幼虫　3. 卵　4. 蛹正面观　5. 蛹侧

(2) 识别特征　见图8-7。成虫体长1.0～1.2mm，体浅黄或浅绿色，被有白色蜡粉。复眼赤红色。前、后翅上各有一条翅脉，前翅翅脉分叉。卵长0.2～0.5mm，长椭圆形，具柄，初时淡黄色，后变黑褐色。幼虫体长0.5mm，扁平椭圆形，黄绿色，体表具长短不一的蜡丝，两根尾须稍长。蛹长0.8mm，稍隆起，淡黄色，背面有11对蜡质刚毛状突起。

(3) 生活习性　1年10余代，在温室内可终年繁殖。繁殖能力强，世代重叠现象显著，以各种虫态在温室植物上越冬。成虫喜欢选择上部嫩叶栖息、活动、取食和产卵。卵期6～8d，幼虫期8～9d。成虫一般不大活动，常在叶背群聚，对黄色和嫩绿色有趋性。主要为有性生殖，也能孤雌生殖。幼虫孵化后即固定在叶背刺吸汁液，造成叶片变黄、萎蔫甚至导致死亡。

2. 防治措施

(1) 植物检疫　注意检查苗木，避免将虫带入塑料大棚、温室和苗圃地。

(2) 园林技术防治　清除大棚、温室周围杂草和苗圃地杂草，以减轻虫源。适当修枝，保持通风透光的环境，可以减轻危害。

(3) 物理防治　白粉虱成虫对黄色有强烈趋性，可用黄色诱虫板诱杀。

(4) 药剂防治　3～8 月严重危害期，可喷施 10%吡虫啉可湿性粉剂 1500 倍液，40%乐斯本乳油 2000 倍液，2.5%溴氰菊酯乳油或 25%扑虱灵可湿性粉剂 2000 倍液。喷时注意药液均匀，叶背处更应周到。

(5) 生物防治　注意保护和利用天敌，如中华草蛉、丽蚜小蜂等。

8.1.2.3　蚜虫类

属同翅目蚜总科。危害苗木的蚜虫种类很多。各类苗木都遭受蚜虫的危害。蚜虫的直接危害是刺吸汁液，使叶片褪色、卷曲、皱缩，甚至发黄脱落，形成虫瘿等症状。同时排泄蜜露诱发煤污病。其间接危害是传播多种病毒，引起病毒病。在园林植物上常见的有桃蚜、月季长管蚜、棉蚜、绣线菊蚜等。

1. 重要种类介绍

桃　　蚜

(1) 分布与危害　又名桃赤蚜、烟蚜。分布极广，遍及全世界。危害海棠、郁金香、樱花、梅花、菊花、一品红、桃、樱桃等 300 余种花木。以成虫、若虫群集危害新梢、嫩芽和新叶，受害叶向背面作不规则卷曲。

(2) 识别特征　见图 8-8。无翅胎生雌蚜体长约 2mm，黄绿色或赤褐色，卵圆形。复眼红色，额瘤显著，腹管较长，圆柱形。有翅胎生雌蚜头及中胸黑色，腹部深褐色、绿色、黄绿或赤褐色，腹背有黑斑。复眼为红色，额瘤显著。若蚜和无翅成蚜相似，身体较小，淡红色或黄绿色。卵长圆形，初为绿色，后变黑色。

(3) 生活习性　1 年 10～30 代，以卵在枝梢、芽腋等裂缝和小枝等处越冬。孤雌生殖。生活史较复杂。翌年 3 月开始孵化危害，随气温增高桃蚜繁殖加快，4～6 月份虫口密度急剧增大，并逐渐不断产生有翅蚜迁飞到植物上危害。至晚秋 10～11 月又产生有翅蚜迁返桃树、樱花等树木。不久，产生雌、雄性蚜交配产卵越冬。

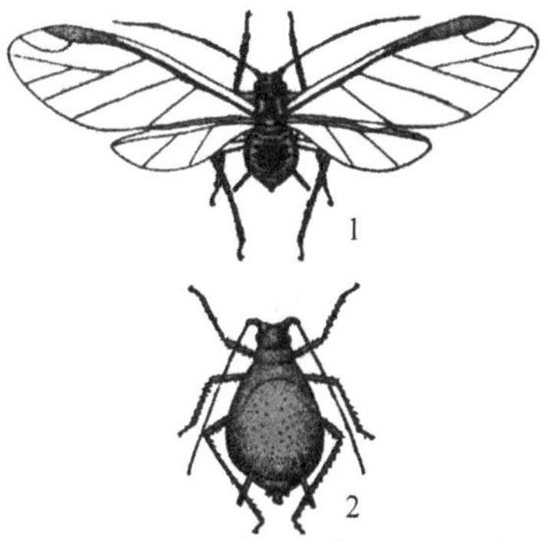

图 8-8　桃蚜
1. 有翅胎生雌蚜　2. 无翅胎生雌蚜

2. 防治措施

(1) 加强检疫　严防检疫性蚜虫随苗木、接穗和果实的调运传入。

(2) 物理防治　在苗圃地利用涂有黄色和胶液的纸板或塑料板，诱杀有翅蚜虫；或采用银白色锡纸反光，拒避迁飞的蚜虫。

(3) 化学防治　蚜虫发生量大时，可喷 40%氧乐果、1.2%烟参碱液 500～800 倍液、10%吡虫啉可湿性粉剂 1000 倍液等喷雾，均有良好防效。

(4) 保护和利用天敌　蚜虫的天敌种类很多，常见的瓢虫、草蛉、食蚜蝇、蚜茧蜂、蚜小蜂等。瓢虫、草蛉等天敌已能大量人工饲养后适时释放。另外蚜真菌等亦能人工培养后稀释喷施。

8.1.2.4 介壳虫类

属同翅目蚧总科。危害苗木的介壳虫种类很多。该类虫除以雌成虫和若虫在植物的枝、干、叶、果等部位刺吸植物汁液对寄主造成直接危害外，还排泄大量蜜露诱发煤污病。常见的有日本龟蜡蚧、红蜡蚧、吹绵蚧、日本松干蚧、草履蚧等。

1. 重要种类介绍

日本龟蜡蚧

(1) 分布与危害　又名日本蜡蚧、枣龟蜡蚧。分布全国各地。食性杂，危害山茶、含笑、海桐、蜡梅、栀子花、桂花、石榴、月季等植物。若虫和雌成虫在枝梢和叶背中脉处，吸食汁液危害，严重时枝叶干枯，花木生长衰弱。

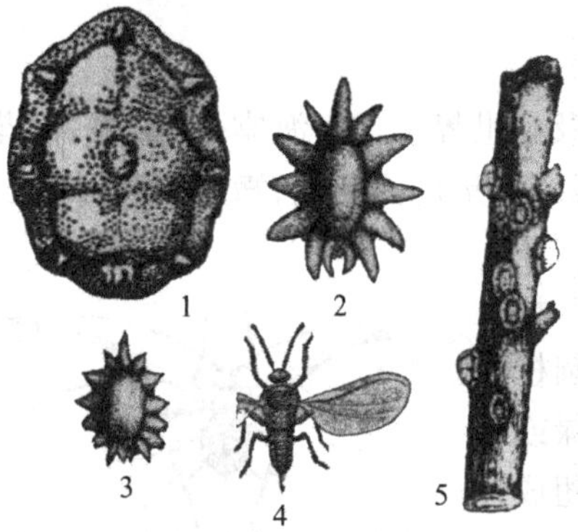

图 8-9　日本龟蜡蚧

1. 雌成虫蜡壳　2. 雄成虫蜡壳　3. 若虫蜡壳　4. 雄成虫　5. 被害状

(2) 识别特征　见图 8-9。雌成虫椭圆形，暗紫褐色，体长约 3mm，蜡壳灰白色，背部隆起，表面具龟甲状凹线，蜡壳顶偏在一边，周边有 8 个圆突。雄成虫体棕褐色，体长约 1.3mm，长椭圆形。翅透明，具 2 条翅脉。雌若虫蜡壳与雌成虫蜡壳相似，雄若虫蜡壳椭圆形，雪白色，周围有放射状蜡丝 13 根。

(3) 生活习性　1 年 1 代，以受精雌成虫在枝条上越冬。次年 5 月雌成虫开始产卵，5 月中、下旬至 6 月为产卵盛期。6～7 月若虫大量孵化。初孵若虫爬行很快，找到合适寄主即固定于叶片上危害。雌若虫 8 月陆续由叶片转至枝干，雄若虫仍留叶片上，至 9 月上旬变拟蛹，9 月下旬大量羽化。雄成虫羽化当天即行交尾。该虫繁殖快、产卵量大、产卵期较长，若虫发生期很不一致。

2. 防治措施

(1) 植物检疫　加强植物检疫，禁止有虫苗木输出或输入。

(2) 园林栽培技术措施　合理密植，合理施肥，合理疏枝，改善通风透光条件，提高植株自然抗虫力；冬季或早春，挖除卵囊，剪去有虫枝，集中烧毁，以减少越冬虫口基数。

(3) 化学防治　冬季和早春植物发芽前，可喷施 1 次 3～5 波美度石硫合剂、3%～5%柴油乳剂、10～15 倍的松脂合剂或 40～50 倍的机油乳剂，消灭越冬代若虫和雌虫。在初孵若虫期进行喷药防治，常用药剂有 10%吡虫啉可湿性粉剂 1500 倍液、0.3～0.5 波美度石硫合剂等。每隔 7～10 d 喷 1 次，共喷 2～3 次。

(4) 生物防治　介壳虫天敌多种多样，种类十分丰富，如澳洲瓢虫可捕食吹绵蚧；大红瓢虫和红缘黑瓢虫可捕食草履蚧；红点唇瓢虫可捕食日本龟蜡蚧、桑白蚧、长白蚧等多种蚧虫。因此，保护和利用好天敌，发挥天敌的自然控制作用。

8.1.2.5 螨类

属于蛛形纲，蜱螨目，俗称红蜘蛛。整个身体分为颚体和躯体两部分。种类多，危害广，多数以危害苗木叶片为主。受害叶片表面出现许多灰白色的小点，失绿，失水，影响光合作用，导致生长缓慢甚至停止，严重时落叶枯死。在园林植物上常见的有朱砂叶螨、山楂叶螨、二点叶螨等。

1. 重要种类介绍

朱 砂 叶 螨

(1) 分布与危害　又名棉红蜘蛛。分布广泛，是世界性的害螨。危害桂花、香石竹、菊花、凤仙花、茉莉、月季、木槿、木芙蓉、天竺葵、山梅花等花苗木。被害叶片初呈黄白色小斑点，后逐渐扩展到全叶，造成叶片卷曲、枯黄脱落。

(2) 识别特征　见图 8-10。雌成螨体长 0.5～0.6mm，一般呈红色、锈红色。螨体两侧常有长条形纵行块状深褐色斑纹。雄成螨略呈菱形，淡黄色，体长 0.3～0.4mm，末端瘦削。卵圆球形，长 0.13mm，淡红到粉红色。幼螨近圆形，淡红色，足 3 对。若螨略呈椭圆形，体色较深，体侧透露出较明显的块状斑纹，足 4 对。

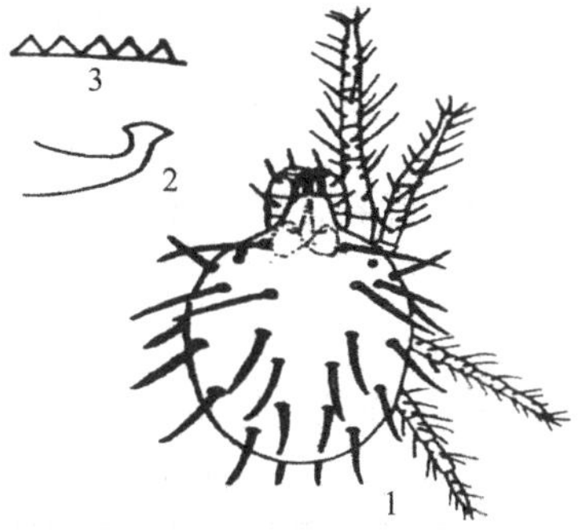

图 8-10　朱砂叶螨
1. 雌成螨背面　2. 阳具　3. 肤纹突

(3) 生活习性　世代数因地而异。1 年发生 12～20 代。主要以受精雌成螨在土块缝隙、树皮裂缝及枯叶等处越冬。越冬时一般几个或几百个群集在一起。次春温度回升时开始繁殖危害，在高温的 7～8 月份发生严重。10 月中、下旬开始越冬。高温干燥利于其发生。降雨，特别是暴雨，可冲刷螨体，降低虫口数量。

2. 防治措施

(1) 植物检疫　加强植物检疫，禁止有虫苗木输出或输入。

(2) 园林栽培技术措施　及时清除园地杂草和残枝虫叶，减少虫源；改善园地生态环境，保持圃地和温室通风凉爽，避免干旱及温度过高。初发生危害期，可喷清水冲洗。

(3) 越冬期防治　对木本植物，刮除粗皮、翘皮，结合修剪，剪除病、虫枝条。越冬量大时可喷 3～5 波美度石硫合剂，杀灭在枝干上越冬的成螨。亦可树干束草，诱集越冬雌螨，来春收集烧毁。

(4) 药剂防治　可喷施 1.8%阿维菌素乳油 3000～5000 倍液、5%尼索朗乳油或 15%达螨灵乳油 1500 倍液等。喷药时，要求做到细微、均匀、周到，要喷植株的中、下部及叶背等处，每隔 10～15d 喷 1 次，连续喷 2～3 次，有较好效果。

(5) 生物防治　叶螨天敌种类很多，注意保护瓢虫、草蛉、小花蝽、植绥螨等天敌。

8.2 园林苗圃主要病害及防治

园林苗木的病害种类很多，按其病原可分两类：一类是生物性(传染性)病害，由真菌、细菌、病毒等病原物侵染引起，如苗木立枯病、苗木茎腐病、根腐病、褐斑病、锈病等，这类病害在环境条件适合时，可扩大再传染，造成更大的损失；另一类是非生物性(非传染性)病害，是因为土壤、肥、水、温度、湿度以及其他非生物因子不适宜时造成植物生理失常，如日灼病、缺素症、寒害等，这类病害不会再传染。根据其发病部位，可分为苗木根部病害、枝干部病害和叶部病害等。

在园林苗圃病害防治工作中，除了要准确识别病害类型外，还要熟悉病害的发生规律、传染途径，采取综合防治措施，达到事半功倍效果。

8.2.1 根部病害

根部病害是苗木病害中种类最少、危害性最大的一类病害。它主要破坏苗木的根系，引起根部及根茎部皮层腐烂，导致植株的死亡。苗木根部病害的病原有非侵染性病原（如土壤积水、酸碱度不适、土壤板结、施肥不当等）和侵染性病原（如真菌、细菌、线虫等）。

8.2.1.1 猝倒病类

1. 重要病害介绍

幼苗猝倒和立枯病

（1）分布与危害　幼苗猝倒和立枯病是世界性病害，分布广，也是园林苗木最常见的病害之一。各种草本花卉和园林树木的苗期都可发生幼苗猝倒和立枯病，严重时发病可达50%～90%，经常造成园林植物苗木的大量死亡。

（2）症状　幼苗猝倒和立枯病因发病时期不同，主要表现为三种类型，见图8-11：

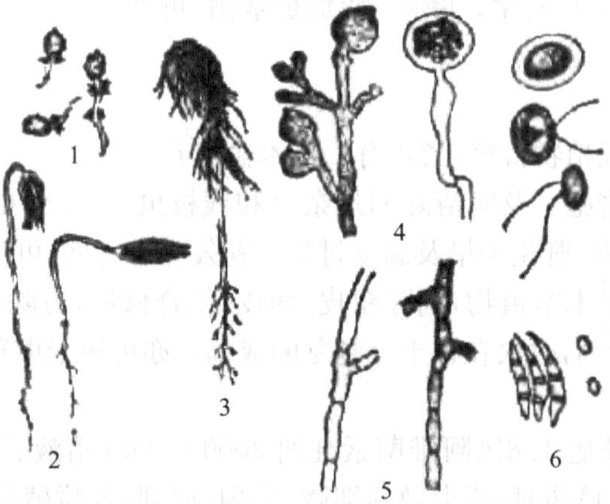

图8-11　杉苗猝倒病症状及病原

1. 种芽腐烂　2. 幼苗猝倒　3. 苗木立枯　4. 孢子囊、游动孢子、卵孢子　5. 菌丝　6. 分生孢子

① 烂芽型：苗木种子播种后，由于受到病菌的侵染或不良条件的影响，种子或种芽在土中腐烂，不能出苗。

② 猝倒型：幼苗出土后，幼苗未木质化之前，由于病菌的侵染，幼苗茎基部出现水渍状病斑，病部褐色腐烂、缢缩，倒伏死亡。

③ 立枯型：幼苗苗茎木质化后，根部或根茎部被病菌侵染，发病部位腐烂，幼苗逐渐枯死，但幼苗不倒伏，直立枯死。

此外，幼苗出土期，若湿度大或播种量多，苗木密集，或揭去覆盖物过迟，被病菌侵染引起幼苗茎叶黏结腐烂。

(3) 病原　引起幼苗猝倒和立枯病的原因有两方面：一是由于非侵染性病原引起的，如土壤积水或过度干旱、地表温度过高或过低、土壤中施用生粪或施用农药浓度过高等。二是由于一些真菌侵染所引起，主要是鞭毛菌亚门的腐真菌，如德巴利腐霉和瓜果腐霉。半知菌亚门的丝核菌、半知菌亚门的镰刀菌。

(4) 发病规律　幼苗猝倒和立枯病病菌都可在土壤中营腐生生活，可长期在土壤中生存。各种病菌分别以卵孢子、厚垣孢子和菌核在土壤中越冬，土壤带菌是最重要的病菌来源。病菌可通过雨水、灌溉水和粪土进行传播。

2. 防治方法

(1) 选好圃地　选用地势较高、排水较好、光照充足的地块做育苗床。用新垦山地育苗，苗木不连作，土中病菌少，苗木发病轻。

(2) 选用良种　选成熟度高、品质优良的种子，适时播种，增强苗木抗病性。

(3) 土壤和种子消毒　用五氯硝基苯为主的混合剂处理土壤和种子。混合比例为75%五氯硝基苯，其他药剂25%，如代森锌或敌克松。配制方法是：先将药量称好，然后与细土混匀即成药土。播种前将药土洒在播种行内，然后播种，并用药土覆盖。

(4) 药剂防治　幼苗发病后，用1%硫酸亚铁或70%敌克松500倍稀释液，或用(1∶1∶120)～170的波尔多液喷雾，每隔10d喷1次，共喷3～5次。

8.2.1.2 白绢病类

1. 重要病害介绍

花木白绢病

(1) 分布与危害　花木白绢病又叫菌核性根腐病，危害苗木和幼树。多发生在南方各省，该病可侵染200多种花卉和木本植物。植物受害后可整株死亡。

(2) 症状　见图8-12。发病多在根茎交界处，受害部位出现水渍状褐色病斑，并产生白色菌丝束，后期在根部产生白色至黄褐色油菜籽大小的菌核。受害植株叶片变黄、萎蔫，最后全株枯死。

(3) 病原　病原的有性阶段少见，无性阶段为齐整小核菌，属于半知菌亚门丝孢纲无孢目小核菌属。

(4) 发病规律　病菌以菌丝或菌核在病残体、杂草或土壤内越冬。菌核可在土壤内存活4～5年。病菌由水流、病土、病苗传播。病菌由植物茎基部或根茎部的伤口或表皮直接侵入体内引起发病。高温高湿条件有利于该病发生。

2. 防治方法

(1) 选好圃地　选择排水良好、不连作的地块作苗圃地。

(2) 土壤消毒　播种或移栽苗木前用苯来特、萎锈灵等药剂处理土壤。

(3) 药剂防治　发病初期可用25%敌力脱乳油3000倍液、10%世高水分散粒剂1000倍液或12.5%烯唑醇可湿性粉剂2500～3000倍液喷雾。

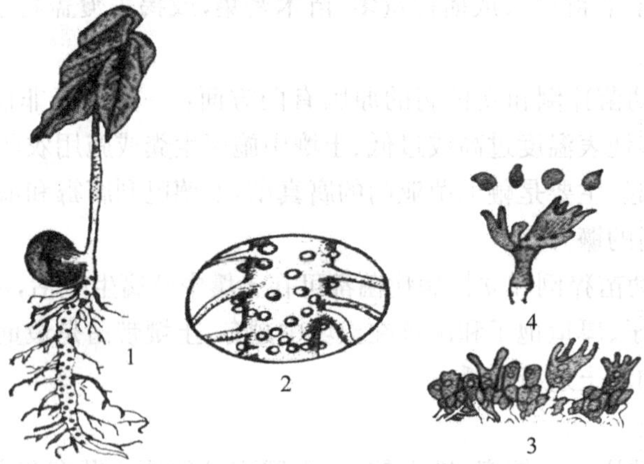

图 8-12 花木白绢病

1. 病株症状 2. 病根放大着生的菌核 3. 病菌的子实层

4. 病菌的担子和担孢子

8.2.2 枝干部病害

园林植物枝干病害种类多，危害性大，轻者引起枝枯，重者导致整株枯死。病状类型主要有腐烂、溃疡、丛枝、枝枯、黄化、肿瘤、萎蔫、腐朽、流脂流胶等。苗圃地以苗木茎腐烂居多。

1. 重要病害介绍

银杏茎腐病

(1) 分布与危害 分布于山东、安徽、江苏、浙江、江西、福建 、湖南、湖北、广东、广西和新疆等地，主要危害银杏、扁柏、香榧、杜仲、鸡爪槭等多种阔叶树苗木。

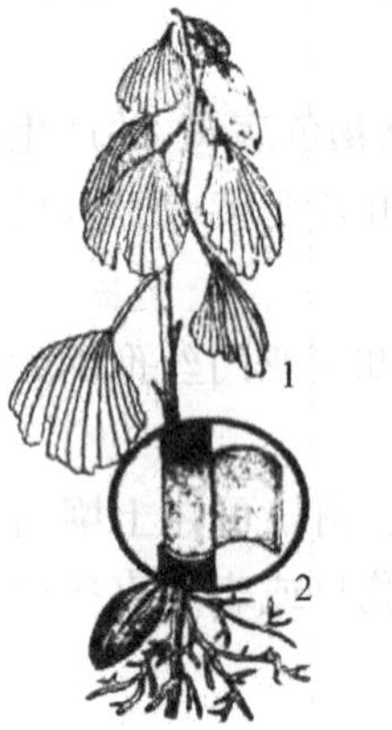

图 8-13 银杏茎腐病

1. 症状 2. 皮层下的菌核

(2) 症状 见图 8-13。一年生苗木发病初期，茎基部近地面处变成深褐色，叶片失绿稍向下垂；发病后期，病斑包围茎基并迅速向上扩展，引起整株枯死，叶片下垂不落。苗木枯死 3～5 d 后，茎上部皮层稍皱缩，内皮层组织腐烂呈海绵状或粉末状，浅灰色，其中有许多细小的黑色小菌核。病菌侵入木质部和髓部后，髓部变褐色，中空，也生有小菌核，最后病害蔓延至根部，使整个根系皮层腐烂。此时拔苗则根部皮层脱落，留在土壤中，仅拔出木质部。二年生苗易感病，有的地上部分枯死，当年自根颈部能发新芽。

(3) 病原 为菜豆壳球孢菌，属于半知菌亚门腔孢纲球壳孢目壳球孢属。

(4) 发病规律 病菌是一种土壤习居菌，营腐生生活，在适宜条件下，自伤口侵入寄主。夏季火热、土温升高、苗木根茎部灼伤是病害发生的诱因。苗木在梅雨结束后 10～15d 开始发病，以后发病率逐渐增加，到 9 月中旬停止发病。

2. 防治措施

(1) 栽培管理　加强栽培管理,适地适树;合理修剪、剪口涂药;避免干部皮层损伤,随起苗随移植,避免假植时间过长;秋末冬初树干涂白。

(2) 植物检疫　加强检疫,防止危险性病害的扩展蔓延,一旦发现,立即烧毁。

(3) 清除病原　及时除去病死枝条和植株,清除侵染来源,减轻病害发生。

(4) 药剂防治　树干发病时可用50%代森铵、50%多菌灵可湿性粉剂200倍液。茎、枝梢发病时可喷洒50%退菌特可湿性粉剂800～1000倍液,或50%多菌灵可湿性粉剂800～1000倍液,或65%代森锌可湿性粉剂1000倍液等。

8.2.3 叶部病害

叶部病害是指感病部位主要在叶部的一类病害统称。叶部病害除了危害叶部,有的还危害花、果或嫩枝等。一般情况下,叶部病害很少能引起园林植物的死亡,但叶片的斑驳、枯死、变形等却直接影响苗木的生长和园林植物的观赏价值。叶部病害还常常导致苗木提早落叶,减少光合作用产物的积累,削弱苗木的生长势,并诱发其他病虫害的发生。

8.2.3.1 叶斑病类

叶斑病是叶片组织受局部侵染,导致出现各种形状斑点病的总称。但叶斑病并非只是在叶上发生,有的既在叶上发生,也在枝干、花和果实上发生。叶斑病的类型很多,根据病斑的色泽、形状、大小、质地、有无轮纹等不同分为黑斑病、褐斑病、圆斑病、角斑病、斑枯病、轮斑病等。叶斑上往往着生有各种点粒或霉层。叶斑病聚集发生时,可引起叶枯、落叶或穿孔,以及枯枝或花腐。

1. 重要病害介绍

樱花褐斑病

(1) 分布与危害　分布于上海、江苏、西安、天津、成都、济南、长沙、连云港、武汉、台湾等地,主要危害樱花、樱桃、梅花、桃等核果类观赏树木。

(2) 症状　见图8-14。发病初期叶片正面出现针尖大小的紫褐色小斑点,逐渐扩大成直径为3～5mm的圆形斑,病斑褐色至灰白色,病斑边缘紫褐色,上面有小霉点,即病原菌的分生孢子及分生孢子梗,病原菌的侵入刺激寄主组织产生离层使病斑脱落呈穿孔状,穿孔边缘整齐。

(3) 病原　为核果尾孢菌,属于半知菌亚门丝孢菌纲丛梗孢目尾孢屑。

(4) 发病规律　病原菌以菌丝体在枝梢病部,或以子囊壳在病落叶上过冬。孢子由风雨传播,从气孔侵入。该病通常先在老叶上发生,或树冠下部先发病,逐渐向树冠上部扩展。每年6月开始发病,8～9月危害严重,10月上旬病斑上

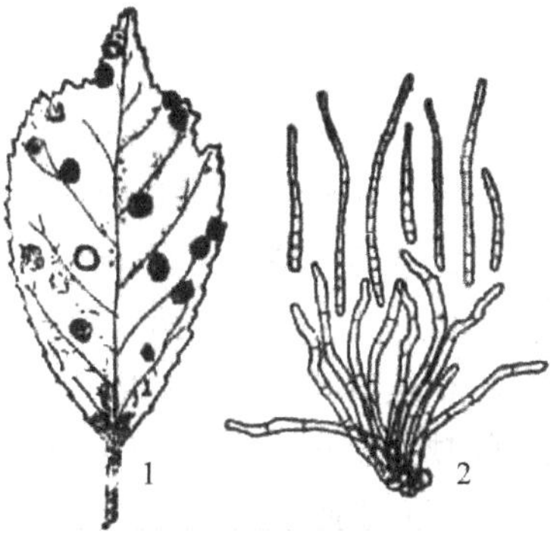

图8-14　樱花褐斑病
1. 症状　2. 分子孢子梗及分生孢

有子囊壳形成。大风、多雨的年份发病严重；夏季干旱，树势衰弱发病重；日本樱花和日本晚樱等树种抗病性弱，发病重。

2. 防治方法

(1) 加强栽培管理　合理施肥，肥水要充足；夏季干旱时，要及时浇灌；在排水良好的土壤上建造苗圃；种植密度要适宜，以便通风透光降低叶片湿度；及时清除田间杂草。

(2) 消灭侵染来源　随时清扫落叶，摘去病叶。冬季对重病株进行重度修剪，清除病茎上的越冬病原。休眠期喷施3～5波美度的石硫合剂。

(3) 药剂防治　注意发病初期及时用药。可用70%甲基托布津可湿性粉剂1000倍液、10%世高水分散粒剂6000～8000倍液、50%退菌特可湿性粉剂800～1000倍液等喷施，10～15d一次，连续喷施3～4次。

8.2.3.2　白粉病类

白粉病是苗圃地园林植物上发生极为普遍的一类病害，一般多发生在寄主生长的中后期，可侵害叶片、嫩枝、花、花柄和新梢。在叶上初为褪绿斑，继而长出白色菌丝层，并产生白粉状分生孢子，在生长季节进行再侵染，抑制寄主植物生长，导致叶片不平整、卷曲、萎蔫、苍白，严重者可导致枝叶干枯，甚至可造成全株死亡。

1. 重要病害介绍

紫薇白粉病

(1) 分布与危害　全国各地普遍发生。发病紫薇叶片干枯，影响树势和观赏效果。

图8-15　紫薇白粉病

1. 白粉病症状　2. 白粉菌粉孢子

(2) 症状　见图8-15。该病主要危害紫薇的叶片，嫩叶比老叶易感病，嫩梢和花蕾也能受害。叶片展开即可受到侵染，发病初期叶片上出现白色小粉斑，后扩大为圆形并连接成片，有时白粉覆盖整个叶片。叶片扭曲变形，枯黄脱落。发病后期白粉层上出现由白而黄，最后变为黑色的小粒点。

(3) 病原　病原为南方小钩丝壳菌，属子囊菌亚门小钩丝壳属。

(4) 发病规律　病菌以菌丝体在病芽或以闭囊壳在病落叶上越冬，粉孢子由气流传播，生长季节多次再侵染。该病害主要发生在春、秋两季，其中以秋季发病较为严重。

2. 防治方法

(1) 消灭越冬病菌　秋冬季节结合修剪，剪除病弱枝，并将枯枝落叶等集中烧毁，减少初侵染来源。休眠期喷洒2～3波美度的石硫合剂，消灭病芽中的越冬菌丝或病部的闭囊壳。

(2) 加强栽培管理　栽植不要过密，注意通风透光。增施磷、钾肥，氮肥要适量。灌水最好在晴天的上午进行。生长季节发现少量病叶、病梢时，及时摘除烧毁，防止扩大侵染。

(3) 化学防治　发病初期喷施15%粉锈宁可湿性粉剂1500～2000倍液、25%敌力脱乳油2500～5000倍液、40%福星乳油8000～10000倍液等。

(4) 生物制剂防治　近年来生物农药发展较快，BO-10（150～200 倍液）、抗真菌素 120 对白粉病有良好的防效。

(5) 种植抗病品种　选用抗病品种是防治白粉病的重要措施之一。

8.2.3.3　锈病类

锈病是由担子菌亚门冬孢子菌纲锈菌目的真菌引起的，主要危害苗圃地园林植物的叶片，引起叶枯及叶片早落，严重影响植物的生长。该类病害由于在病部产生大量锈状物而得名。锈病多发生于温暖湿润的春秋季，在不适宜灌溉、叶面凝结雾露及多风雨的天气条件下最有利于发生和流行。

1. 重要病害介绍

海棠—桧柏锈病

(1) 分布与危害　该病在我国发生普遍，各地均有。该病主要危害海棠及其仁果类观赏植物和桧柏，影响海棠、桧柏生长和观赏效果。

(2) 症状　见图 8-16。春夏季主要危害贴梗海棠、木瓜海棠、苹果、梨。叶面最初出现黄绿色小点，逐渐扩大呈橙黄色或橙红色有光泽的圆形油状病斑，直径 6～7mm，边缘有黄绿色晕圈，其上产生橙黄色小粒点，后变为黑色，即性孢子器。发病后期，病组织肥厚，略向叶背隆起，其上长出许多黄白色毛状物，即病菌锈孢子器（俗称羊胡子），最后病斑枯死。

图 8-16　海棠锈病

1. 桧柏上的菌缨　2. 冬孢子萌发　3. 海棠叶上症状
4. 性孢子器　5. 锈孢子器

转主寄主为桧柏，秋冬季病菌危害桧柏针叶或小枝，被害部位出现浅黄色斑点，后隆起呈灰褐色豆状的小瘤。初期表面光滑，后膨大，表面粗糙，呈棕褐色，直径 0.5～1.0cm，翌春 3～4 月遇雨破裂，膨为橙黄色花朵状（或木耳状）。受害严重的桧柏小枝上病瘿成串，造成柏叶枯黄、小枝干枯，甚至整株死亡。

(3) 病原　病原为山田胶锈菌、梨胶锈病菌，属担子菌亚门胶锈菌属。该锈菌缺夏孢子阶段。我国以梨胶锈菌为主，山田胶锈菌仅在个别省发现。两者均为转主寄生菌。

(4) 发病规律　病菌以菌丝体在桧柏等针叶树枝条上越冬，可存活多年。翌春 3～4 月份遇雨时，冬孢子萌发产生担孢子，担孢子主要借风传播到海棠上。担孢子萌发后直接侵入寄主表皮并蔓延，约 10d 后便在叶正面产生性孢子器，3 周后形成锈孢子器。8～9 月锈孢子成熟后随风传播到桧柏上，侵入嫩梢越冬。此病的发生与雨水关系密切。两种寄主混栽较近、有大量病菌存在、3～4 月份雨水较多是病害大发生的主要条件。

2. 防治方法

(1) 加强栽培管理　在苗圃地，避免海棠、苹果、梨等与桧柏、龙柏混栽。结合园圃清理及修剪，及时将病枝芽、病叶等集中烧毁，以减少病原。加强管理，降低湿度，注意通风透光，或增施钾肥和镁肥，提高植株的抗病力。

(2) 消灭越冬病菌　3～4 月冬孢子角胶化前在桧柏上喷洒 1∶2∶100 倍的倍量式波尔多液，或 50％硫悬浮液 400 倍液抑制冬孢子堆遇雨膨裂产生担孢子。

(3) 化学防治　发病初期可喷洒 15％粉锈宁可湿性粉剂 1000～1500 倍液，每 10d 一次，连喷 3～4 次；或用 12.5％烯唑醇可湿性粉剂 3000～6000 倍液、10％世高水分散粒剂稀释 6000～8000 倍液、40％福星乳油 8000～10000 倍液喷雾防治。

8.2.3.4　煤污病类

煤污病又称煤烟病，在苗木上发生普遍，其症状是在叶面、枝梢上形成黑色小霉斑，后扩大连片，使整个叶面、嫩梢上布满黑霉层，影响光合作用，降低观赏价值和经济价值，甚至引起死亡。由于煤污病菌种类很多，同一植物上可染上多种病菌，其症状上也略有差异。呈黑色霉层或黑色煤粉层是该病的重要特征。

1. 重要病害介绍

山茶煤污病

(1) 分布与危害　在南方各省普遍发生，常见的寄主有山茶、扶桑、含笑、五色梅、紫薇、桂花、玉兰等。主要危害苗木的叶片，抑制其光合作用，削弱苗木的生长势。

(2) 症状　见图 8-17。在叶面上布满黑色的煤粉层。

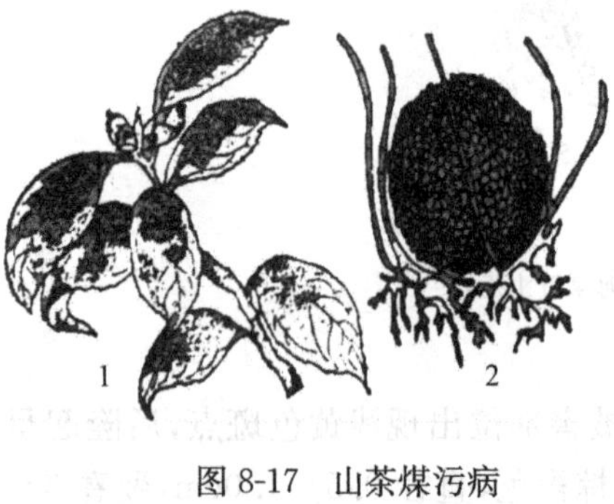

图 8-17　山茶煤污病
1. 症状　2. 闭囊壳

(3) 病原　有性态是子囊菌亚门小煤炱菌属的小煤炱菌和子囊菌亚门煤炱菌属的煤炱菌，无性态是半知菌亚门烟霉属的散播真菌。菌丝体生于植物体表面，黑色，有附着枝，并以吸器伸入到寄主表皮细胞内吸取营养。

(4) 发病规律　煤污病病菌以菌丝体、分生孢子、子囊孢子在病部及病落叶上越冬，翌年孢子由风雨、昆虫等传播，寄生到蚜虫、介壳虫等昆虫的分泌物和排泄物上、植物自身分泌物，或寄生在寄主上发育。高温多湿、通风不良、蚜虫、介壳虫等分泌蜜露害虫发生多时，均加重发病。

2. 防治方法

(1) 喷洒杀虫剂防治蚜虫、介壳虫等害虫，减少其排泄物或蜜露，从而达到防病目的。

(2) 在植物休眠季节喷洒 3～5 波美度的石硫合剂，杀死越冬的菌源，从而减轻病害发生。

(3) 对寄主植物进行适度修剪。温室要通风透光良好，以便降低湿度，减轻病害发生。

8.2.3.5　炭疽病类

炭疽病是苗圃地园林植物的一类常见病害，主要由炭疽菌属真菌引起。该病主要发生在叶片和果实上，也危害枝梢，引起叶斑、果腐和枝枯。其主要症状是产生轮纹斑，病部可产生黑色小点，往往呈轮纹状排列，潮湿下溢出粉红色的黏孢子团。

1. 重要病害介绍

山茶炭疽病

(1) 分布与危害　该病是山茶上普遍发生的重要病害。我国的四川、江苏、浙江、江西、湖南、湖北、云南、贵州、河南、陕西、广东、广西、天津、北京、上海等地均有发生。此病常引起早落叶、落蕾、落花、落果和枝条的干枯。

(2) 症状　见图 8-18。病菌主要危害叶片和嫩枝。在叶片上，发病初期出现浅褐色小斑点，逐渐扩大成赤褐色或褐色病斑，近圆形，病斑有深褐色和浅褐色相间的轮纹。叶缘和叶尖的病斑为半圆形或不规则形，病斑后期呈灰白色，边缘褐色。病斑上轮生或散生许多红褐色至黑褐色的小点，即病菌的分生孢子盘，在潮湿情况下，溢出粉红色黏液分生孢子团；在梢上，病斑多发生在新梢基部，椭圆形或梭形，边缘淡红色，后期呈黑褐色，中部灰白色，病斑上有黑色小点和纵向裂纹，病斑环梢 1 周，梢即枯死；在枝干，病斑呈梭形溃疡或不规则下陷，同心轮纹，削去皮层后木质部呈黑色。

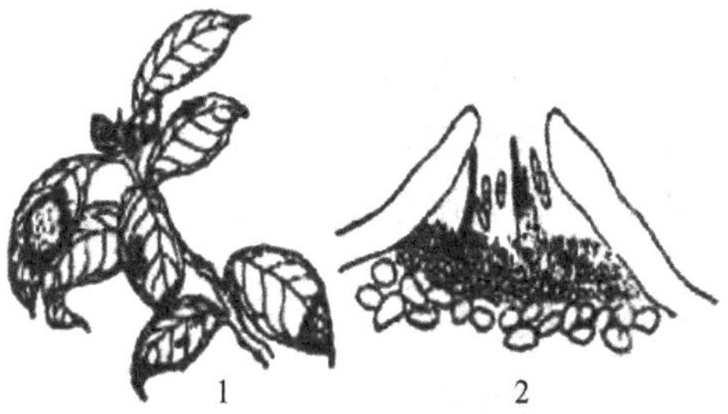

图 8-18　山茶炭疽病
1. 症状　2. 分生孢子盘

(3) 病原　属于半知菌亚门腔孢菌纲黑盘孢目炭疽菌属。

(4) 发病规律　病菌以菌丝、分生孢子或子囊孢子在病蕾、病芽、病果、病枝、病叶上越冬。翌年春天温湿度适宜时产生分生孢子，成为初侵染来源。分生孢子借风雨传播，从伤口和自然孔口侵入。在一个生长季节里有多次再侵染。5～11 月可以发病，温度 25～30℃、相对湿度 88％时出现发病高峰。

2. 防治方法

(1) 加强养护管理　合理施肥与轮作，种植密度要适宜，以利通风透光，降低湿度，以提高植株的抗病能力；注意浇水方式，避免大水漫灌和喷淋式浇水。

(2) 清除病原　及时清除枯枝、落叶，剪除病枝，刮除茎部病斑，彻底清除根茎、鳞茎、球茎等带病残体，消灭初侵染来源。休眠期喷施 3～5 波美度的石硫合剂。

(3) 化学防治　在发病初期及时喷施杀菌剂。可选用的药剂有 40％福星乳油 8000～10000 倍液、10％世高水分散粒剂 6000～8000 倍液、50％多菌灵 800 倍液、70％甲基托布津 1000 倍液等，每 10～15d 一次，连喷 4～5 次。

8.3　杂草及防治

杂草是指在育苗地生长的非栽培性植物，一般来说，它们对苗木的生长是有害的。在我国苗圃生产中，人工除草需要耗费大量的人力和财力，其用工约占整个苗圃作业用工的20%～60%。化学除草可有效地克服人工除草的弊端，而且使用方便，效果好。

8.3.1 常见杂草种类

园林苗圃一般水肥条件比大田好，所以杂草也会比一般大田多。在苗圃地里，杂草一般吸收养分和水分的能力比园林幼苗强，比园林幼苗生长旺盛，因此，杂草的滋生会大量夺取苗木生长所需的养分、水分和光照，影响园林苗木的生长发育。另外，杂草也是许多病原菌、害虫的栖息地，是一些病虫害寄主植物，能引发病虫害发生。

园林苗圃杂草种类很多，依据其生物学习性可以分为三大类。

8.3.1.1 一年生杂草

指那些在春、夏季发芽出苗，夏、秋季开花、结实，之后死亡，整个生命周期在当年完成的杂草。这类杂草都是种子繁殖，幼苗不能过冬。它们种类繁多，是苗圃中主要杂草，常见有藜、小叶藜、稗、狗尾草、反枝苋等。

8.3.1.2 多年生杂草

可连续生存两年以上，通常第一年只生长不结实，第二年起才结实。有些种类冬季地上部分枯死，依靠地下器官越冬，次年又长出新的植株。所以，多年生杂草除能以种子繁殖外，还能利用地下营养器官进行营养繁殖。苗圃常见的有荠菜、芦苇、田旋花、绊根草、白茅等。

8.3.1.3 寄生杂草

不能进行或不能独立进行光合作用制造养分的杂草，必需寄生在别的植物上，靠特殊的吸收器官吸取寄主养分而生活，如菟丝子、列当等。

8.3.2 防治方法

在了解当地杂草种类和生物学习性的基础上，因地制宜地进行综合防治，将杂草控制在最小危害程度下，培育优良苗木。

8.3.2.1 实行杂草检疫制度

对于从外地、外国引入新种苗木或花草种子繁育时，必须实行严格的杂草检疫，凡属国内没有或本地尚未广为传播的而具有潜在危险的杂草必须禁止或限制试种。以前，由于部分地方没能严格执行种子检疫制度，使一些危害性极大的恶性杂草传入我国，造成很大损失。因此，生产中应对所有传播材料（种子、接穗、插条等）进行清选和检疫，使其尽可能不带检疫对象。

8.3.2.2 清洁苗圃环境

苗圃周围和路旁杂草是杂草的重要来源，尤其在灌溉条件下，水渠两旁生长的杂草产生的种子是传播的重要途径。所以，应及时铲除苗圃周围、道路旁和水渠边的杂草，尽可能不让杂草完成生长发育史。铲除的杂草应挖坑堆沤处理，成为有机肥料。

8.3.2.3 实行合理的土壤轮作和土壤耕作制度

园林苗圃地实行合理的轮作制度，不仅能减轻病虫害的发生和减少生理缺素症危害，还可以明显减轻杂草危害。这是因为有些恶性杂草对苗木有一定的伴生性，如菟丝子、列当等寄生性杂草。

土壤耕作(秋耕、中耕等)是苗圃地管理的经常性工作。一般耕作也具有双重作用，一方面可以铲除生长中的杂草；另一方面又将部分杂草种子翻入地下，促进一些杂草种子萌发。因此，苗圃中耕每年需要多次进行，一般至少3～5次，才能起到控制杂草的作用。

8.3.2.4 化学防治

目前，在苗圃播种前或播种后(未萌芽前)使用除草剂防治苗圃杂草，已是常用的技术措施。常用的除草剂有：

1. 除草醚

水溶性低，通常进行苗前处理，具有一定的选择性触杀作用，对一年生杂草幼芽杀伤力很强，对已出土的杂草杀伤力差，对已长大的杂草无效。所以，一般在杂草发芽时使用。这种除草剂必须在光照下才能发挥药效作用，且温度越高效果越好。在表土内药效期20～30d，对人畜毒性较小。

使用方法：每100m^2用25%可湿性粉剂75～110g，兑水7.5～9kg，在杂草萌动时喷施，做土壤处理，可有效防除藜、马齿苋等杂草。

2. 西玛津

是高度选择性的内吸传导型除草剂，经根系吸收，进入植物体内，抑制植物的光合作用，破坏新陈代谢，导致杂草死亡。此除草剂对浅根系一年生杂草杀伤效果好，而对深根性杂草效果较差。药效期长达6～12月，对人畜无毒，对杨、柳类的苗木有严重药害现象。

使用方法：用150～200g兑水50kg，在春季杂草刚发芽时喷雾。

3. 百草枯

为广谱灭生性除草剂，是典型的光合作用抑制剂，通过杂草根系吸收后传导，破坏杂草光合作用和新陈代谢。

使用方法：于播种出苗前喷施于土壤，用量为0.5～0.8kg/hm^2。

4. 草甘膦

为内吸传导型广谱灭生性除草剂，能被植物茎、叶吸入，抑制新陈代谢，导致植物死亡。它能由叶传导到地下部分，对多年生深根性的地下组织破坏力很强。

使用方法：因草甘膦只有在接触绿色组织后才有杀伤作用，对上部(药液未喷上)则较安全，一般用量为3～5kg/hm^2。

也可以在苗床(或苗圃地表面)覆膜(地膜)，不仅能杀死萌发的杂草，还可以提高地温，保持土壤通气性和湿度，促进园林苗木生长。

思考题

1. 园林苗圃地下害虫主要有哪几类？如何根据被害状判断地下害虫的种类？

2. 如何鉴别东方蝼蛄和华北蝼蛄？它们有何习性？如何防治？
3. 如何防治蛴螬？
4. 如何根据当地地下害虫发生特点制定综合防治措施？
5. 如何识别天牛的成虫和幼虫？怎样控制天牛的危害？
6. 如何识别蚜虫、介壳虫、螨类和粉虱？针对它们的生物学特性，应采取哪些防治措施？
7. 简述苗木猝倒和立枯病的症状特点及防治措施。
8. 花木白绢病的发病规律是什么？怎样防治？
9. 叶斑病类的防治措施有哪些？
10. 简述海棠锈病的发病规律。怎样防治？
11. 炭疽病的主要识别特点是什么？应该如何进行控制？
12. 简述苗圃田间管理与病虫害发生的关系。
13. 试述除草剂的作用方式与使用方法的关系。

9　主要园林植物的繁殖与培育

【学习重点】

在了解常见园林植物的繁殖与培育理论的基础上，熟悉各类园林植物的特点及生物学特性，掌握其主要繁殖方法与技术要点。

9.1　常绿乔木类苗木繁殖与培育

9.1.1　雪松(*Cedrus deodara*)

松科雪松属，常绿大乔木，又名喜马拉雅杉、喜马拉雅雪松。树干高耸挺拔，树冠塔形，气势雄伟，材质优良，是世界著名、珍贵的景观和风景树种之一。常孤植于公园、草坪、花坛、庭院中心，亦可行植于街道两侧。原产喜马拉雅山西部，1920 年引入我国，现全国各地均有分布。

雪松喜光，喜凉爽、湿润气候，有一定耐阴能力；深根系，生长中速，寿命长，喜土层深厚、排水良好之土壤；怕低洼积水，怕炎热，畏烟尘。

雪松常用扦插和播种繁殖方法育苗。

1. 1 扦插育苗

扦插育苗时，采穗母树和树龄大小是其能否生根成活的关键。应尽量在健壮幼龄实生母树上的一年生粗壮枝条上采取插穗，其枝条着生部位又以幼树的中上部枝条的成活率最高。

采穗应在无风有露水的早晨或阴天进行。插穗长度以 15cm 左右为宜，为提高成活率，尽量使插穗基部平滑，并除去插穗基部大约 1/2 长度的枝或叶。嫩枝扦插应以当年抽出的并在基部带一部分年老枝的枝条作为插穗，用浓度为 500mg/kg 的萘乙酸水溶液或酒精溶液浸插穗 5s 后立即扦插。

雪松一年四季均可扦插，以春插为主。春插以 2～3 月份为宜，夏插多在 5～7 月份进行。扦插采用高床，株行距 5cm×10cm，开沟或直插均可，扦插深度一般为插穗长度的 1/3 或 1/2。插后必须随即喷浇一次透水，使插穗与土壤密接。

雪松插穗生根时间较长，春插多为 60～90d 开始生根，夏插在 40d 左右即开始生根。在此期间，应设置阴棚遮阳，以减少水分蒸腾，防止萎蔫。高温时应设双帘，必要时四周加风障。阴棚要做到晴天早盖晚揭，久雨后迟盖早揭，立秋后方可撤除阴棚。

雪松插穗未生根前，要保持土壤处于湿润状态。天气晴朗干旱时，应坚持早晚各喷一次水，阴天可不喷或只喷细水一次。插穗生根后应适量控制水分，以防止土壤过湿，发生烂根而死亡。

2. 播种育苗

播种应在春分前进行，播前2～3天灌足底水，每公顷下种75 kg左右。种子应经冷水浸2d，待种皮稍晾干后再行播种。为节约种子，以点播为好，株行距为10cm×15cm，播种深度为1～1.5cm。播后覆细土，并用稻草或塑料薄膜盖苗床，15d后即可相继萌芽出土。

幼苗出土80%左右即可逐步去掉覆盖物，出土15～20d后应逐步追肥。追肥以10～15d施腐熟人粪尿稀释液一次为宜，浓度先小后大。如追施化肥，每公顷用37.5～75kg为宜。天气炎热时及时灌水。为预防幼苗猝倒病、叶枯病，在出苗后可喷0.5%的波尔多液或70%的敌克松700倍液。

9.1.2 广玉兰(*Magnolia grandiflora*)

木兰科木兰属，常绿乔木，又名荷花玉兰、大花玉兰。树姿雄伟，叶厚肥大，花大芳香，宜孤植、丛植，是良好的城市绿化观赏树种。原产北美东部，我国长江流域以南地区常见栽培，近年在黄河流域也广为栽培。

广玉兰喜光，幼树较耐阴；喜温暖湿润气候，也有一定的耐寒能力；喜肥沃、湿润、排水良好的酸性或中性土壤，不耐碱；生长速度中等；根系发达，较抗风；对烟尘、二氧化硫有一定抗性；病虫害少。

广玉兰常用播种和嫁接繁殖方法育苗。

1. 播种育苗

广玉兰播种可随采随播，也可贮藏后春播。播种时苗床地要选择肥沃疏松的砂质土壤，深翻并灭草灭虫，施足基肥。床面平整后，在床上开播种沟，沟深5cm，沟宽5cm，沟距20cm左右，将种子均匀播于沟内，覆土后稍加镇压。春播的需搭设阴棚。一般播种量每667$m^2$5kg左右。

广玉兰苗期生长缓慢，在幼苗具2～3片真叶时可带土球移栽。在整个苗期应经常进行松土除草，防止杂草徒长，以保证苗木正常生长。5～7月间施充分腐熟的稀薄粪水3～4次。

2. 嫁接育苗

嫁接常用木兰作砧木，其中以天目木兰、凸头木兰作砧木嫁接苗木生长较快。当砧木干径达0.5cm左右即可作嫁接。3～4月采取广玉兰母树上一年生带有顶芽的健壮枝条作接穗，接穗长5～7cm，具有1～2个腋芽，剪去叶片，用切接法在砧木距地面3～5cm处嫁接，接后培土，微露接穗顶端，促使伤口愈合。也可用腹接法进行，接口距地面5～10cm。

9.1.3 圆柏(*Sabina chinensis*)

柏科圆柏属，常绿乔木，又名桧柏、刺柏。树冠塔形或圆锥形，丛植或孤植。其园林用途极广，除作庭园观赏树外，宜作桩景和盘扎整形材料，又为北方较好的绿篱材料。原产华北、西北和长江流域,在我国许多省份有栽植。

圆柏耐寒、耐旱性较强,喜光,稍耐阴;能抗多种有害气体,并能吸收一定数量的硫和汞;其树形优美,又耐修剪,寿命长,为我国自古喜用的园林树种之一。

圆柏常用播种和扦插繁殖方法育苗。

1. 播种育苗

春播、秋播均可。撒播或条播,条播时条距 25~30cm,播幅 10cm,播种深度 1.0~1.5cm,覆土厚度 1.0~1.5cm。播后 2~3d 应灌一次透水。播后应轻轻压实,使种子与土壤密接,随后即用稻草覆盖。春播 15d 即可发芽出土,秋播在来年春季 3 月除去覆盖物,15d 左右发芽出土。

播后应注意保持土壤湿润,防止干旱。幼苗出土时带种壳,注意防止鸟害;防止日灼危害而死亡。苗高 2cm 时及时进行第一次间苗,株距 15cm;结合浇水追肥 2~3 次,以速溶性化肥为好,后期应减少浇水,增施钾肥以防徒长。

2. 扦插育苗

(1) 硬枝扦插

一般在每年的 8~9 月进行。插穗从 8~20 年生的健壮母树上采取,以树冠中、上部侧枝的顶枝较好。插穗粗 0.5~1.2cm、长 30~40cm,剪去下部 1/3~2/3 的侧枝,随采、随剪、随插,并注意遮盖,防止风吹日晒,尽量减少插穗水分蒸发。

(2) 软枝扦插

多在每年的 5~6 月份进行。采健壮的一、二年生枝,扦插于粗沙床内,上覆盖塑料薄膜,阴棚遮阴,每天喷水,一般 40~60d 即可生根。

9.1.4 樟树(*Cinnamomum camphora*)

樟科樟属,常绿乔木,又名香樟。树姿壮丽,枝叶茂密,冠大阴浓,有香气,是城市绿化的良好树种,可作行道树、庭荫树、防护林,孤植、丛植均可。我国特产,分布长江流域及以南地区。

樟树喜光,稍耐阴;喜温暖湿润气候,耐寒性不强;喜深厚、肥沃、湿润的微酸性至中性土壤;较耐潮湿,但不耐干旱、瘠薄和盐碱土;主根发达,深根性,能抗风;萌芽力强,耐修剪;生长速度中等,寿命长。

樟树以播种育苗为主,也可扦插育苗。播种期各地不同,有随采随播,有冬播的,也有春播的,但以春播为好。圃地应选择土层深厚、疏松、肥沃、湿润的沙壤土或壤土,积水地和碱性土不宜选用。通常采用条播,行距为 20~25cm,沟深 2~3cm,宽 5cm。播种后用火土灰或黄心土覆盖,厚度以不见种子为度(1~2cm),再盖上稻草保温保湿,以促进种子发芽。播种量为每 $667m^2$ 10kg 左右。

9.1.5 榕树(*Ficus microcarpa*)

桑科榕属,常绿大乔木。高可达 30m,胸径 2m。树皮灰褐色,树冠庞大,枝叶稠密,有下垂须状气生根,多细弱悬垂,或入土生根,复成一干,形似支柱。单叶互生、革质、无毛,椭圆形、卵状椭圆形或倒卵形,全缘或浅波状,先端钝尖,基部楔形或心形。隐头花序,单生或对腋生。花期 5～6 月。果近球形，初始乳白色，熟时黄色或淡红色、紫红色，9～10 月成熟。广泛分布于我国广东、广西、福建、台湾、云南、贵州等省、自治区。印度、缅甸、马来西亚等国也有栽培。

榕树喜温暖多雨气候和肥沃、湿润、酸性土壤。在亚热带南部及热带地区的普通土壤上均能生长。怕旱。根系发达，生长较快，寿命长，生命长达数百年至千余年。对风害和煤烟有一定的抵抗力。

榕树以扦插繁殖为主。于 3 月选取粗约 1cm、具有饱满叶芽的健壮枝条作插穗，长度约 15～20cm。扦插株距约 20cm。只要保持湿润，成活率可达 90%以上。扦插苗不仅生长快，而且分枝较多。

9.1.6 杜英(*Elaeocarpus sylvestris*)

杜英科杜英属，常绿乔木。树形优美，树皮深褐色，平滑，小枝红褐色。叶薄革质，披针形或矩圆状披针形，顶端渐尖，基部渐狭，边缘有浅锯齿，落叶前叶变红，红绿相间，艳丽可爱。花黄白色，下垂。核果椭圆形，暗紫色。花期 6～8 月，果期 10～11 月。产于我国浙江、福建等省，在我国南方各省均有分布。

杜英为亚热带暖地树种，较速生。喜温暖潮湿环境，多与常绿阔叶树混生于低山溪谷。最宜于排水良好的酸性黄壤土和红壤土中生长。较耐阴、耐寒。根系发达，萌芽力强，较耐修剪。对二氧化硫气体抗性较强。

杜英以播种繁殖为主。一般于采种后随即播种，也可将种子用湿沙层积至翌年春播。在幼苗期可于 6～7 月间追施薄肥 2～3 次。入冬后需覆草防寒。第二年春季，将幼苗分栽。小苗移栽时需带宿土，大苗移栽需带土球，并适当疏剪部分枝叶。

9.1.7 棕榈(*Trachycarpus fortunei*)

棕榈科棕榈属，常绿乔木。树姿挺拔秀丽，四季常青。干圆柱形，直立不分枝，具有纤维状叶鞘，叶大如扇，叶面分裂如掌，有细齿。雌雄异株，花为圆锥形肉穗花序，淡黄色。果实球形，花期 4 月下旬，果熟期 11 月。原产我国，长江流域及其以南地区均有分布。

棕榈为耐阴植物，苗期耐阴性更强；喜温暖气候，不耐严寒，成年树可耐−7℃短暂时期低温；喜排水良好、湿润、肥沃的中性及酸性土壤；能耐轻度盐碱，也能耐一定的干旱和水湿；喜肥，对烟害及有毒气体的抗性较强；病虫害少；根系浅，须根发达，生长较慢。

棕榈用播种繁殖，随采随播或春播即可。选择排水良好的湿润土壤，施足基肥，平整床面后，开沟条播，沟距 20cm，播后覆土 2～3cm，上盖稻草。苗床设在半庇荫处为好，有些地区利用苗圃内落叶乔木树种的大苗下进行间作，效果良好。播种量每 667$m^2$15kg 左右。出苗后注意除草，间苗一次，使株距保持在 10cm 左右。施肥 2～3 次，可施用腐熟粪水。第二、第三年春进行移栽(秋季也可)。由于棕榈须根多，盘结成泥垛状，移栽时将泥垛挖起即可。栽植时切忌过深。

9.2 落叶乔木类苗木繁殖与培育

9.2.1 银杏(*Ginkgo biloba*)

银杏科银杏属,落叶乔木,又名白果树、公孙树、鸭掌树等。落叶乔木,高达40m,枝有长枝、短枝之分,短枝密被叶痕。叶扇形,有二叉并列的细脉,基部楔形,有长柄。雌雄异株。种子核果状。为我国特产,分布广泛,在我国辽宁以南、广州以北都有分布,是我国优良的城乡园林绿化树种。

银杏喜光,喜深厚、湿润、排水良好的土壤,耐寒性强(可耐−32℃低温),较耐旱,不耐积水,不耐庇荫;银杏是深根型树种,抗风力强,病虫害少,但生长速度较慢,寿命长,可达千年以上。

银杏繁殖以播种为主,嫁接、分蘖与扦插等方法也可。

1. 播种育苗

10～11月采收种子,经处理后立即播种或翌年春播(若春播,必须先进行混沙层积催芽)。播种一般采用点播法。先在床面上开播种沟,深约4～5cm,沟距30～40cm,种子按8～10cm的株距逐粒播放于沟内,应注意将种子横放,便于幼苗出土。每667m^2播种量约50kg。播后覆土厚3～4cm,干旱地区再加覆稻草等保墒,一般播后40～50d开始萌芽出土。幼苗出土后及时除去覆盖物。

苗木管理应注意:银杏出苗较缓慢,应特别注意土壤板结,可采用2cm深度的浅锄法松土,以免出苗困难;夏季应适时浇水降温;在夏季干旱炎热地区应进行遮阳,以防止幼苗日灼;加强肥水管理,控制湿度和通风,并适量施草木灰或硫酸亚铁等肥料,提高幼苗抗病能力;若发生蛴螬等害虫为害时,可采用敌百虫药剂防治。

一般在第二年秋季落叶后进行移栽,以扩大苗木的营养面积。移植时可裸根栽植。为促进其形成侧根,增加吸收根,可适量修剪主根。

2. 嫁接育苗

嫁接法可以加速苗木生长,提早开花结果,在果树生产上经常使用,而园林生产上多不使用。嫁接的方法常用高部位的皮下接,时间为3～4月。

3. 分蘖与扦插育苗

有些地区利用银杏的萌蘖进行分蘖繁殖,方法简便,但繁殖量小,也不常用。分蘖约在2～3月。银杏也可在夏季进行扦插繁殖,因成活率低、成本高而很少使用。

9.2.2 水杉(*Metasequoia glyptostroboides*)

杉科水杉属,落叶乔木。树冠尖塔形或圆锥形,树姿端正优美,叶色秀丽,为世界稀有珍贵树种。在园林中常丛植、列植或孤植,也可成林栽植,是郊区、风景区绿化的重要树种。原产我国湖北、四川等省,现除内蒙古自治区外,全国各地均有栽培。

水杉为阳性树种,幼苗期也耐阴;喜温暖湿润气候,喜深厚肥沃的酸性土,不耐严旱和水涝，但适应性较强；对二氧化硫、氯气、氯化氢等有毒气体的抗性较强；生长迅速，病虫害较少。

水杉育苗常以扦插繁殖为主。可分为春季硬枝扦插、夏季嫩枝扦插及秋季半嫩枝扦插。一般情况下应在实生健壮的年轻母树上采取插穗。

春插多在 3 月上、中旬进行，以一年生已木质化的枝条作插穗最好，可随采随插，亦可采后沙藏一段时间再插。插穗粗度无严格要求，可粗可细，长多为 10～15cm，上下剪口要平剪。水杉的芽与枝条垂直，并常在脱落处枝痕的下方，很难辨别插穗的倒顺向，故剪取插穗后要整齐排放，并标明方向，不得搞乱，以免倒插现象的发生。

为促其生根，提高扦插成活率，插前多用 50～100mg/kg 萘乙酸水溶液浸泡插穗基部(约 2cm)20～24h，然后取出用清水冲洗后再进行扦插。扦插深度约为扦插长度的 3/5 左右，并在插后灌透水一次。经 30～45d 左右，插穗冬芽开始萌动、抽叶、新梢伸长，但仍属“假活”，应注意养护管理，两个月后才正式生根。水杉扦插育苗可遮阳亦可全光育苗，因后者苗木生长势好、发育健壮，且经济省事而被广泛采用。但在水杉插穗来源缺乏时，应采用遮阳，以提高扦插成活率。

夏插多在 5～6 月份进行，采用尚未木质化的嫩枝。插穗应在晴天清晨朝露未干时采集，选取长约 14～18cm 的枝条，保留顶部以及上部 4～5 片羽叶，立即扦插。插穗入土约 4～6cm，插后 20～30d 即可发根。夏插必须搭棚架遮阳，日遮夜揭，并每天浇水 3～5 次。8 月下旬后逐渐缩短遮阳时间，9 月以后撤去阴棚，促使苗木木质化。

秋插多于 9 月进行，插穗选取已形成冬芽的半木质化侧枝梢部。插后一般 30～40d 即可生根，冬芽会进一步发育，插穗亦变木质化。但冬季要适当覆盖防寒，翌春即可移植于圃地进行培育。

9.2.3 元宝枫(*Acer truncatum*)

槭树科槭树属。落叶乔木。树形优美，枝叶浓密，入秋后叶片变红，红绿相间，甚为美观，果实形状特异，亦具观赏价值，是园林绿化主要树种和庭院点缀树种。主要分布在华北地区，辽宁、江苏、安徽等省也有分布。

元宝枫喜侧方庇荫，幼树耐阴性较强；喜温凉气候，能耐－35℃的低温。根系发达，具深根性，耐旱，抗风。适于深厚、肥沃的酸性至微碱性的沙壤土。寿命较长，耐烟尘及有害气体，能适应城市环境。

元宝枫以播种繁殖为主。播种前用 40～50℃的温水浸种 2h，待自然冷凉后，换清水再浸 24h，然后掺沙堆置室内催芽，每隔 2～3d 翻堆一次，10～15d 左右种子萌动即可播种，每 667m^2 播种量为 15～20kg，多用开沟条播，覆土厚度 2～3cm。播前土壤要灌足底水，播后覆草保湿。一般经 2～3 周即发芽出土，出苗期较为集中，多在 4～5d 内。出土后 3～4d 真叶出现即可撤除覆草。幼苗出土 3 周后即可间苗。6～7 月幼苗生长最快，可施化肥 2～3 次，8 月份生长减慢，要控制水肥，促进木质化准备越冬。当年苗高可达 60～80cm，来春移植，二年生苗高可达 1.2～1.5m。

9.2.4 玉兰(*Magnolia denudata*)

木兰科木兰属，落叶乔木，又名白玉兰、望春花。花大、洁白而芳香，是著名的早春花木。原产我国中部山野中，现华北、华中及江苏、浙江、福建、云南、四川等地均有栽培。国内外庭院常见栽培。

玉兰性喜光，稍耐阴、颇耐寒，喜肥沃、湿润而排水良好的土壤，pH 值 5～8 的土壤均能生长；根肉质，忌积水，不耐移植。

玉兰常以嫁接繁殖为主，通常用木兰作砧木，用切接法或方块形芽接法。一般在秋分前后(9 月中旬至 10 月上旬)用切接法，在立秋后用方块形芽接。接活后，以休眠芽越冬，翌春将砧木剪除留桩，便于新梢向上生长。管理得好，当年可达 60～100cm。玉兰不耐移植，一般在春季开花前或花谢后而刚展叶时进行移植。移植时，中小苗带宿土，大苗需带土球。

9.2.5 鹅掌楸(*Liriodendron chinensis*)

木兰科鹅掌楸属，落叶乔木，又名马褂木。树冠圆锥形，树干端直高大，生长迅速，材质优良，寿命长，适应性广，叶形奇特，树姿雄伟，少病虫危害，是优美的庭园和行道树绿化种。原产我国江西庐山，分布于长江流域以南各省。

鹅掌楸喜光，喜暖凉湿润气候，能耐半阴，具有一定的耐寒性，能耐－15℃的低温。适宜深厚、肥沃、排水良好的微酸性沙壤土；根系发达、肉质，不耐水湿，亦不耐干旱。

鹅掌楸常用播种和扦插繁殖方法育苗。

1. 播种育苗

在 3 月中下旬播种，播前一周用冷水浸种，每天换水。选择沙质壤土，施足基肥，土壤消毒后整地筑床。条播，行距 25cm 左右。每 $667m^2$ 播种量为 25～30kg。播后覆土宜薄，以不见种子为度，略镇压后盖草。

播后要经常浇水，保持苗床湿润，苗床干燥则出苗稀少。春播后约一个月发芽出土，揭草后要及时除草松土，酌施追肥，注意灌溉排水。幼苗极少有病虫为害，一般不需遮阴。苗高 4～5cm 时进行间苗，每米播种行留苗 20～25 株，7～8 月苗木生长旺盛期适当追肥。夏秋高温干旱时要加强抗旱，勿使苗木停滞生长。一年生苗高 30～40cm，具明显的直根而侧根不发达，需移植或留床再培育一年后出圃。根部肉质，含水分较多，起苗后要防止过度失水。供行道树栽植的要经过两次移植，用高约 3m 的 4～5 年生大苗。

2. 扦插育苗

一年可进行两次。第一次于 3 月中旬，剪取去年生枝条进行硬枝扦插。第二次于春末夏初，选择健壮母树采集当年生枝条进行嫩枝扦插。每一插穗保留 3～4 个叶芽，插条长约 15～20cm。插前用萘乙酸处理，扦插深度为插穗长度的 1/2～2/3。插后加强水分管理。

9.2.6 栾树(*Koelreuteria paniculata*)

无患子科栾树属，落叶乔木，又名灯笼树、摇钱树。树形端正，枝叶茂密，秋叶变黄，蒴果紫红或黄色，高挂冠梢，形似灯笼。原产我国北部及中部地区，多分布于低山区和平原。

栾树喜光，能耐半阴，耐寒。具深根性，产生萌蘖的能力强。耐干旱、瘠薄，但在深厚、湿润的土壤上生长最为适宜。能耐短期积水，对二氧化硫和烟尘有较强的抗性。

栾树以播种繁殖为主。播种苗床应选择土层深厚、排水良好、灌溉方便的微酸至微碱性土壤，施足基肥，精细整地。以垄播为主，播种期以 3 月份为宜，播种前需进行浸种催芽，可用 70℃左右的温水浸种，种子发芽率一般为 70%以上，且出苗整齐；也可用湿砂层积催芽。

种子发芽出土后，要加强养护，苗高 5～10cm 时可间苗 1 次，以每 $10m^2$ 留苗 100 株左右为宜。注意中耕除草，适时追肥，促使苗木旺盛生长。1 年生的小苗，来年春季可进行移植养护，培育 3～4 年，养成大苗后出圃使用。

9.2.7 国槐(*Sophora japonica*)

豆科槐属，落叶乔木，又名中国槐、家槐。树冠广阔，枝叶茂密，树形匀称，是良好的庭阴树和行道树。原产我国中部，沈阳及长城以南各地都有栽培。

国槐喜光，喜干冷气候，略耐阴、耐寒、耐旱；喜深厚土壤；深根性，根肉质；忌涝；萌芽力强，耐修剪；生长中速，寿命长，栽培容易；抗二氧化硫、氯化氢等有害气体，耐烟尘，适应城市环境。

国槐以播种繁殖为主。3 月上旬用 60℃水浸种 24h，捞出掺湿沙 2～3 倍，置于室内或藏于坑内，厚 20～25cm，摊平盖湿沙 3～5cm，上覆盖塑料薄膜，以便保温保湿，促使种子萌动，约经 20d 左右种子开始发芽，待种子 20%～30%发芽即可播种。用低床条播，条距 35cm，播幅宽 10cm，深 2～3cm，每 $667m^2$ 播种量 13～15kg。播后覆土压实，喷洒土面增温剂或覆盖草，保持土壤湿润。

幼苗出齐后，4～5 月间分两次间苗，按株距 10～15cm 定苗，每 $667m^2$ 产苗 6000～8000 株。结合间苗可进行补苗，间苗后立即灌水。6 月份进入生长旺季，要及时灌水追肥，每隔 20d 左右施追肥一次，每次每 $667m^2$ 施硫酸铵 3～5kg；或腐熟人粪尿 400～500kg 加 2～3 倍水施入。最好化肥与人粪尿交互使用，施后随即灌水 1 次，8 月底停止水肥。生长季每隔 20～30d 松土除草 1 次。雨后注意排涝。当年苗高可达 1～1.5m。

9.3 常绿灌木类苗木繁殖与培育

9.3.1 海桐(*Pittosporum tobira*)

海桐科海桐属，常绿灌木。其枝叶茂密，叶色浓绿而具光泽，花朵芳香，果味红色，能自然形成疏松的球形，常孤植或剪成球状，也可作绿篱，是人们喜爱的庭院绿化树种。原产我国华东、华南各省，现在我国长江、黄河流域各地广为栽培。

海桐喜光，略耐阴；喜温暖湿润气候，不耐寒；喜肥沃、湿润土壤，适应性强，分枝力强，耐修剪，又能抗二氧化硫等有害气体，是良好的环保型绿化树种之一。

海桐繁殖以播种为主，也可进行扦插。

1. 播种育苗

海桐种子于10～11月份成熟，种子藏于红色釉质瓢内，需及时采收。育苗多用秋播，播时将采回的种子用草木灰相拌后，立即播种。多采用条播。行距20cm左右，条幅5cm，覆土厚度约1cm，播后覆草防寒，来年春季即可萌发出苗。也可将种子阴干后储藏，第二年春季播种。

2. 扦插育苗

扦插育苗多在雨季进行。先给苗床浇透水，取当年生成熟枝，除去顶部，留10cm左右，保留上部4～5片叶，除去其余叶片，然后将插穗插入土内，深至最下部一片叶为止。插后要保持床面一定湿度，并搭阴棚遮阳，成活率才高。

海桐幼苗前期喜阴，应搭棚遮阳，后期可逐步撤除。整个苗期要注意浇水，但床面不能过湿，平时应加强松土、除草、施肥等工作。海桐的主要虫害为介壳虫，易染煤污病，花期易引来红头蝇，需注意防治。此外，欲使其形成紧密球形，应注意修剪。一般情况下，一年生苗可达15cm左右，然后再移植培育成各类规格的商品苗。

9.3.2 桂花(*Osmanthus fragrans*)

木犀科木犀属，常绿小乔木或灌木。叠生芽。叶革质，椭圆形至椭圆状披针形，全缘或上半部疏生浅锯齿。花序聚伞状，簇生叶腋。花冠橙黄色至白色，深4裂。果椭圆形，紫黑色。花期9～10月，果翌年4～5月成熟。原产我国西南部，现广泛栽培于黄河流域以南各省区。

桂花喜光，稍耐阴；喜温暖和通风良好的环境，不耐寒；喜湿润排水良好的砂质壤土，忌涝地、碱地和黏重土壤；对二氧化硫、氯气等有中等抵抗力。

桂花常用扦插和嫁接繁殖方法育苗。

1. 扦插育苗

扦插在春季发芽以前或梅雨季节进行，插条长10cm，留上部2～3片叶，插入苗床，其上加遮阴设备，气温在25～27℃时，有利于生根，并保持湿度，插后60d可生根。亦可在夏季新梢生长停止后，剪取当年嫩枝扦插。

2. 嫁接育苗

砧木多用小叶女贞、小蜡、水蜡、女贞等，在春季萌发前，用切接法进行。小叶女贞作砧木成活率较高，生长快，但寿命短。用水蜡作砧木，生长较慢，但寿命较长。嫁接时，要接近根部处切断，不仅容易成活，而且接穗部分接活后容易生根。北方城市可用流苏树作砧木，优点是成活后生长速度快，且能增强桂花的抗寒能力。

9.3.3 大叶黄杨(*Euonymus japonicus*)

卫矛科卫矛属，常绿灌木或小乔木，又名正木、四季青。其叶色浓绿而有光泽，四季常青，并有各种色斑变种，是美丽的观叶树种。园林中常作绿篱或丛植以及作盆栽。原产日本南部，我国南北各省均有栽培。

大叶黄杨喜光，但亦能耐阴；喜温暖湿润气候，较耐寒，但温度低达－17℃时即受冻害。对土壤要求不高，耐干旱瘠薄。抗污染性强，能吸收有毒气体。萌芽力强，耐修剪，寿命长。

大叶黄杨用扦插、播种、压条等方法均可繁殖，以扦插繁殖为主。硬枝扦插在春、秋两季进行，北方干旱地方多在秋季进行，嫩枝扦插在夏季进行。沪宁一带常在雨季阴棚内用当年生枝条带踵扦插，株距4～6cm，行距8～10cm，插活后当年换床。黄河流域常在9～10月进行，翌年生长一整年，到第三年春进行移栽。具体做法是：用当年生枝条剪成10～15cm的插穗，上端留两枝小叶，在整好的床面上，按株行距10cm×20cm进行干插或湿插，插入深度为插穗的2/3，插后浇一次水，使插穗与土壤紧密接触，然后立即遮阳，一般40d左右即可生根，成活率在95%以上。一年后在春季带宿土进行移栽，株行距20cm×40cm，再经2～3年培育，当冠幅达80～120cm时即可出圃。也可在苗圃单株或丛状定植后，定向培养成各种不同形状的商品苗供应市场。

9.3.4 小叶女贞(*Ligustrum quihoui*)

木犀科女贞属，小灌木。叶薄革质；花白色，香，无梗；花冠筒和花冠裂片等长；花药超出花冠裂片。核果椭圆形，黑色。原产于我国中部、东部和西南部，全国各地均有栽培。

小叶女贞喜阳，稍耐阴，较耐寒，华北地区可露地栽培；对二氧化硫、氯化氢等有较好的抗性。耐修剪，萌发力强。适生于肥沃、排水良好的土壤。

小叶女贞可用播种、扦插和分株繁殖方法育苗。

1. 播种育苗

10～11月，当核果呈紫黑色时即可采收，采后立即播种，也可晒后干贮至翌年3月播种。播种前温水浸种1～2d，待种子浸胀后即可播种。采用条播，条距30cm，播幅5～10cm，深2～3cm，播后覆细土，然后覆以稻草。注意浇水，保持土壤湿润。待幼苗出土后，逐步去除稻草，枝叶稍开展时可施以薄肥。当苗高3～5cm时可间苗，株距10cm。实生苗一般生长较慢，2～3年后生可作绿篱或作桂花砧木。

2. 扦插育苗

扦插时间在春季(3～4月)或秋季(8～9月)，春插用冬初采取的当年生枝条，剪成15～20cm长的接穗，经过3～4个月的沙藏，待形成愈合组织，到翌年春再进行扦插容易成活，用萘乙酸浸枝后可提高成活率。扦插株行距20cm×30cm，深为插穗的2/3。插后常浇水，以保持适当的湿度，春插一个月后可生根。秋插当年不能生根，冬季只形成愈合组织，至次年春才能生根。

3. 分株育苗

小叶女贞分蘖萌生力强，可将根蘖苗于春季割开后分栽于露地，栽时浇水，即可成活。

9.3.5 山茶花(*Camellia japonica*)

山茶科山茶属，常绿灌木或小乔木。叶色翠绿有光泽，四季常青，花朵大，花色美，花期长。可孤植、群植，也是主要的盆栽植物。原产中国和日本，我国长江流域以南各省均有栽培。

山茶花喜光，也能耐庇荫，喜温暖湿润气候，不耐寒。喜肥沃湿润、排水良好的微酸性土壤(pH值5～6.5)，不耐碱性土；因山茶根为肉质根，若土壤黏重积水，易腐烂变黑而落叶甚至全株死亡。若温度高、光线强而又空气干燥时，叶片易得日灼病。山茶对二氧化硫抗性强，对海潮风有一定的抗性。

山茶花可用播种、扦插和嫁接繁殖方法育苗。

1. 播种育苗

10月上中旬，将采收的果实放置室内通风处阴干，待蒴果开裂取出种子后，立即播种。覆土2～3cm，经4～6周可陆续发芽。幼苗期适当遮阴，但早晚应见阳光。若秋季不能马上播种，需沙藏至翌年2月间播种。

2. 扦插育苗

华东地区的扦插适期是6月中下旬和8月下旬～9月初。插穗应选取树冠外部组织充实、叶片完整、叶芽饱满和无病虫害的当年生半成熟枝。插穗长度一般4～10cm，先端留2个叶片，剪取时下部要带踵。扦插密度一般行距10～14cm，株距3～4cm，插穗入土3cm左右，浅插生根快，深插发根慢。插后要喷透水。扦插前期要注意叶面喷水，保持足够的湿度，切忌阳光直射。生根后，要逐步增加阳光，加速木质化。

3. 嫁接育苗

通常在5～6月用靠接法嫁接。高温季节进行嫁接，成功与否取决于对高温的控制。必须搭阴棚，盖双层帘子，使棚内基本上不见直射阳光，中午前后要喷水降温，使局部气温控制在30℃左右。

9.3.6 石楠(*Photinia serrulata*)

蔷薇科石楠属，常绿灌木或小乔木，别名千年红、扇骨木。枝叶茂密，树冠球形。叶革质，长椭圆形，先端尾尖，基部圆形或宽楔形。新叶红色，后渐为深绿色，光亮。4～5月开白色小花，密生，复伞房花序顶生。梨果球形，紫红色，11月成熟时呈紫褐色。原产我国中部及南部，现北京以南各城市有栽培。

石楠偏阴性树种，耐阴亦较耐寒。喜温暖湿润气候，不耐水渍，常生于山坡、谷地杂木林中或散生于丘陵地。对土壤要求不严，以肥沃的酸性土最适宜，在瘠薄干燥地生长发育不良。萌芽力强，耐修剪整形。对二氧化硫等有毒气体的抗性较弱。

石楠常用播种和扦插繁殖方法育苗。

1. 播种育苗

2～3月播种，宽幅条播，行距15cm，沟宽5～6cm，覆泥盖草，约1个月发芽出土。分次揭草，苗期加强管理，当年苗高约15cm，分栽或留床培育大苗。

2. 扦插育苗

在6月选当年粗壮的半成熟枝条，剪成10～12cm长，带踵，上部留叶2～3片，每叶剪去2/3，插后遮阴，充分浇水。移植时小苗留宿土，大苗带泥球并去部分枝叶。

9.3.7 红花檵木(*Loropetalum chinense*)

金缕梅科檵木属，常绿灌木或小乔木。叶暗紫红色，小枝、嫩叶及花萼均有锈色星状短柔毛。叶卵形或椭圆形，长2～5cm，基部歪圆形，先端锐尖，全缘，背面密生星状柔毛。花深粉红色，花3～8朵，簇生于小枝端。蒴果褐色，近卵形，长约1cm，有星状毛。花期5月；果8月成熟。原产我国湖南等地区，现黄河流域以南各省有栽培。

红花檵木阳性，耐半阴，喜温暖气候，适应性较强。要求排水良好而肥沃的酸性土壤，萌芽力强，耐修剪。

红花檵木以播种繁殖为主。种子于 10 月采收，11 月即可播种，或将种子密闭贮藏，到翌年春季播种，经繁殖 2 年即可出圃定植。

9.3.8 含笑(*Michelia figo*)

木兰科含笑属，灌木或小乔木，又名香蕉花。分枝紧密，小枝有锈褐色茸毛。叶革质，倒卵状椭圆形；叶柄极短，长度 4mm，密被粗毛。花直立，淡黄色而瓣缘常晕紫，香味似香蕉味；蓇葖果卵圆形，先端呈鸟嘴状，外有疣点。花期 3～4 月，9 月果熟。原产我国华南，现长江流域以南地区均有栽培。

含笑弱耐阴，不耐暴晒和干燥，否则叶易变黄，喜暖热多湿气候及酸性土壤，不耐涝，不耐旱，不耐石灰质土壤。有一定耐寒力，在−13℃左右低温下虽会落叶，但不会冻死。对氯气等有毒气体抗性较强。

含笑繁殖方法有播种、扦插、压条、嫁接等。

1. 播种育苗

9 月中下旬采收种子后，立即沙藏到翌春播种。少量可用盆播或箱播，大量需要苗床，不论采用哪一种方法，均应选用渗透性能好的微酸性沙质壤土，并掺入适量的砻糠灰。盆播宜用点播，苗床可用条播。播后喷水，并用拱形塑料薄膜棚覆盖，保持温湿度，能促进提早出苗。

2. 扦插育苗

春、夏、秋均可。春插应选择去年生枝条，于 3 月初进行，夏插和秋插宜选用粗壮的半木质化的当年生枝，分别于 6 月和 9 月进行。秋插当年一般不发根。春插的插穗不必带踵，只要下端削平，上端仅留 1～3 对叶。夏插和秋插的插穗必须带踵，留叶数与春插相同。插后用芦帘搭棚遮阴，要经常喷水，保持叶面湿润。

3. 压条与嫁接育苗

宜在发芽前和生长期用高压法进行。选择三四年生枝，在枝条适当处环剥，用塑料袋套好，填入适量比例的山泥和糠灰，然后扎紧塑料袋的两端。嫁接法，用一二年生的木笔或黄兰作砧木，于 3 月底 4 月初腹接。腹接容易成活，秋后新植株可达 30～40cm。

9.4 落叶灌木类苗木繁殖与培育

9.4.1 玫瑰(*Rosa rugosa*)

蔷薇科蔷薇属，落叶直立或丛生灌木。茎枝灰褐色，密被绒毛、皮刺及刺毛。叶椭圆形至椭圆状倒卵形，缘有钝齿，质厚，表面多皱无毛，背面有柔毛及刺毛。花单生或数朵聚生，常为紫红色，芳香。果扁球形，红色，具宿存萼片。花期 5～8 月，果熟期 6～9 月。因其花大、味香深受欢迎，成为庭园观赏花木和食用香料植物。现全国各地均有栽培。

玫瑰喜阳光充足、凉爽通风及排水良好的环境，耐寒，耐旱，不耐积水，适应性强，对土壤要求不严而被广泛栽培。

玫瑰繁育苗木多用分株和扦插两种方法。

1. 分株育苗

分株育苗是利用玫瑰分蘖力很强的特点，一般在春季发芽前或秋季落叶后进行。每隔2～4年分株一次，时间长短视每次分株多少和母株的生长势而定。为了保证新的植株存活，可将大部分枝条剪掉，以减少水分蒸发，移栽后及时灌水，成活率很高。也可选用一定面积的育苗地作为繁殖区，在苗木长大出圃后，利用留地的根条，松土灌水施肥后可生长出许多健壮小苗，可挖取小苗定植培育造型，生产各种规格的苗木。

2. 扦插育苗

硬枝、软枝均可。南方气候温暖、潮湿，可在露地进行。硬枝扦插选二年生枝条，剪成一定长度，去掉下部叶片，扦插于灌满水的床面，并注意遮阳。嫩枝扦插于6～8月选用当年生枝条，在阴棚下苗床中扦插，成活率一般在86%以上。北方采用嫩枝扦插，可在塑料棚下于6月份进行，插后保持棚内湿度在80%左右。若在玻璃温室内进行嫩枝扦插，要注意保持较高湿度。当温度超过30℃时，遮阳并喷雾降温提高空气湿度，方能保证较高的成活率。扦插苗根系发育完整后，可在8月份之前进行移植，若未移栽，8月份后应留床，翌年春季再进行移植，培育大苗。

9.4.2 蜡梅(*Chimonanthus praecox*)

蜡梅科蜡梅属，落叶丛生灌木。在暖地叶半常绿。叶半革质，椭圆状卵形至卵状披针形，叶端渐尖，叶基圆形或广楔形，叶表有硬毛，叶背光滑。花单生，径约2.5cm，花黄如蜡，清香四溢。果托坛状，小瘦果种子状，栗褐色，有光泽。花期12～3月，果8月成熟。原产湖北、河南、陕西等省，现全国各地均有栽培。

蜡梅喜光，亦略耐阴，较耐寒，耐干旱，忌水湿，宜生长于深厚肥沃、排水良好的沙质壤土。

蜡梅常用嫁接和播种繁殖方法育苗。

1. 嫁接育苗

以切接法为主，多在3～4月进行。接前一个月，从壮龄母树上选粗壮而又较长的一年生枝，截去顶梢。接穗长6～7cm，砧木切口可略长，扎缚后的切口要涂以泥浆，并壅土覆盖，接后一个月就可检查成活。

2. 播种育苗

春播于2月下旬～3月中旬进行，条播行距20～25cm，播种量15～20kg/667m^2，覆土厚约2cm。播后20～30d出土。初期适当遮阴。

9.4.3 紫薇(*Lagerstroemia indica*)

千屈菜科紫薇属，落叶灌木或小乔木，又名百日红、痒痒树。树势优美，树皮易脱落，树干光滑洁净。幼枝略呈四棱形，梢成翅状。叶互生或对生，近无柄；叶子呈椭圆形、倒卵形或长椭圆形。花色艳丽，花期极长，由6月可开至9月。原产亚洲南部及澳洲北部，我国的华东、华中、华南及西南均有分布，各地普遍栽培。

紫薇喜光，喜温暖湿润气候，稍耐阴。对土壤要求不严，耐旱，不耐涝，具有一定的耐寒性，在北京地区可安全越冬。耐修剪，萌蘖性强，生长较慢，寿命长。

紫薇以播种和扦插繁殖方法为主。

1. 播种育苗

种子多在11～12月采收，晒干后贮藏，翌春2～3月在沙壤土中条播。条距30cm，条幅3cm，深1～2cm。播后覆土踏实，盖以稻草，出苗后必须遮阳。待苗高3cm时进行间苗，株距10～15cm为宜。生长旺盛季节(6～8月)要适时浇水、除草，施2～3次速效肥。生长健壮者当年可以开花，但必须疏除以免影响树势。秋季或春来可进行移栽，培育一年后出圃。

2. 扦插育苗

插穗选一年生枝条剪取15cm左右，于3月进行扦插。株行距一般为20cm×30cm，深为插穗长2/3。插后浇足水，20d即可生根，成活率高达90%以上。注意修剪萌蘖，以培育单干苗。若水、肥充分，当年苗高可达1m左右。

9.4.4 紫荆(*Cercis chinensis*)

豆科紫荆属，落叶灌木或小乔木，别名满条红。老茎及枝条布满紫红色。单叶互生，叶心形。花紫红色，假蝶形，着生于老枝上。原产我国，现除东北寒冷地区外，均广为栽培。

紫荆喜光，具有一定的耐寒性。喜肥沃而排水良好的壤土，忌涝。耐修剪，萌蘖性强。

紫荆以播种繁殖为主。播种前40d左右，先用80℃的温水浸种，然后混湿沙催芽。一般在春季采用床内条播的方式繁殖，圃地选肥沃、疏松的壤土。行距为30cm，覆土厚度为1.0～1.5cm。幼苗高3～5cm时进行间苗、定苗，最后的株距为10～15cm。在一般的管理条件下，当年秋季株高可达50～80cm。紫荆幼苗需防寒，一年生播种苗可假植越冬，翌年春季进行移植。

9.4.5 连翘(*Forsythia suspense*)

木犀科连翘属，落叶灌木，别名黄寿丹、黄花杆。满枝金黄，小枝中空。单叶对生，无毛，端锐尖。花黄色，钟形，早春于叶前开放。主产于华北、东北、华中、西南等各省(区)，现各地均匀栽培。

连翘喜光，较耐阴、耐寒。适于肥沃、疏松、排水良好的壤土，也能耐适度的干旱和瘠薄，怕涝。

连翘常用播种和扦插繁殖方法育苗。

1. 播种育苗

种子先用40℃的温水浸种，然后混湿沙催芽，经常翻倒，并补充水分，待有部分种子裂嘴时即可播种。也可温水浸种后，再用清水浸24～48h，待种子充分吸水后进行播种，只是出苗期较前一做法略晚。当时间紧而又临近播种期时，可采用后一种做法。播种覆土宜薄，一般为1cm左右，覆草。出苗后逐步撤除覆草，苗高3～5cm时间苗、定苗，行距为25～30cm，株距7～12cm。

2. 扦插育苗

连翘可用扦插的方法进行繁殖,硬枝或嫩枝扦插易成活。

9.4.6 棣棠(*Kerria japonica*)

蔷薇科棣棠属,落叶小灌木。小枝绿色,光滑无毛。单叶互生,卵形至卵状披针形,顶端渐尖,边缘有锐重锯齿。花金黄色。瘦果黑色,扁球形。原产我国和日本,现黄河流域以南各省区均有栽培。

棣棠喜温暖、半阴而略湿之地,以中性及微酸性壤土为宜。

棣棠常用分株和扦插繁殖方法育苗。

1. 分株育苗

在春季发芽前将母株掘起分出,或由母树周围掘起萌条分栽,成活甚易。

2. 扦插育苗

3 月选取一年生健壮休眠枝的中下段作插穗,长 10～12cm,插入土中 2/3,扦实后充分浇水,经常保持土壤湿润,4 月下旬搭棚遮阴,9 月中下旬停止庇荫;6 月进行半熟枝扦插,用当年生粗壮枝作插穗,长 10cm 左右,留 2 叶片,插后及时遮阴、浇水,约 20 天发根,成活率较高。

9.5 藤本类苗木繁殖与培育

9.5.1 紫藤(*Wisteria sinensis*)

豆科紫藤属,落叶木质藤木,又称藤萝。其枝叶繁茂,庇荫效果好,花穗大,花色鲜艳而芳香,是园林中垂直绿化的好材料,也可作盆景材料。原产我国,北起辽宁南部,遍布全国各地,国内外都有栽培。

紫藤喜光,略耐阴;较耐寒,并能耐－25℃的低温;喜深厚、肥沃而排水良好的土壤,但亦有一定的耐旱、耐瘠薄和水湿能力;主根深、侧根少,不耐移栽,萌芽力强,耐修剪,生长快,寿命长。

紫藤常用播种、扦插和埋根繁殖方法育苗。

1. 播种育苗

播种多在春季进行。播前用 40～50℃温水浸种 1～2d,然后放到温暖处催芽,每天用清水冲洗,当种子有 1/3 破皮露芽时,即可播种。常采用大垄穴播,垄距 70～80cm,播种深度 3～4cm,穴距 10～12cm,每穴播入 2～3 粒种子。

2. 扦插育苗

2 月下旬～3 月下旬,选择一年生充实的藤条,插穗剪成长 15cm 左右,粗 1～2cm,然后将插穗下部用清水泡 3～5d,每天换清水一次。扦插株行距 35～75cm,入土深 2/3,直插、斜插均可。

3. 埋根育苗

2 月下旬～3 月中旬在紫藤大苗出圃地或大母株周围,挖取 1～2cm 的粗根,剪成长 8～

10cm 根段，按株行距 35cm×75cm 埋入苗床，直埋、斜埋均可（不得倒插），上部入土同地平。

9.5.2 爬山虎（*Parthenocissus tricuspidata*）

葡萄科爬山虎属，落叶藤本，又名三叶地锦、爬墙虎。我国分布很广，北起吉林、南至广东均有分布。能借助吸盘爬上墙壁或山石，枝繁叶茂，层层密布，入秋叶色变红，是垂直绿化的良好材料。夏季对墙面的降温效果显著。

爬山虎喜光，稍耐阴、耐寒，喜湿润、耐干旱。喜深厚肥沃微酸性土壤，适应性很强，对氯气抗性强，生长快，是一种良好的攀缘植物。

爬山虎繁殖方法有扦插、压条、播种和埋枝繁殖。

1. 扦插育苗

爬山虎扦插繁殖易成活，软枝、硬枝插均可，春、夏、秋三季都能进行。春、夏扦插在干旱地区可设荫棚进行床插，一般成活率很高。

2. 压条育苗

压条繁殖生根较快，成活率高，多在雨季前进行，秋季即可断离母体，成为新的植株，即可挖苗栽植；或假植，至翌春栽植。

3. 播种育苗

种子 10 月成熟，采收后去掉果肉，随即播种；或洗净风干贮藏，翌春在播种前 2 个月用清水浸种 2d 后沙藏，临近播种期 5～7d 置于背风向阳处或室内，保湿催芽，待部分种子裂嘴时播种。床播、垄播均可，经精细管理，一年生苗长可达 1～2m。

4. 埋枝或埋根育苗

取母株枝条或侧根（粗 0.5～1cm），开沟平放，覆土 2～3cm，踏实后灌水保墒，使之生长出新的植株。第二年春季切断每株连接处，形成单独个体。此法春、夏、秋均可进行。

9.5.3 木香（*Rosa banksiae*）

蔷薇科蔷薇属，半常绿攀缘灌木。枝蔓长达 10m 左右，为园林中著名藤本花木，尤以花香闻名。适作垂直绿化外，亦可作盆栽或切花。原产我国西南部，黄河以南各城市广泛栽培。

木香喜阳光，喜温暖气候，略耐阴；较耐寒、耐旱；对土壤要求不严，怕涝，喜排水良好的土壤。萌芽力强，耐修剪。

木香可用嫁接、扦插和压条繁殖方法育苗。

1. 嫁接育苗

用野蔷薇或黄刺玫作砧木，进行切接、靠接或芽接均可。

(1) 切接　在 2～3 月进行。接穗多从木香母株上一年生健壮枝条的中下部位选取 6～7cm，带 2～3 个芽，然后在接穗下部两侧长 2cm 处下刀，削见木质部，成楔形，噙在嘴里，然后将砧木从地面上 3cm 处截断，在干的迎风面一侧下刀切开，切口长 2cm，宽与接穗切口宽相同，将接穗插入砧木切口内，对准形成层，用塑料条绑扎紧，然后用湿土封埋，埋土应高出接穗 1～2cm。待接穗萌芽抽枝出土后去掉封土，松去绑绳。适时松土除草，灌水施肥，并及时除去砧木萌蘖。次年春季进行移植，培育 2 年，即可出圃。

(2) 靠接 多在早春2～3月进行，砧木一般在2月初上盆，至3月进行靠接。接穗要选择芽多的嫩枝，切口长约3～7cm。砧木上部要留一个芽，以利水分和养分向上运输，使之接后易愈合。靠接后涂胶，并用直棍撑，把接穗去顶，留长1m左右。靠接前后，要各浇一次水，并在以后经常浇水，待秋后或第二年春与母株割开，移植，一年后可出圃。

2. 扦插育苗

木香扦插多在秋季8～9月份进行。插穗应选生长充实的当年生枝条的中下部位，长20～25cm，粗0.5～1.0cm，上端带1～2片小叶。扦插多选用湿插，即先浇透水，在床面呈泥浆状时即进行，株行距为10～20cm，深度为插穗的1/2～2/3。插后再浇一次水，并设阴棚遮阳。插后7d左右可松土或撒细土，15d后可撤除荫棚。第二年3月初进行移植，株行距为30～70cm。5～8月追肥2～3次，每隔15d左右浇水一次，8月中旬停止水肥。第二年可再移植一次，第三年出圃。

3. 压条育苗

一般多在2～3月间进行。在枝条发芽时，选二年生枝，在压条的部位下用刀刻伤或劈裂，再压入土内5～6cm深，覆土并砸实，使枝条不能弹起。露出土面的枝梢，用木桩缚直。如露出土面的枝条过长，可弯盘成圈以节省用地。压后经常浇水，90d即可生根，第二年春季萌动前可切离母株，进行移植或定植。

9.5.4 凌霄(*Campsis grandiflora*)

紫葳科凌霄属，落叶藤本，又名紫葳、女葳花。凌霄攀缘可高达数十米，花大色艳，夏季花期长，为庭园中垂直绿化的好材料，也可作盆栽观赏。原产我国长江流域至华北一带，黄河流域以南普遍栽培。

凌霄喜光，略耐阴，喜温暖湿润气候，不甚耐寒，耐旱怕涝，萌芽力强，耐修剪。

凌霄常用播种、扦插和压条等方法繁殖。

1. 播种育苗

春天播种前用清水浸种2～3d，播种7d左右陆续发芽。穴播，每穴播种2～3粒，株行距15cm×40cm。

2. 扦插育苗

(1) 硬枝扦插 在春季3月中旬进行。头一年11～12月采一二年生粗壮枝条作插穗，2～3节为一段，用湿沙贮藏，以供春插用。扦插时株行距20cm×40cm，深为插穗长的2/3。

(2) 根插 在3月中、下旬挖取粗壮的一二年生根系，截取长8～10cm，进行直埋或斜埋。上端与地面平，株行距15cm×40cm。在生不定芽前，若不干旱，应尽量少浇水。也可在春季挖取粗0.5～1.0cm的根，截成长1～2cm的小段，在已整好的床面上开沟，宽5cm，深2～3cm，行距40cm，将截好的根段撒放在沟内，并覆土、浇水、盖草即可。

3. 压条育苗

早春2～3月，在母株周围将一至二年生枝条每隔3～4节埋入土中一节，深4～5cm。经20～30d即可生根，自地上节处发芽，展叶抽枝，入秋后即可分段切离成独立植株，第二年春季就可移植继续培育。

无论何种方法育苗，在旺盛生长季节应追肥2～3次，8月中旬以后停止水肥。寒冷地区应注意苗木越冬防寒工作。一年生苗可移植培育，行株距多为 50cm×40cm，经 2～3 年抚育管理，育成 3 个以上主蔓且长度达 1.5m 左右时，即可出圃。

9.5.5 葡萄(*Vitis vinifera*)

葡萄科葡萄属，落叶藤本植物。掌叶状，3～5 缺裂，复总状花序，通常呈圆锥形，浆果多为圆形或椭圆，色泽随品种而异。葡萄不仅是鲜美的果实，其茎可达 20m，叶形、果实均奇异可观，是理想的遮阳美化庭院观赏树种，也是盆栽的良好材料。原产亚洲西部，现在我国广泛栽培。

葡萄喜气候干燥，较耐寒，耐旱，怕涝。对土壤要求不严，在土层深厚、排水良好的微酸性至微碱性砂质或砂质壤土生长最好，当土壤 pH 值低于 4 时必须施石灰改良。萌芽力强，耐修剪，对二氧化硫气体抗性较强。

葡萄主要繁殖方法有扦插、压条和嫁接。

1. 扦插育苗

在秋季落叶后，插穗应从树势强壮、丰产、品质优良、抗病力强的品种的一年生粗壮枝蔓中间段上采取，并及时湿沙沙藏。扦插多在 3 月上旬～4 月上旬进行，扦穗剪取 2～3 个饱满芽一段，插入土中 2/3，株行距多为 10～30cm，要求插时将最上面一芽眼向南。插好后及时浇水，5 月下旬即可生根。当长出 5～6 片叶后开始追肥，一年可追肥两次。有时天气过热，主芽的萌条会枯萎，此时要及时剪去枯萎枝，促使副芽萌发新枝。

2. 压条育苗

春季可将葡萄的枝蔓压入土中，多采用水平压条法或波状压条法，一次可获得较多的新植株。压条一年后剪断母株，移植他处即可。

3. 嫁接育苗

一般多用劈接法进行嫁接。要求砧木距地面 60cm 左右，接后用塑料袋封口。待芽萌动后，可先松土，不必把塑料袋拿掉，待长叶后自动顶开上封口，再去掉塑料袋。

9.6 园林草坪植物繁殖与培育

9.6.1 细叶结缕草(*Zoysia tenuifolia*)

禾本科结缕草属，多年生常绿草本，又称天鹅绒草、高丽芒草。多年生，具细而密的根状茎和节间极短的匍匐枝。秆细，叶纤细，节间短，叶片丝状内卷。总状花序，小穗穗状排列，狭窄披针形。每小穗含一朵小花。颖果卵形，细小。原产非洲和我国，主要分布于亚热带及中国大陆南部地区。

细叶结缕草喜温暖气候和湿润的土壤环境，也具有较强的抗旱性，但耐寒性和耐阴性较差，不及结缕草。对土壤要求不严，以肥沃、pH 值 6～7.8 的土壤最为适宜。抗锈病力弱。生长慢，不需经常修剪。

细叶结缕草以前多用铺草皮法，现改为用根状茎繁殖。一般播种量为 8～10g/m^2，足球场

的播种量为 $18g/m^2$ 左右。长江中下游地区多于雨季播种，即 6 月上、中旬至 7 月上旬，这样可以省去苗期浇水。早春嫩芽出来时，不宜踩踏，需封闭养护，夏季适当修剪一次，保持株高 6cm 左右。

9.6.2 麦冬(*Ophiopogogon japonicus*)

百合科沿阶草属，多年生常绿草本，又称土麦冬、沿阶草。根茎细长，匍匐有节，节上有白色鳞片，须根多且较坚韧，微黄色，先端或中部常膨大为肉质块根，呈纺锤形或长椭圆形。叶丛生，狭线形，先端尖，基部绿白色并稍扩大。花茎从叶丛中抽出，比叶短，总状花序；浆果球形，成熟时蓝黑色。花期 7～8 月，果期 8～10 月。麦冬草原产于中国及美洲，广泛分布于中国大陆、台湾及美国等地。

麦冬喜温暖湿润、较荫蔽的环境，耐寒，忌强光和高温。宜土质疏松、肥沃、微碱性而排水良好的沙壤土。抗灰尘性能强，但不耐践踏。

麦冬主要采用分株繁殖，在冬、春、秋季均可进行。每一母株可分种苗 3～6 株。一般在 3 月下旬～4 月下旬栽种。选生长旺盛、无病虫害的高壮苗，剪去块根和须根以及叶尖和老根茎，拍松茎基部，使其分成单株，剪出残留的老茎节，以基部断面出现白色放射状花心(俗称菊花心)、叶片不开散为度。按行距 20cm、穴距 15cm 开穴，穴深 5～6cm，每穴栽苗 2～3 株，苗基部应对齐，垂直种下，然后两边用土踏紧，做到地平苗正，及时浇水。

9.6.3 马蹄金(*Dichondra repens*)

旋花科马蹄金属，多年生匍匐小草本。茎细长，被灰色短柔毛，节上生根。叶肾形至圆形，先端宽圆形或微缺，基部阔心形，叶面微被毛，背面被贴生短柔毛，全缘；花单生叶腋，花柄短于叶柄；蒴果近球形，小，短于花萼膜质，种子 1～2，黄色至褐色。我国长江以南各省及台湾省均有分布。

马蹄金生长于半阴湿、土质肥沃的田间或山地。耐阴，耐湿，稍耐旱，只耐轻微的践踏。一旦建植成功便能够旺盛生长，并且自己结实，适应性强。

马蹄金常以播种和茎段繁殖方法育苗。

1. 播种育苗

选好圃地，施上底肥和农药(呋喃丹 $2kg/667m^2$)，然后精耕细耙，打畦筑垄。适时播种，一般全年 3～9 月均可进行，以 3～5 月份最好。播前先灌足底水，然后将选好的种子用撒播的方法均匀地撒入畦中，覆盖细土 1～1.5cm，播种量 $3kg/667m^2$ 左右。待长出 4～5 片真叶时追施尿素 $5kg/667m^2$ 和磷酸二铵 $10kg/667m^2$。此时也正是杂草的速生期，必须及时清除杂草，防治病虫害，有利于马蹄金草坪及早布满地面。

2. 茎段育苗

一般常用此法繁殖，主要是用它的匍匐茎来繁殖。首先在选好圃地上施基肥，浇水，精耕细作，整平，3～9 月均可。然后采用 1∶8 的比例进行分栽，分栽时用手将草皮撕成 5cm×5cm 的草块，贴在地面上，稍覆土压实，及时灌水即可。一般经过 2 个月左右的生长，即可全部覆盖地面。在茎段栽上后，新草块没有全面覆盖地面期间，必须及时拔除杂草，一般需进行 2～

3次。

9.6.4 天堂草(*Cynodon dactylon*)

禾本科天堂草属，多年生草本植物，又称杂交狗牙根。叶片质地中等、细腻，草坪低矮平整，密度适中，颜色中等深绿，根系发达，耐旱性突出。所建成的草坪植被健壮、致密，杂草难以侵入。因其低矮平整的特性常用于足球场、高尔夫球场等运动场地，同时天堂草具有耐旱、耐踢性，因此也常用于公园、广场、小区、校园等开放性场地，供游人休息玩耍，也可以用于公路绿化带、道路花坛等处，在我国的江苏等地区广泛栽植。

天堂草耐踏耐旱，喜温 暖湿润，具有较强的耐寒能力。适应性广，对水肥条件要求不严，耐粗放管理。

天堂草主要用营养枝无性繁殖。通过草皮铺种的方式进行栽培繁殖。由于天堂草匍匐枝生长力极强，因此用此法繁殖系数极高。在夏秋生长旺盛期，必须定期修剪，有利于控制其匍匐枝的向外延伸。

思考题

1. 试述雪松的播种育苗技术要点及扦插繁殖技术要点。
2. 试述圆柏的播种育苗技术。
3. 试述银杏的播种育苗技术。
4. 试述元宝枫的播种育苗技术。
5. 简述大叶黄杨、山茶花的扦插育苗技术。
6. 试述玫瑰的分株繁殖育苗技术。
7. 试述爬山虎埋枝或埋根育苗技术。
8. 试述凌霄压条育苗技术。
9. 简述马蹄金的茎段繁殖技术。

实训指导

实训1　园林苗圃的调查与规划

一、目的与要求

通过对欲建苗圃地或现有的苗圃地的实地调查和测量训练，掌握园林苗圃地的选择与规划设计方法，熟练进行苗圃规划设计图的绘制及苗圃规划设计说明书撰写。

二、材料与工具

欲建苗圃地或现有的苗圃地、测量工具、计算器、绘图工具等。

三、内容与方法

1. 参观调查和测量

(1) 参观欲建苗圃地或现有的苗圃地，调查当地自然条件、苗圃地周边环境、现有苗圃地的育苗种类、数量、植株长势情况等。

(2) 测量生产用地、辅助用地的面积。

2. 设计图的绘制

(1) 根据调查测量结果制作大的区划图，要求绘出生产用地、路、沟渠、林带、建筑等的位置。

(2) 根据地形图的比例尺，按比例绘制生产用地、道路、沟渠、林带、耕作区等，排灌方向等要用箭头表示，且应有图例、比例尺、指北方向等。

3. 设计说明书的编写

(1) 总论　主要描述苗圃地的经营条件、自然条件，并分析利害关系。

(2) 设计部分

① 面积计算。②区划说明。③育苗技术设计。④建圃的投资和苗木成本计算。

四、学时安排

实训4学时。

五、作业

(1) 列表记载生产用地、辅助用地面积情况和现有苗圃地的育苗种类、数量、植株长势情况等(实训表1),对现有苗圃地提出改进意见和建议。

(2) 每组交一幅苗圃规划设计正式图纸。

实训表1　苗圃用地情况统计表

时间：　　　　　地点：　　　　　　　　调查面积：

区	面积/m^2	苗木种类	数量/棵	苗龄/年	株高/cm
母树区					
大苗区					
播种区					
无性繁殖区					
移植区					
引种驯化区					
建筑用地					
道路用地					
排灌系统用地					
其他用地					

实训2　种实的采集与识别

一、目的与要求

了解当地园林植物种实的成熟期和脱落方式,观察种实的外形和剖面特征,掌握园林苗圃中常见的植物种实的采集与识别方法。

二、材料与工具

高枝剪、采种钩、塑料袋、解剖刀、解剖针、放大镜、镊子、解剖镜等。

三、内容与方法

1. 种子的采集

(1) 在校园内及校园周边采集园林植物的种实,记录采集的地点、时间、树种名称,然后带回实验室。

（2）填写种子标本卡。

2. 种子的识别

（1）观察采集的园林植物种实的外部形态。

（2）观察采集的园林植物种实的内部构造(剖面观察)。

四、学时安排

实训3学时。

五、作业

（1）要求每组采集10种左右园林植物种实，填写种子标本卡(实训表2)，并完成种实标本制作。

实训表2　种子标本卡

种子标本卡

科名____________	属名____________
种名____________	
采集地____________	采种时间____________
采集人____________	

（2）完成所采集的园林植物种实外部形态(实训表3)和内部构造(实训表4)的记载。

实训表3　种实形态记载表

序号	树种	种子外部形态					果实种类	其他特征
		长/cm	宽/cm	厚/cm	形状	色泽		

实训表4　种实解剖特征记载表

序号	树种	果皮		种皮		胚乳		胚		备注
		颜色和质地	厚度/cm	颜色和质地	厚度/cm	有无胚乳	颜色	颜色	子叶数目	

实训3　种子品质检验

一、目的与要求

通过实验实训掌握种子的抽样、净度分析、发芽率测定、生活力测定、含水量测定、重量测定等方法与技术，判定种子的优劣。

二、材料与工具

(1) 供检园林树木种子、2,3,5-三苯基氯化(或溴化)四氮唑、靛蓝等。

(2) 取样器、数粒器、天平(1/100、1/1000)、培养皿、滤纸(或脱脂棉)、培养箱、烘箱、温度计、标签、解剖刀、放大镜等。

三、内容与方法

1. 抽样

(1) 用取样器从同一种批中随机抽取初次样品。

(2) 将初次样品充分混合称为混合样品。

(3) 用十字取样法从混合样品中分取送检样品。

(4) 用十字取样法从送检样品中分取测定样品。

2. 净度分析

(1) 将测定样品倒在玻璃板上，将纯净种子与其他植物种子、夹杂物分开。

(2) 用1/100天平分别称重。

(3) 计算净度。计算公式如下：

净度(%)＝纯净种子重/(纯净种子重＋其他植物种子重＋夹杂物重)×100%

全样品的原重量减去净度分析后的纯净种子、其他植物种子和夹杂物的重量和，其差值不得大于原重的5%，否则需要重做。

3. 发芽测定

(1) 准备发芽床(纸床、沙床或土床)。

(2) 从净度分析的纯净种子中抽取测定样品，每组100粒，共四次重复。如种粒特小，也可采用称量发芽测定法，根据树种不同，样品重量在0.25～1.0g不等。

(3) 根据种子特性，分别对样品进行温水浸种、低温层积、浓硫酸浸种等预处理。

(4) 将种子置床，保持种子间的距离，对忌光种子进行覆盖。

(5) 为种子发芽提供适宜的温度、光照和水分。

(6) 逐日统计发芽种子数，计算发芽率。发芽率是指在规定条件下及规定的期限内生成正常幼苗的种子数占供检种子总数的百分比。正常幼苗的百分数、不正常苗百分数和未发芽粒百分数之和必须等于100。称量发芽测定法的测定结果用单位重量样品中的正常幼苗数表示，单位为株/g。

如果各重复发芽百分数最大值同最小值的差距在《林木种子检验规程》(简称《规程》，下同)规定的允许范围内，就用各重复发芽百分率的平均数作为该次测定的发芽率。如果由于不明原因使得各重复间的最大差值超过《规程》规定的容许误差时，应当提取测定样品用原方法重新测定。

4. 生活力测定

(1) 从净度分析的纯净种子中抽取测定样品。

(2) 根据种子特性，分别对种子进行去除种皮、刺伤种皮和切除部分种子等预处理。

(3) 根据树种，配制不同浓度的四唑和靛蓝溶液。

(4) 将经过预处理的种子(有的需要将胚和胚乳分开)浸在四唑溶液中，置黑暗处，保持30～35℃，处理时间随树种而定。染色结束后，沥去溶液，用清水冲洗，置湿滤纸上备查。凡被染上红色的为有生活力的种子，没有染色的为无生活力的种子。部分染色的种子需根据染色部位和程度区分有无生活力。

(5) 将经过预处理的种子(有的需要将胚和胚乳分开)浸在靛蓝溶液中，处理时间和温度随树种而定。染色结束后，沥去溶液，用清水冲洗，置湿滤纸上备查。染上颜色的种子为无生活力种子，部分染色的种子需根据染色部位和程度区分有无生活力。

(6) 计算种子生活力　测定结果以有生活力种子的百分率表示，分别计算各个重复的百分率，重复间最大容许差距与发芽测定相同。如果各重复中最大与最小值没有超过容许误差范围，就用各重复的平均数作为该次测定的生活力。如果各个重复间的最大差距超过《规程》的容许误差，与发芽测定同样处理。

5. 含水量测定

(1) 从送检样品中抽取测定样品　送检样品必须装在防潮的容器内，并尽可能排除容器中的空气。取两份独立分取的测定样品，根据所用样品盒的直径决定每份样品的重量。样品盒直径小于8cm的，样品重4～5g；样品盒直径大于8cm的，样品重10g。在分取测定样品前，送检样品必须进行充分混合。

(2) 称重　先称取样品盒(带盒盖)的重量，再称取样品盒(带盒盖)连同样品的重量。

(3) 低温烘干法　将样品盒打开(将盒子放在自身的盒盖上)，置于已经保持在103±2℃的烘箱内烘17±1h。烘干时间从烘箱温度回升至所需温度时开始计算。达到规定时间后，迅速盖上样品盒的盒盖，并放入干燥器里冷却30～45min。冷却后称取样品盒(带盒盖)连同样品的重量。测定时，实验室的空气相对湿度必须低于70%。

(4) 高温烘干法　程序与低温烘干法相同，但烘箱的温度须保持130～133℃，烘干时间为1～4h。测定时对实验室的空气相对湿度没有特别的要求。

(5) 预烘干　如果测定样品的含水量高于17%，在进行低温烘干前应经受预先烘干。具体方法参照《规程》。

(6) 含水量计算　含水量以重量百分率表示，计算公式：

$$\text{含水量}(\%) = (M_2 - M_3)/(M_2 - M_1) \times 100$$

式中：M_1—— 样品盒和盖的重量，单位 g；

M_2—— 样品盒和盖及样品的烘前重量，单位 g；

M_3—— 样品盒和盖及样品的烘后重量，单位 g。

根据种子大小和原始含水量的不同，两个重复间的容许误差范围为0.3%～2.5%。

6. 重量测定

(1) 取样和称重　重量测定以净度分析后的全部纯净种子作为测定样品。用人工计数或数粒器，从测定样品中随机数取 8 个重复，每个重复 100 粒，各重复分别称重(单位 g)。

(2) 计算　分别计算方差、标准差、变异系数和平均重量。计算公式如下：

$$方差 = n(\sum x^2) - (\sum x)2/n(n-1)$$

式中：x = 每个重复的重量，单位 g；

N = 重复次数

标准差(S) = 方差

变异系数 = $S/x \times 100$

式中：x = 100 粒种子的平均重量。

种粒大小悬殊的种子和黏滞性种子，变异系数不超过 6，一般种子的变异系数不超过 4，就可以计算测定结果。如果变异系数超过上述限度，则应再数取 8 个重复，称重，并计算 16 个重复的标准差。凡与平均数之差超过两倍标准差的各重复舍弃不计，将剩下的各个重复用于计算。

四、学时安排

实训 4 学时。

五、作业

(1) 详细记录种子各项品质指标检测的过程和操作技术，并整理成实验报告。

(2) 简述种子发芽率与生活力的差异以及两者对园林植物育苗的影响。

实训 4　播种育苗

一、目的与要求

掌握园林树木种子的催芽、苗床整理和播种繁殖技术。在播种后做好播种地的各项管理工作，观察记载发芽情况。

二、材料与工具

(1) 常用的园林树木种子 2～3 种，高锰酸钾、甲醛、退菌特、吲哚乙酸、2,4-D 等。

(2) 铁锹、锄头、耙子、河沙、鹅卵石或碎石、浸种容器、水桶、喷壶、喷雾器、细筛、镇压板、塑料薄膜或草帘或玻璃盖板、花钵、育苗床(箱)。

三、内容与方法

1. 种子播前处理

(1) 种子精选　种子精选就是对种子除去杂质并从中选出具有良好播种品质的种子。可选用筛选、风选、水选、粒选等方法。

(2) 种子消毒　常用温汤浸种或药剂处理方法进行，凡细菌潜伏于种皮下，普通药剂无法杀灭，均用温汤浸种。

① 温汤浸种：温水浸种：适用于种皮不太坚硬，含水量不太高的种子，如桑、悬铃木、泡桐、合欢、油松、侧柏、臭椿等。浸种水温以40～50℃为宜，用水量为种子体积的5～10倍，种子浸入后搅拌至水凉，每浸12h后换一次水，浸泡1～3d，种子膨胀后捞出晾干。热水浸种：适用于种皮坚硬的种子，如刺槐、皂荚、元宝枫、枫杨、苦楝、君迁子、紫穗槐等。浸种水温以60～90℃为宜，用水量为种子体积的5～10倍。将热水倒入盛有种子的容器中，边倒边搅，一般浸种约30s(小粒种子5s)左右，很快捞出放入4～5倍凉水中搅拌降温，再浸泡12～24 h。

② 药剂处理：甲醛：播种前1～2d将种子浸在0.5%甲醛溶液中15～30h，取出后温水浸种，温水浸种时间和温度见实训表5。然后密封2h后将种子摊开，阴干后即可播种。高锰酸钾处理：用0.5%高锰酸钾浸种2h，密闭0.5h，取出洗净阴干待播。硫酸铜处理：以0.3～1%硫酸铜溶液浸种4～6h，取出阴干即播。退菌特处理：用80%退菌特800倍液浸种15min，取出后阴干播种。

实训表5　甲醛处理后种子温水浸种时间和温度

防治病害	处理时间/min	温度/℃	冷水浸时间/min
黑腐病、猝倒病、根腐病	25	50	3～5
凋萎病	30	50	

(3) 种子催芽

① 水浸催芽：用清水浸泡种子，适于短期休眠的种子。浸种水量一般是种子容积的3倍，每天换水1～2次，当种子吸水膨胀后捞出或层积或潮湿的环境中发芽。

② 层积催芽：把种子与湿润物混合或分层放置，促进其达到发芽程度的方法称为层积催芽。层积催芽又分低温层积催芽、变温层积催芽和高温层积催芽等。

园林苗圃中常用的方法为低温层积催芽法，其适用的树种较多，对于因含萌发抑制物质而休眠的种子效果显著，对被迫休眠和生理休眠的种子也适用。如樟树、槭树、楠、冷杉、楝树、卫矛、银杏、黄檗、白蜡、火炬树、栋树、七叶树、山桃等树种的种子都可以用这种方法催芽。

播前1～2周，检查种子催芽情况，如发现种子未萌动或萌动得不好时，将种子移到温暖处，上面加盖塑膜，使种子尽快发芽。当30%的种子裂口时即可播种。

2. 播种

(1) 整地　整地要细致，要求土壤绵细，表层没有大的土块，没有砖、石、瓦块，没有未腐熟的枝叶，没有废塑料薄膜等。圃地要平坦，能均匀灌溉、不积水。要求上虚下实，上虚能减少下层土壤水分的蒸发，保护土壤水分，使种子容易发芽、扎根，有利于幼苗出土；下实能保持土壤毛细管吸取下层土壤中的水分，为种子提供必需的水分，以利种子发芽。

(2) 做床　做高床，一般在整地后取步道土壤覆于床上，使床一般高于地面15～30 cm；床面宽约100～120cm。做低床，使床梗高于地面15～20cm，床梗宽3～40cm，床面约100～120cm。

(3) 播种

① 播种工作包括画线、开沟、播种、覆土、镇压五个环节。

② 播种后，插上木牌，注明树种，播期，负责班组。

四、学时安排

实训 3 学时。

五、作业

(1) 写出 1～3 种树木种子消毒及催芽方法。

(2) 说明在种子层积催芽过程中应注意什么？

(3) 如何确定覆土厚度？举出大、中、小三种具体树种的适宜覆土厚度。

实训 5 扦插育苗

一、目的与要求

理解扦插育苗的原理，掌握扦插育苗繁殖方法，熟练操作技能。扦插后观察记载，分析解决实践中影响扦插成活的因素。

二、材料与工具

(1) 扦插用若干植物枝条，一般的苗床或沙床，生根粉或萘乙酸、酒精等。

(2) 修枝剪、切条器、钢卷尺、盛条器、测绳、喷水壶、铁锹、平耙等。

三、内容与方法

1. 选择扦插繁殖季节

根据观赏植物的特性，尽可能考虑实际生产的需要，选择合适的扦插季节。有条件的，可在不同季节实习多次。落叶树种在秋季落叶后至翌春萌芽前采条；常树树种应于萌芽后嫩枝充实后采穗，随采随插。

2. 选条

在生长健壮的母株上选择树冠外围的枝条作扦插材料。一般选用幼年树上的 1～2 年生枝条或萌生条；选择健壮、无病虫害且粗壮含养分多的枝条，用枝剪剪取插穗，枝剪的刃口要锋利，特别注意剪口的光滑，以利愈伤和生根。

3. 剪穗

落叶阔叶树应先剪去梢端过细及基部无芽部分，用中段截制插穗。插穗长 15～20cm，0.2～2cm 粗，具有 2～3 个以上的饱满芽。上切口距离第一芽 1cm 左右处平剪；下切口在芽下 0.5cm 处平剪或斜剪，插穗上的芽全部保留。常绿阔叶树的插穗长 10～25cm，并剪去下部叶片，保留上端 1～3 节的叶片，或每片叶剪去 1/3～1/2；针叶树的插穗，仅选枝条顶端部分，剪成 10～15cm 长(粗度 0.3cm 以上)，并保留梢端的枝叶。

4. 扦插

根据植物的生根习性决定是否需要采用植物生长调处理，应严格掌握用药的浓度和处理时间。落叶阔叶树种若插穗较长，且土壤黏重湿润的，可以斜插；插穗较短、土壤较疏松的宜直插；常绿树种宜直插。扦插的深度为插穗的 1/2～1/3，在干旱地区和沙地插床也可将插穗全部插入土中，插穗上端与地面平，并用土覆盖。扦插时避免擦伤插穗上的芽或皮，可先用扦插棒插洞后再插入插穗。注意扦插的深度和间距，插后浇透水。

5. 管理

垄插苗要连续灌水 2～3 次，要小心温灌，不可使水漫过垄顶。待插条大部分发芽出土之后，要经常检查未发芽的插条，如发现第 1 芽已坏，则应扒开土面，促使第 2 芽出苗。

床插苗一般有薄膜覆盖，可每隔 5～7d 灌水 1 次。注意中耕除草，经常检查温湿度，必要时进行降温、遮阴。

四、学时安排

实训 3 学时。

五、作业

(1) 比较各种扦插方法的不同点。

(2) 简述提高扦插成活率的措施。

(3) 填写扦插成活率统计表(实训表 6)和扦插育苗生长记录表(实训表 7)。

实训表 6　扦插成活率统计表

品种	扦插数量	成活数量	成活率/%

实训表 7　扦插育苗生长记录表

观察日期	生长日期	苗高	径粗	放叶情况		生根情况	
				开始放叶日期	放叶插条数	开始生根日期	生根插条数

实训 6　嫁接育苗

一、目的与要求

理解嫁接育苗的原理，掌握园林苗木嫁接的方法与技术和嫁接苗管理技术。

二、材料与工具

(1) 接穗和砧木若干种。

(2) 枝剪、芽接刀、切接刀、劈接刀、修枝刀、容器、塑料条等。

三、内容与方法

1. 芽接

(1) 根据实习基地现有繁殖材料，选择合适的芽接时间。主要进行"T"字形芽接和嵌芽接实习。

① "T"字形芽接：采取当年生新鲜枝条，除去叶片，留叶柄，按顺序切取盾形芽片，长2～3cm，宽1cm；在砧木(一般距地面5cm)上切一个"T"字形切口，挑开皮层，把芽片插入切口，使芽片上部与"T"字形切口的横切口对齐，然后用塑料条将切口包严，最好将叶柄留在外边，以备成活检查。

② 嵌芽接：接穗采取当年生新鲜枝条，自上而下切取，一般芽片长2～3cm；按照芽片的大小，相应地在砧木上，自上向下切一切口，长度应比芽片略长；将芽片插入切口后再把留皮贴好，然后用塑料条将切口包严。

(2) 切削砧木与接穗时，注意切削面要平滑、大小要吻合。

(3) 自上而下用塑料条带绑扎。注意松紧适度，露出芽及叶柄。

(4) 成活后注意及时松绑、剪砧等管理措施

2. 枝接

(1) 根据实习基地现有繁殖材料，选择合适的枝接时间。主要进行劈接、切接和靠接的实习。

① 切接：切削接穗一侧，斜面长度为2～3cm，另一面切短斜面；选1～2cm粗的砧木幼苗，在距地面5cm左右截断，削平后在一侧垂直下刀深达2～3cm；将削好的接穗插入切口中，用塑料条等包好。

② 劈接：接穗两侧切削等长切口，长2～3cm；在距地面5cm左右截断砧木，削平后在中央垂直下刀，深达2～3cm；将削好的接穗插入切口中，使形成层对准，用塑料条等包扎。

(2) 切削砧木与接穗时，注意切削面要平滑，大小要吻合。

(3) 砧木与接穗的形成层一定要对齐。

(4) 绑扎松紧要适度，套袋或封蜡保湿。

(5) 及时检查成活率，及时松绑，做好除蘖、立支柱等管理工作。

四、学时安排

实训3学时。

五、作业

(1) 根据操作和检查成活中的体会，简述影响芽接成活的因子有哪些。

(2) 嫁接3周后检查成活率，填入实训表8。

实训表 8 嫁接成活率统计表

日期	接穗品种	砧木种类	嫁接方法	株数	成活数	成活率/%

实训 7 分株与压条育苗

一、目的与要求

掌握园林树木压条、分株繁殖方法与技术，熟悉压条苗、分株苗管理。

二、材料与工具

(1) 可进行压条、分株用的露地栽培的苗木。

(2) 枝剪、刀、铁锨、锄、喷壶、木钩等。

三、内容与方法

(1) 选择合适的压条、分株季节，确定进行压条和分株的植物种类。

(2) 压条有水平压条法、波状压条法、堆土压条法、高空压条法等。压条时，可以对被压枝条先进行环割或刻伤处理。注意压条稳固、土壤湿润。

(3) 分株时，注意保护根系和植株。

(4) 定期对分株苗、压条苗进行浇水、施肥、松土除草等抚育管理。

四、学时安排

实训 3 学时。

五、作业

(1) 写出不同压条、分株方法的操作过程及注意事项。

(2) 制定压条苗和分株苗的管理方案。

(3) 简述促进压条、分株生根的方法。

实训 8 大苗移植

一、目的和要求

了解大苗移植的意义，明确大苗移植的基本环节，掌握大苗移植的技术方法。

二、材料和用具

(1) 供移植的大苗。

(2) 锹、耙、草绳、水桶、手锯、枝剪等。

三、内容和方法

1. 选苗

根据环境要求确定需要移植的树种,同时要注意选择生长健壮、无病虫害、无机械损伤、树形端正和根系发达的苗木。苗木选定后要挂牌,并在根基部或胸径处作标记,以便按阴阳面移植。

2. 移植前的准备工作

移植时间最好是在秋季落叶后到第二年春季萌芽前(常绿树种可在雨季移植)。为了便于挖掘,起苗前1~3d可适当浇水使泥土松软。对死枝、不良枝进行修剪,保证树形完美整齐一致。

3. 起苗

起苗时,要保证根系完整。裸根起苗应尽量多保留较大根系,留些宿土,一般灌木根系可按其高度的1/3左右确定,如掘出后不能及时运走,应埋土假植,并要求埋根的土壤湿润。而常绿树带土球时,其土球的大小可按树木胸径的10倍左右确定,土球的高度一般可比宽度少5~10cm,土球的形状可根据施工方便而挖成方形、圆形、长方形、半球形等,但应注意保证土球完好。土球要削光滑,包装要严,草绳要打紧不能松脱,土球底部要封严不能漏土。

4. 装运

大苗装运时要防止树木损伤和土球松散,必要时可使用起重机械进行吊装。

5. 栽植

要求栽植穴直径大于土球直径1.5倍,栽植深度以土球表层高于地表20~30cm为宜。填土踏实,避免根系周围出现空隙,做好浇水围堰。

6. 栽植后养护

(1) 支撑　有的大苗需设立支撑及围护,常用三角或井字四角支撑。支撑点以树体高2/3处左右为好,并加垫保护层,以防伤皮。

(2) 水肥　栽植后浇透水,2~3天内浇复水,浇足浇透;如树穴周围出现下沉时及时填平。栽植后应保持至少1个月的树冠喷雾和树干保湿。结合树冠水分管理,每隔20~30天用100mg/L的尿素+150mg/L的磷酸二氢钾喷洒叶面,有利于维持树体养分平衡。

(3) 防病虫害　新植树木的抗病虫能力差,所以要根据当地病虫害发生情况随时观察,适时采取预防措施。

(4) 夏防日灼冬防寒　夏季气温高,光照强,珍贵树种移栽后应喷水雾降温,必要时应做遮阴伞。冬季气温偏低,为确保新植大树成活,常采用草绳绕干、设风障等方法防寒。

四、学时安排

实训4学时。

五、作业

根据操作和观察大树移植后的生长状况，简述影响大树移植成活及生长的因子。

实训9 容器育苗

一、目的和要求

了解育苗容器种类和常用的容器育苗树种，掌握一般培养土的配制方法和容器苗育苗技术。

二、材料和用具

(1) 桉树种子。

(2) 园土、腐叶土或堆肥土、草木灰或谷糠灰、腐熟有机肥、过磷酸钙或钙镁磷肥、3% $FeSO_4$ 等。

(3) 铁锹、筐、筛子、塑料容器杯、洒水壶等。

三、内容和方法

1. 育苗地的选择

容器育苗大多在温室或塑料大棚内进行。如果在野外进行，必须选择地势平坦、排水良好、通风、光照条件好的半阳坡或半阴坡，忌选易积水的低洼地、风口处和阴暗角落。

2. 育苗容器的选择

育苗容器种类和规格是多种多样的，应根据树种、育苗周期、苗木规格等不同要求进行选择。目前我国常用的有育苗盘、无纺布网袋、塑料营养钵、塑料薄膜袋、方块泡膜容器、冲塑硬杯容器、纸容器、泥容器等。

桉树常用塑料容器杯播种育苗，容器规格一般为直径2～3cm，高9～14cm。

3. 基质的配置和消毒

容器苗基质要求来源广、成本低、具有一定肥力，必须具有较强的保水性，孔隙度合理，还应有较强的离子交换能力等良好的物理性质。总的要求是营养、轻便、保水。

桉树容器育苗的培养基质大多采用40%～50%的园土、10%～20%腐叶土或堆肥土、10%～20%的草木灰或谷糠灰、10%的腐熟有机肥、3%～5%的过磷酸钙或钙镁磷肥配制而成。

为了防治病害发生，对基质要进行灭菌。每立方米可用3% $FeSO_4$ 溶液25kg喷洒基质，翻拌后放置24h以上使用。

4. 播种

将配制消毒好的营养土依次装入容器中，边装边按实和抖动容器，使土装得稍紧。当营养土装至距容器上口1.5 cm左右时，即可上床摆好。摆放时上口要平，便于播种和浇水作业。桉树种子可以在每容器中播3～5粒，播后用原培养基质覆盖1cm厚左右，立即浇水，并且要浇透。

5. 容器苗日常管理

小苗长出来后要进行喷水、施肥、间苗、除草、病虫害防治等管理。

四、学时安排

实训2学时。

五、作业

1. 观察并记录桉树种子容器播种育苗的生长状况。
2. 简述我国容器育苗常用基质的配比及适用的种类。

实训10　无土栽培育苗

一、目的和要求

了解适合无土栽培的花木种类以及无土栽培所需的基本设施，掌握营养液的配制和无土栽培育苗的基本方法。

二、材料和用具

(1) 盆栽一串红。

(2) 硝酸钾、硝酸钙、过磷酸钙、硫酸镁、硫酸铁、硼酸、硫酸锰、硫酸锌、硫酸铜、钼酸铵、1N HCl、1N NaOH。

(3) 塑料盆、容量瓶、天平、蒸馏水、蛭石基质等。

三、内容和方法

1. 营养液的配制(以汉普营养液配制为例)

(1) 大量元素10倍母液的配制　称取硝酸钾7g、硝酸钙7g、过磷酸钙8g、硫酸镁2.8g、硫酸铁1.2g，顺次溶解后定容至1L。

(2) 微量元素100倍母液的配制　称取硼酸0.06g、硫酸锰0.06g、硫酸锌0.06g、硫酸铜0.06g、钼酸铵0.06g、依次溶解后定容至1L。

(3) 母液稀释　将大量元素母液稀释5倍，微量元素母液稀释50倍后等量混后，用1N HCl或1N NaOH调pH值至6.0～6.5(注意初植时营养浓度应减半，恢复生长后正常浇灌)。

2. 基质的准备

将蛭石放在高压灭菌锅中按灭菌操作程序灭菌后，自然冷却备用。

3. 基质栽培

(1) 将盆栽一串红的盆倒扣，用手顶住排水孔，将植株连同培养土一起倒出，然后放入水池中浸泡，使培养土从根际自然散开，洗净根系。

(2) 将洗净根系土壤后的一串红放入稀释好的营养液中，进行缓冲吸养培养。

(3) 将消好毒的蛭石填入塑料盆中，然后把一串红植株种植于其中(注意尽量避免窝根)，蛭石最后填充高度至离盆面2～3cm。

(4) 压实填充的蛭石，然后将营养液均匀地浇透基质。

(5) 在基质表面放石粒或其他材料稳固植株。

(6) 定期地向盆中倾注营养液。

四、学时安排

实训 4 学时。

五、作业

(1) 观察并记录无土栽培苗木的生长状况。

(2) 阐述无土栽培(与常规栽培相比)的优缺点。

实训 11　组织培养育苗

一、目的和要求

了解培养基的组成和种类，掌握培养基的配制方法和组织培养过程中无菌接种技术，初步掌握组培快速繁殖育苗的方法。

二、材料和用具

(1) 月季带芽枝条。

(2) MS 培养基母液、1.0 mg/ml 6－BA、0.1 mg/ml NAA、琼脂、蔗糖、0.1N NaOH、0.1N HCl、75%酒精、85%酒精、无菌水等。

(3) 500ml 烧杯、三角瓶、吸管、橡片吸球、封口膜、线绳、无菌水瓶、标签纸、漏斗若干、剪刀、解剖刀、镊子、无菌滤纸、无菌烧杯、废液缸、酒精灯、棉球等。

三、内容和方法

1. 初代培养基的配制

每组 500ml，培养基成分 MS＋1.0 mg/ml 6-BA ＋0.1 mg/ml NAA＋30g/L 蔗糖＋6.0g/L 琼脂，pH 值 5.8。

(1) 称琼脂 3g 于 500ml 烧杯中，加蒸馏水约 300ml 溶化。

(2) 吸加 MS 母液成分：取 500ml 烧杯一个，将大量元素 50ml、微量元素 5ml、有机成分 5ml、铁盐 2.5ml、激素 6-BA 2ml、NAA1ml、蔗糖 15g 添加其中，然后加蒸馏水约 100ml 加热。

(3) 将溶解好的琼脂与含 MS 母液的热溶液混合，用量筒定容至 500ml。

(4) 用 0.1N NaOH 和 0.1N HCl 调 pH 值至 5.8。

(5) 用漏斗分装培养基，每三角瓶内装培养基 15～20ml。

(6) 对装有培养基的三角瓶封口、捆扎、贴标签。在标签的上排写明培养基代号、组号，下排留空，接种后写上品种、接种日期、接种人。

2. 培养基的灭菌

(1) 加水至灭菌锅吃水线,放入装好培养基的瓶及器具的内锅(培养基瓶、无菌水瓶、小烧杯、剪子、镊子、解剖刀等),内锅上盖几张报纸,以防水汽弄湿器具,再对角旋紧灭菌锅。

(2) 加热升压至 $0.5kg/cm^2$ 时,轻轻打开放气阀排气,待气压指针退至 0 时关阀门,如此连续三次排气。

(3) 加温升压至 $1.0kg/cm^2$ 时,保压(0.9～1.1kg 之间)灭菌 20min。

(4) 保压后,轻轻打开放气阀放气或停止加热,待气压退到 $0.5kg/cm^2$ 时再放气。

(5) 放气完毕,迅速取出装有培养瓶的内锅。

(6) 趁热取出三角瓶,平放,冷却凝固。

(7) 将无菌烧杯、剪刀、镊子、灭菌滤纸等放入烘箱中烘干、备用。

3. 接种

(1) 切取 3～6cm 月季带芽枝条。

(2) 自来水冲洗 15-60min→洗衣粉水浸泡 10min→流水冲洗 10min→75%酒精浸泡30s→无菌水洗 3-4 次→0.1%升汞处理 7-10min→无菌水洗 4-6 次。取出材料,用消毒滤纸吸干。

(3) 在无菌操作工作台上一手拿镊子夹住枝条末端,放于无菌滤纸上,一手持解剖刀,去除嫩叶,将带芽枝条切成 1.0～1.5cm 大小。

(4) 一手拿装有培养基的三角瓶,解开封口纸,在酒精灯火焰上转动烧烤灭菌。

(5) 用镊子夹住茎段,放入培养基表面,使之成直立状态,然后封上封口纸。

4. 培养

接种以后,放入培养室培养,培养室温室 24℃,光照强度 1500lx,每天光照 14h。以后每隔 5 天左右观察记载 1 次,观察茎尖出芽情况,及时清除污染材料,最后统计出诱导出芽频率(出芽茎尖数/接种茎尖数×100%)。

经历一个月左右,试管苗可长到 2cm 以上,将这些小苗切割成茎尖、茎段,接种于继代培养基,又可长出无根苗,反复切割可大量快速繁殖无根苗。将无根苗转至生根培养基诱导出完整的植株,最后通过移栽入盆,驯化锻炼,就可用于生产。

四、学时安排

实训 6 学时。

五、作业

统计诱导出芽频率,并分析污染原因。

附:MS 培养母液的配制(单位/mg)

母液编号	化合物名称	规定量	扩大倍数	称取量	母液体积/ml
母液Ⅰ	KNO_3	1900	10	19000	100
	NH_4NO_3	1650	10	16500	
	$MgSO_4 \cdot 7H_2O$	370	10	3700	
	KH_2PO_4	170	10	1700	
	$CaCl_2 \cdot 7H_2O$	440	10	4400	

（续表）

母液编号	化合物名称	规定量	扩大倍数	称取量	母液体积/ml
母液Ⅱ	$MnSO_4 \cdot 4H_2O$	22.8	100	22800	100
	$ZnSO_4 \cdot 4H_2O$	8.6	100	860	
	H_3BO_3	0.20	100	620	
	KI	0.83	100	83	
	$Na_2MoO_4 \cdot 2H_2O$	0.25	100	25	
	$CuSO_4 \cdot 5H_2O$	0.025	100	2.5	
	$CoCl_2 \cdot 6H_2O$	0.025	100	2.5	
母液Ⅲ	Na_2-EDTA	37.3	200	7460	100
	$FeSO_4 \cdot 7H_2O$	27.8	200	5560	
母液Ⅳ	甘氨酸	2.0	50	550	100
	维生素 B_1	0.1	50		
	维生素 B_2	0.5	50		
	烟酸	0.5	50		
	肌醇	100	50		

实训12　园林苗圃常见病虫害调查

一、目的和要求

了解当地园林苗圃常见病虫害的种类、发生与危害情况；掌握病虫害的调查方法，为综合控制病虫害奠定基础。

二、材料和用具

修枝剪、放大镜、镊子、剪刀、解剖刀、标本采集箱、采集盒、毒瓶、显微镜、体视显微镜、载玻片、盖玻片、蒸馏水、挑针、搪瓷盘、卷尺、计数器、记录本、铅笔、小铁铲、标签等。

三、内容和方法

1. 害虫调查

(1) 地下害虫调查　调查地下根部害虫如金龟子、地老虎、蟋蟀、蝼蛄等时，多采用棋盘式或对角式取样坑。样坑数量一般为5～8个，每个大小为0.5m×0.5m或1m×1m，深度为0.4～0.6m。统计每个样坑地下害虫的种类、数量、虫口密度等，填入实训表9。

实训表 9　苗圃地下害虫调查统计表

时间：　　　地点：　　　　　土壤类型：　　　　　调查面积：

样坑号	样坑面积	害虫名称	害虫数量	虫口密度	调查苗数	被害苗数	受害率	备注
1								
2								
3								
4								
5								
……								

(2) 枝梢害虫调查　在苗圃内先选样地，在样地里一般可选 100～200 株逐株统计健康和受害株数。对于虫体小、数量多、定居在嫩梢上的害虫如蚜虫，可在嫩梢上取一定数量(长10cm)的样枝，查清虫口密度。统计每块样地的枝梢害虫的种类、数量、虫口密度等，填入实训表 10。

实训表 10　苗圃枝梢害虫调查统计表

时间：　　　地点：　　　　苗木名称：　　　　　调查面积：

样地号	调查株数	被害株数	受害率	害虫名称	虫口数量	虫口密度	备注
1							
2							
3							
4							
5							
……							

注：单位面积虫口密度＝调查总活虫数/调查面积；每株虫口密度＝调查总活虫数/调查总株数；受害率＝(被害株数/调查总株数)×100%

2. 病害调查

(1) 苗木根病调查　对于苗木的立枯病、根腐病、根癌病等根病调查，可在苗圃内设置大小为 $1m^2$ 的样地，样地数量以不少于被害面积的 0.3%为宜。在样地上对苗木进行全部统计或对角线统计，记录调查苗木数量和感病、枯死苗木的数量，填入实训表 11。

实训表 11　苗木根部病害调查统计表

时间：　　　　　地点：　　　　　苗木种类：　　　　　调查面积：

样地号	病害名称	苗木状况和数量				发病率	死亡率	备注
		健康	感病	枯死	合计			
1								
2								
3								
4								
5								
……								

(2) 叶、枝病害调查　在苗圃内先选样地，在样地里按五点取样法，取 10～20 个样株，调查发病率和病情指数，填入实训表 12。

实训表 12　苗木叶部病害调查统计表

时间：　　　　　地点：　　　　　苗木种类：　　　　　调查面积：

样地号	病害名称	调查株数	病株率	发病率	病害分级					病情指数	备注
					0	1	2	3	4		
1											
2											
3											
4											
5											
……											

注：发病率 =（感病株数 / 调查总株数）×100%；病情指数 = $\sum$（病害级数×该等级株数）/（调查总株数×最高级数）；病害分级标准：0 级 - 无病斑；1 级 - 少数病叶少数病斑；2 级 - 少数病叶多数病斑或多数病叶少数病斑；3 级 - 多数病叶多数病斑；4 级 - 多数病叶干枯。

四、学时安排

实训 4 学时。

五、作业

每位学生至少独立完成一个样点的病、虫害的调查统计，并根据全班所有小组的调查汇总资料进行统计分析，并写成调查报告。

实训 13　苗木调查

一、目的和要求

通过实习实训了解苗木调查的重要性，掌握苗木调查的基本方法。

二、材料和用具

(1) 苗圃的各种苗木。

(2) 卡尺、钢卷尺、皮尺、天平、计算器、测绳、塑料带、标签、表格、锹、桶等。

三、内容和方法

1. 选标准地

为了进行苗木调查，要在预定进行调查的苗圃地上，选定标准行或标准地，其数量一般为该树种苗木育苗总行数(或总面积)的 5% ～ 10%。

(1) 标准行法　在调查的苗圃地上，选出有代表性的行进行调查。

(2) 标准地法(块状地调查法)　在调查的苗圃地上，均匀的选出有代表性的块状地进行调查。

2. 苗木生育情况调查

苗木调查时应按苗木种类不同(树种不同、苗龄不同、育苗方式不同等) 分别进行。除调查苗木数量外，还要调查苗木的质量，即苗木高度、地径、根系发育等情况，针叶树要看有无顶芽，同时观察病虫害感染情况。调查结果按要求进行记录。

3. 生物量调查

每一调查地段选有代表性的 10 ～ 30 株苗木测生物量，分别用天平秤称其地上部分和地下部分的鲜重。

四、学时安排

实训 3 学时。

五、作业

(1) 统计和计算苗木调查结果，填入实训表 13。

(2) 简述苗木调查的方法及体会。

实训表 13　苗木调查统计表

时间：　　　　　　　　　　　　　地点：

生产区	类别	树种	苗龄	面积	质量指标			株数	备注
					高度/cm	地径/cm	宽幅/cm		

参考文献

[1] 俞玖. 园林苗圃学[M]. 北京：中国林业出版社，1988.
[2] 俞禄生. 园林苗圃[M]. 北京：中国农业出版社，2002.
[3] 龚雪. 园林苗圃学[M]. 北京：中国建筑工业出版社，1995.
[4] 柳振亮. 园林苗圃学[M]. 北京：气象出版社，2001.
[5] 马金贵，曾斌. 园林苗圃[M]. 北京：中国电力出版社，2009.
[6] 苏金乐. 园林苗圃学[M]. 北京：中国农业出版社，2003.
[7] 刘晓东. 园林苗圃[M]. 北京：高等教育出版社，2006.
[8] 吴少华. 园林苗圃学[M]. 上海：上海交通大学出版社，2004.
[9] 林伯年，等. 园林植物繁育学[M]. 上海：上海科学技术出版社，1994.
[10] 孙锦，等. 园林苗圃[M]. 北京：中国建筑工业出版社，1982.
[11] 陈耀华，秦魁杰. 园林苗圃与花圃[M]. 北京：中国林业出版社，2002.
[12] 张德兰. 园林植物栽培学[M]. 北京：中国林业出版社，1991.
[13] 丁彦芬，田如男. 园林苗圃学[M]. 南京：东南大学出版社，2003.
[14] 郝建华，陈耀华. 园林苗圃育苗技术[M]. 北京：化学工业出版社，2003.
[15] 魏岩. 园林植物栽培与养护[M]. 北京：中国科学技术出版社，2003.
[16] 方栋龙，等. 苗木生产技术[M]. 北京：高等教育出版社，2005.
[17] 成海钟. 园林植物栽培养护[M]. 北京：高等教育出版社，2002.
[18] 蒋永明，翁智林. 绿化苗木培育手册[M]. 上海：上海科学技术出版社，2005.
[19] 郭学望，包满珠. 园林树木栽植养护学[M]. 北京：中国林业出版社，2002.
[20] 王庆菊，孙新政. 园林苗木繁育技术[M]. 北京：中国农业大学出版社，2007.
[21] 江胜德，包志毅. 园林苗木生产[M]. 北京：中国林业出版社，2004.
[22] 韦三立. 花卉组织培养[M]. 北京：中国林业出版社，2001.
[23] 毛春英. 园林植物栽培技术[M]. 北京：中国林业出版社，1998.
[24] 武三安. 园林植物病虫害防治[M]. 2 版. 北京：中国林业出版社，2006.
[25] 徐明慧. 园林植物病虫害防治[M]. 北京：中国林业出版社，1993.
[26] 吴志华. 花卉生产技术[M]. 北京：中国林业出版社，2003.
[27] 韦三立. 花卉无土栽培[M]. 北京：中国林业出版社，2001.
[28] 佘德松. 园林植物病虫害防治[M]. 杭州：浙江科学技术出版社，2007.
[29] 宋建英，等. 园林植物病虫害防治[M]. 北京：中国林业出版社，2005.
[30] 谭文澄，戴策刚. 观赏植物组织培养技术[M]. 北京：中国林业出版社，1991.
[31] 张中社，等. 园林植物病虫害防治[M]. 北京：高等教育出版社，2005.
[32] 卢希平. 园林植物病虫害防治[M]. 上海：上海交通大学出版社，2004.

[33] 董钧锋. 园林植物保护学[M]. 北京:中国林业出版社,2008.
[34] 陈岭伟,黄少彬. 园林植物病虫害防治[M]. 北京:高等教育出版社,2002.
[35] 马国胜. 园林植物保护技术[M]. 苏州:苏州大学出版社,2009.
[36] 吴少坦. 园林花卉苗木繁育技术[M]. 北京:科学技术文献出版社,2001.